U0546339

友情與私利

一個在香港的日資百貨公司之民族誌

王向華 著
何芳 等譯

目錄

友情與私利：
一個在香港的日資百貨公司之民族誌

中譯本序 ... i

序論 ... iii
 一、前言 ... iii
 二、前作所犯的三個錯誤 ... v
 三、筆者為什麼會犯錯？ ... xiii
 四、作為「開放文本」的民族誌 ... xxxii

初版日文版序言 ... xxxiii

第一部分　文化與歷史

導讀 ... 1

第一章　Fumei ... 5
 一、前言 ... 5
 二、小川家的家族企業——Fumei ... 8
 三、疑似宗教團體——Fumei ... 12
 四、日本的會社——Fumei ... 15
 五、結論 ... 28

第二章　香港的經濟社會史（1900～1997）... 31
 一、前言 ... 31
 二、香港的政治經濟史 ... 32
 三、香港的新興中產階級及其住房情況 ... 38
 四、結論 ... 43

第三章　Fumei 進入香港　　45

一、前言　　45

二、1980 年代初抬頭的中英交涉　　47

三、小川海樹——歷史的創造者　　48

四、Fumei 在香港的成功——意料之外的結果　　51

五、沿襲了國內地區性超市模式的 Fumei 香港　　61

六、從超市到百貨公司　　63

七、Fumei 總部搬遷至香港　　65

八、從國際零售商到集團公司　　66

九、Fumei 進入中國大陸——更加意想不到的結果　　66

十、結論　　70

第二部分　從文化到權力——作為媒介的經營管理

導讀　　75

第四章　經營支配的物質基礎　　83

一、序言　　83

二、Fumei 香港的組織結構　　84

三、職務的組織結構與分擔方法　　88

四、Fumei 香港中日本員工的等級體系　　94

五、Fumei 香港當地員工的等級體系　　98

六、Fumei 香港日本員工的工資體系　　102

七、Fumei 香港當地員工的工資體系　　105

八、Fumei 香港日本員工的晉升體系　　108

九、Fumei 香港當地員工的晉升體系　　111

十、結論　　114

第五章　經驗與身分認同的政治以及經營管理　　115

一、前言　　115

二、海外日系企業業的二元人事制度　　115

三、習慣化　　116

四、自然化　　119

五、經營管理與霸權　　121

六、文化與權力　　123

七、日本的會社與經營實踐　　124

八、家與會社——傳統的創造性　　126

九、結論　　132

第三部分　文化與個人

導讀　　134

第六章　Fumei香港公司內日本員工之間的關係　　137

一、前言　　137

二、Fumei香港公司的日本員工　　138

三、日本員工的集團分化　　139

四、游離於公司內部經營管理之外的飯田社長　　141

五、四位部長：栗原、西脅、山本及門口　　142

六、積極型員工　　152

七、山本派的邊緣成員　　153

八、消極型員工　　154

九、反抗型員工　　156

十、反抗型員工向積極型員工的轉變　　157

十一、日本女性員工　　158

十二、結論　　167

第七章　日本員工和香港員工的關係　　171
　　一、前言　　171
　　二、香港員工競爭的焦點：與日本員工的關係　　171
　　三、自我表現　　177
　　四、日本員工和香港員工的友情　　178
　　五、香港文化對日本員工意識的影響　　180
　　六、結論　　181

第八章　香港員工之間的關係　　185
　　一、前言　　185
　　二、積極型員工與消極型員工　　187
　　三、第一類：重返職場的主婦們　　187
　　四、第二類：來自製造業的員工　　189
　　五、第三類：積極型員工　　195
　　六、結論　　198

第九章　一個開放文本（Open Text）的結論　　201
　　一、致王向華教授的新書（瀨川昌久）　　201
　　二、Fumei 公司——作為一種「社會現象」的可能性：
　　　　一位日本的香港研究者的「無理要求」（河口充勇）　　207
　　三、評論（芹澤知広）　　211
　　四、作者的答覆　　220

後記　　225

參考書目　　226

中譯本序言

　　作為一位華人學者，很高興看到自己的日文著作中譯本的出版，這是因為我可以與華人社會的讀者們分享我的學術研究成果。如果這學術研究的成果可以對華人人類學者們有一點啟發的話，我就更感榮幸了。在此很感謝譯者何芳小姐及其翻譯團隊的辛苦勞動，也非常感謝華藝出版社的林苑璇編輯對本書中文進行的編輯工作。最後，也感謝幫忙校稿的我的博士學生們、在日本留學的張家禎小姐、以及在臺灣的一位故人。當然，沒有臺北華藝出版社的范雅竹小姐對我的支持，就不會有這本中譯本的出版。在此容我對雅竹小姐及華藝出版社表達衷心的謝意。

序論

一、前言

　　本書乃是筆者對 1999 年出版的拙作 *Japanese Bosses, Chinese Workers: Power and Control in a Hong Kong Megastore*（以下均簡稱為「前作」）自我批判，以及大幅度修正的成果。正如近年來後現代主義人類學批判所強調的，所有的民族誌都無法逃脫其並非完美的命運。但通過反覆的自我批判與反省，這一問題是可以得到改善的。筆者之所以編寫本書也是出於以上的考慮。1993 年，在牛津大學舉辦的午後講演會中，人類學家 Sahlins 說道：「對人類學學者來說，最理想的學術生涯莫過於被發現一切都是錯誤前死去」（Sahlins 1993:5）。而筆者所期望的便是能在生命結束之前讓我的研究更能接近真實。

　　本章主要通過對前作的自我批評指出筆者曾犯過的錯誤。這裡要指出的錯誤有三點。首先，對日本員工之間及香港員工之間的人際關係均未能正確地掌握及認識，而僅是以功能主義去進行理解。第二，筆者將日本員工與香港員工之間的關係形成動機，簡化為只是利益的考慮，此舉未能正確把握兩者之間的友情，而是將其複雜的關係簡單地理解為手段。第三，筆者只顧強調日本員工的各種不是，而無視其他。

　　人類學所講的主觀性，如 Chun 所說，「並不單指隱藏在身為著作者的民族誌學者中」（Chun 2000:570），更加重要的是，它也包含在人類學學者開展學術活動的社會環境（家庭、階層背景、性格、田野經驗等）（Leach 1984）。正因如此，筆者認為應該對前作所犯錯誤的原因進行探

究，對自己成長的社會環境、家庭、階層背景、教育經歷、性格、田野經驗，和人類學世界體系中香港學者所處的邊緣性位置等進行批判性的考察。

這裡所說的自我批判，是要展現「人類學學者並不是眼睛看不到的匿名性存在，而是現實中擁有特定欲求及喜好的個人」（Harding 1987:9）。除此之外，這裡所說的自我批判還與下述重要的兩點密不可分。第一，如 Harding 所說，「應該將人類學學者所處的社會背景，看作是支持或反對，由研究所得出的結論之證據的一部分，並對它進行批判」（同上引）。實際上，這種自我批判會暴露潛在人類學學者身上的主觀性，它也確實使得民族誌更具「客觀性」。第二，筆者的自我批判也指出：非西方人類學學者與西方人類學學者，同樣無法避免社會文化背景的影響。非西方人類學學者所緊握不放的權威，應該與西方人類學者所附庸的權威一樣被拿來批評。

話雖如此，本書不會只是著重於開展自我批判與自我反省。本書是筆者為寫出更好的民族誌，或至少是優於前作為目標而進行的嘗試。因此，筆者在本書中對前作進行了大幅度的修改。首先，對前作的各章進行調整後，將本書劃分為 3 個部分。第一部分由 3 章組成，分別對 Fumei 公司的歷史、香港的社會經濟史，以及 Fumei 公司進駐香港的過程進行論述。其中，關於香港社會經濟史的章節是為本書重新撰寫的。其餘兩章則進行了大幅度的修改。第二部分中的兩章主要論述經營管理的多元化現象如何紮根於香港，以及如何形成強制性權力與絕對支配性權力。第三部分由 3 章組成，對日本員工間的人際關係、日本員工與香港員工間的人際關係，以及當香港員工間的人際關係進行了考察。另外，筆者對本書的 3 個部分均重新添加了導讀；為使各章的敘述具有更明確的方向性，對理論結構也進行了說明。

值得強調的是，筆者的人類學研究深受 Geertz 與 Sahlins 的影響。首先，筆者從 Geertz 那裡理解到文化是人類存在的基本條件（Geertz 1973:46）。其二，筆者從 Sahlins 那裡明白到文化乃是文化範疇（cultural categories）間關係的總體。亦即是說，文化只不過是虛擬的東西。雖然它為人類的實際行為賦予秩序，但並不能決定人類實際行為本身。就如同語言可以為特定說話者的溝通行為賦予秩序，但不能決定溝通行為的

本身。換言之，文化為社會行為賦予秩序，但並不能規定個人行為。其三，筆者從 Sahlins 那裡學習到文化與個人是相互補充相互影響，並不能將兩者歸類到單一面向。

最後需要補充的一點是，筆者嘗試將本書與人類學「他者」的各種主觀性聯繫起來。根據桑山敬己（Kuwayama 2000）的主張，民族誌應該是他所說的「開放文本」，母語者的意見也應該包含在內。正是因為贊同桑山的這一看法，筆者邀請了幾位對日本社會與香港社會瞭解甚深，並以日語為母語的人類學學者為本書撰寫評論。同時，筆者還希望自己與以日語為母語的人類學學者之間能夠形成「主體間性」。

二、前作所犯的三個錯誤

首先，筆者第一個錯誤是未能對日本員工間的人際關係，以及香港員工間的人際關係的性質作出正確的理解，因而把文化視為實用主義下的工具。關於這一點，從前作第七章中筆者對 4 位董事的權力鬥爭的論述就可以清楚看出。正如筆者所指出的，Fumei 香港分公司的社長因忙於討好 Fumei 集團的會長，而無暇顧及公司的經營管理，因此幾乎沒有人主動去找他商談工作，導致他慢慢成為 Fumei 香港分公司有名無實的領導者。結果是，Fumei 香港的經營實權落到了栗原、西脅、山本、門口這 4 位董事身上。

然而，上述 4 位董事的權力分配並不均衡。首先，西脅在公司內部既無影響力，也無部下的支持。再者，他對於與日本員工建立良好的關係並不太感興趣。門口則剛好與西脅相反；他是一位充滿自信、能力極高的董事。正因為其領導能力之高，使他深受日本員工們的愛戴及尊敬。然而，門口心性清高，不願意吹捧他人，也不喜歡受人吹捧。因此，Fumei 香港的經營管理權鬥爭主要是在栗原與山本間上演。

栗原在 4 位董事中最為年長。如表 1 所示，栗原不僅與西脅屬平級，而且更是山本與門口的直屬上司。栗原雖然與西脅同齡並同期入社，可他在 Fumei 香港的工作年資要比西脅長 3 年。另外，栗原掌控著日本公司中最有權力的部門——管理部。故此，其他 3 位董事想要在公司內部與栗原爭奪經營管理權實非易事。

表 1　1992 年 Fumei 香港公司 4 位董事的個人資料

姓名	年齡	性別	等級	來港年份	婚姻狀況	學歷	職位
栗原	45	M	E2	1984	已婚	大學	管理部部長
西脅	45	M	E2	1987	已婚	大學	服裝與雜貨商品部部長
山本	44	M	E3	1985	已婚	大學	食品商品部部長
門口	43	M	E3	1985	已婚	大學	店鋪運營部部長

儘管如此，栗原對管理部以外的部門卻顯得漠不關心。與社長一樣，他喜歡把時間花在與 Fumei 集團會長相關的聯誼社交上。此外，他不喜歡把重要的許可權授予自己的部下。更重要的是，他似乎認為只要掌握了公司的財政大權，便等於掌握了公司全體的經營管理權。由於他沒有刻意建立自身人際網路的意圖，因此在公司內以他為中心的派系並無法成形。正因如此，他的部下並不把他看作是真正的「領導」。這樣的行為使得他不但在公司內被孤立，還使他很難掌握公司的實際狀況。有時，他會制定一些無法執行的規章，因而引來部下們的不滿。基於上述原因，從心裡仰慕他的日本員工少之又少。

最初，山本並不是栗原的對手，但他通過構築強而有力的派系來與栗原抗衡。平時，他還會藉著喝酒等閒娛活動的機會來加強與部下的互動。在喝酒場合，他會給予部下一些非常重要的意見或建議，而部下則會在他面前吐露對公司方針，以及對其他董事或上司們的不滿。他也經常花時間聆聽部下的個人煩惱。

依靠著派系的力量，山本在 Fumei 香港分公司擁有著不小的影響力。與他關係密切的職員遍布管理部、店鋪運營部、食品商品部、服裝與雜貨商品部的各個部門，並且擔任著要職。為了維護山本，他們有時會抗衡山本的競爭對手所作的決定，有時甚至會在執行階段秘密地修改決定的內容。山本於 1993 年被晉升為副社長，此一人事變遷使栗原備感危機。因此，栗原停止了一味重視管理部的策略，並開始擴大其對公司全體的影響力。例如，栗原單方面聘請了日本一所顧問公司來評估公司的商品戰略、店鋪管理、以及資訊體系。該顧問公司派遣了兩名工作人員到香港進行調查，並於三周時間內完成了調查報告。栗原製作了名為「商情分析」的報告，並由顧問公司的工作人員在調查結果與提案的發表會議

中分發給員工。會議後，栗原要求參加會議的所有員工寫下自己的意見並提交給他。有趣的是，此調查專案的內容雖是關於公司的商品銷售體系與管理體系，但這兩個部門的直屬部長山本與門口並未被邀請參加會議，而且他們對此調查專案更是一無所知。

沒有參加此調查項目的不只是山本與門口，其他日本員工在會議之前，也未被告知詳情，只是接到需要參加會議的通知。因此，他們當中很多人對此事感到非常不滿，尤其是山本派的人，他們表現得很憤怒，在會議後就好像這個調查專案從來沒發生過，不僅不合作，還採取了抵抗的方式，令這一專案的建議結果最終未能付諸實踐。由栗原主導的這一專案只能虎頭蛇尾，不了了之。

很明顯，栗原之所以進行這樣一個項目，是為了向社長飯田顯示自己有利於公司的發展。同時，他想通過這一專案，揭露山本所管轄的部門問題，借此打擊山本派系的勢力，但顯然他的計謀失敗，山本所建立的非正式人際關係網路保護了他，使他免受栗原的攻擊。

山本早就料到會有這樣的情況發生，才安插與自己要好的人到公司各部門中擔任要職。雖然並不是所有由山本安排的職位調動，都會伴隨著加薪或升遷，但這些調動能夠有較多的機會被委以重任，對於追求事業發展的人來說，山本分配的職位調動還是很有意義。在這樣的情勢下，很懂得照顧下屬的山本周圍，總是聚集著許多年輕的日本員工。

在此，筆者就以上進行一個簡單的總結。最初，與栗原相比，山本處於相當不利的位置。於是，通過與其他日本員工之間結成「首領－手下」關係的這種方式來構建自己的派系。在這一關係上，筆者的立論是，山本為了個人的權力欲望而建立首領－手下的關係；而其他員工則是出於對職業發展的追求，甘願歸附於山本的門下。這種解釋其實包含了實用主義的文化概念，亦即是「人類的文化是實際的行為，其背後是由實用主義驅動形成的」（Sahlins 1976b: VII）。

上述的實用主義論述，也使用在筆者對香港員工間人際互動的論述中。前作的第八章中，筆者論述到，香港賣場員工（特別是從製造業轉為銷售的員工）與上司（一般為櫃檯主任）之間形成了類似於家人的關係。他們會把其上司稱為「大哥」、「大姐」等。由於從製造業轉為銷售的員工，一般來說，缺乏銷售方面的經驗，以及賣場的社交技巧，他

們稱呼櫃檯主任為「大哥」、「大姐」，其實是期待櫃檯主任能夠履行相應的道德責任。也就是說，他們期待櫃檯主任能夠像哥哥、姐姐那般教授自己銷售與社交的基本技巧。另一方面，櫃檯主任也採取同樣的策略，將部下稱呼為「阿女」（意為女兒），是期待他們能夠像對待父母那樣支持自己。這種關係，在他們為了晉升和獲得與日本員工接觸機會，而與其他櫃檯主任進行競爭時，尤為重要。由此，前作將大哥／大姐－阿女的關係，以及之前的首領－手下的關係都解釋為出於實用主義角度的表現。

另外，Sahlins 對日本相撲的功能主義解釋所作的批判，也適用於筆者在前作中的一些討論。

> 正如我說，問題是，功能主義其實不能解釋文化的主張和文化的形態。即使說得過去，它充其量只能夠指出文化的效果，並不能解釋文化的形態。日本的相撲、夏威夷的草裙舞、阿拉斯加愛斯基摩人的狩獵、奧吉布韋的漁獵……，這些都可以通過某一集團對權力的追求、物質性的報酬、抵抗，或者同一性等來解釋。但是，相撲的性質、土俵（相撲場地）、吊頂的形狀、明治時期橫綱的誕生等等，究竟是什麼推動它們產生的呢？是因為特定人群追求金錢的結果嗎？還是說，因為當時的日本人需要國家象徵？或許當時的日本人真的需要國家象徵，但是，他們又為什麼選擇了相撲呢？

> 這種存在論上的混雜（ontological hybridity）正是邏輯上不合理的論述。也就是說，將相撲文化的歷史特殊性與無盡的權力追求這一人類普遍性混雜在一起，對日本特有事物的解釋當中，採納了並非日本特有的因素。像這樣的存在論上的混雜伴隨著很多邏輯上的矛盾。在一般西方人的常識當中，權力不管是何時何地都是同一事物，是無法解釋但又不辨自明的。但怎能因此就認為 19 世紀末的日本人擁有和我們同樣意義的權力與貪欲呢？另外，最後補充一點，我們將兩種不同的秩序，例如歷史習慣和人的特質、形式和欲望、構造與主觀性混雜在一起，並將它們的其中一方歸併到了另外一方。如果想從上述的功能主義匯出具有邏輯性的結論，最後的歸結點只能是自民族中心主義或者人性，又或者是兩者都有。因為兩者基本上是同一種事物（Sahlins 1999:407）。

與此類同的，筆者使用了權力欲望，這既不是日本人也不是香港人特有的要素，來解釋日本人與香港人之間的互動關係，即首領－手下的

關係與大哥／大姐－阿女的關係。山本與當地櫃檯主任們大概真的在追求權力，但是，他們為什麼會通過構築首領－手下與大哥／大姐－阿女這樣的關係來實現權力願望呢？關於這一點，單是功能主義的解釋是不足夠的。因為功能主義只是對首領－手下、大哥／大姐－阿女這些關係的作用進行了說明，並未對其實質內容進行解釋。

筆者認為我們需要著眼的應該是首領－手下的關係與大哥／大姐－阿女的關係在存在論上的本質。本書的第三部分將對此進行詳細的論述，在首領－手下的關係，以及大哥／大姐－阿女的關係中所呈現的是一個總體的人際關係，不僅是在公司內部，在個人生活及感情當中，它對處於類似關係之中的人的行為都會起到規範的作用。對於手下們來說，首領指的不僅是公司的上司，他還可能是能夠對自己所面對的個人問題給予建議、給自己某種庇護的人。有時，他甚至可以是自己的朋友。山本作為首領，他擔負著傾聽手下們的不滿、對他們的職業生涯及個人生活給予建議，並施加庇護的義務。也因此，其他的日本員工，作為手下，對首領山本也是非常地忠實。這種首領－手下的關係難道真的是出於實用主義的考慮而形成的嗎？[1]

這裡需要強調的是，與其說日本員工們各自的利益，使得他們彼此間形成了首領－手下的關係，不如說後者決定了前者的內容與作用。山本通過最大限度的努力履行自己所擔負的義務，不僅被手下們看作是「有實力的首領」，更被他們看作是一個好的首領。也由於這些正面的評價使得他獲得了威信與領導力。這些在其後山本與栗原的競爭中都起到了積極的作用。換言之，與實用主義的考慮相比，首領－手下這一關係中所隱含的文化邏輯，是促成山本及其部下關係的重要因素。日本員工對上司的忠誠，以及上司對部下的個人庇護，即使正是出於各自利益考慮而形成的，但為什麼部下作為「手下」會對上司表現出忠誠，而上司作為「首領」會照顧手下這一點，單是從各自利益這一要素來說是無法進行解釋的。不言而喻的是，這種對自我利益的追求並不是抽象與非歷史性的，而是由文化構成的。

對 Fumei 香港員工間的關係也可以沿用上述的因素來進行解釋。大

---

[1] 出自 2001 年 7 月 11 日，瀨川昌久教授以及芹澤知廣教授所進行的意見交換。

哥與大姐對於阿女們來說，不僅是教授自己賣場社交技術，以及可以商談個人問題的、擁有豐富經驗的年長者，他們還可以從大哥／大姐那裡感受到類似對兄弟姐妹般的感情。相反，阿女們對於大哥／阿大姐來說，也不是單純在工作上的部下，而是可以期待會對自己無條件支持的人。

據 Sahlins 所說，功能主義的文化觀其實是西方社會的自我意識（self consciousness），也是西方資產階級的意識形態。在總體的市場中，所有的東西都有一個通用基準，那就是可以換算為金錢。在這樣的整體市場脈絡中，一種意識形態印刻於市場社會中。「所有的行為及其替代物，首先都必須與『喜悅』、『滿足』等通用基準聯繫起來理解。這種理解使行為本身所具有的社會內容消失了。結果是，文化特色都是具有自主性的個體根據經濟合理性來構築的」（Sahlins 2000:278）。因為生長在這種市場社會中，很多西方人類學學者在他們的研究中，理所當然地假定自己的這種意識形態也滲透於他人的意識當中。也就是說，他們傾向於用自己的經濟意識去詮釋其他社會的文化安排。結果是，在他們的研究當中，不存在其他文化的邏輯，而只有實用主義的邏輯。關於這一點，Sahlins 是如下敘述的：

> 資產階級式的生活把文化看成為隱藏起來的先驗設定好的經濟邏輯。文化這一象徵體系被放置於手段與目的的結構下，這是因為動機與興趣被放成為置於主體的內部的動機和旨趣，並通過合理性選擇的過程得以實現。由此，文化成為一個前提條件。我們無法注意到自己的意志當中所包含的其他邏輯（Sahlins 2000:278–279）。

西方人類學學者的這種自我批判，某些部分也適用於筆者。為什麼生活在香港的筆者，會受到西方資產階級意識形態的強烈影響，並在前作中與西方人類學學者一樣應用了同樣的功能主義文化觀呢？

前作所犯的第二個錯誤與第一個是互有關聯的，即筆者將日本員工與香港員工的關係形成動機，理解為是從實用主義角度的考慮，未能正確把握兩者間的友情，結果將這種情誼當作手段。最近，筆者開始重讀田野筆記，發現有很多關於友情的記載。如今想來，筆者在撰寫前作時，將與友情相關的部分刪去了很多。這裡舉幾個例子，根據某一筆記，在 Fumei 香港破產時，已經離開該公司的香港員工幫助她的前日本上司收

拾行李、代繳煤氣費、電話費、電費，並幫忙打掃了他的房間。她之所以幫前日本上司搬家，顯然沒有冀望讓上司感動，並能夠對自己的事業發展有所幫助這一實用主義的想法，因為她早已不再是 Fumei 香港的員工，也不再具備部下的身分。據另外一條筆記的記錄，有幾位香港員工在到機場送別因公司倒閉，而被迫回國的前日本上司時淚流滿面。另外，1997 年 11 月，有些香港員工在倒閉了的 Fumei 香港的百葉窗被放下時，淚水濕了眼眶。這些筆記都證明了日本員工與香港員工的友情這一重要社會事實的存在，但筆者在前作中卻將它們刪去。

另外，由於筆者從戰略角度去理解山本與其擁護者的關係，以及櫃檯主任與部下們的關係，因此未能對其進行正確的認識。重讀田野筆記，可以看到山本的擁護者中，有人因為是第一次在海外生活而感到不安，也有人是受到了其他董事的不公平對待，但他們對山本都懷有尊敬之心與感謝之情。根據幾位香港員工所述，大姐不僅對自己好，給自己教授了很多實用的知識，還很為自己的前途著想。這些部分均被筆者刪去了。

誠然，筆者的這些錯誤均非偶然，也不單是功能主義意識形態所引起的。它們是筆者為了在前作中，努力保持剝削與抵抗這一命題主軸的首尾呼應的結果。筆者擔心如果在文章中加入與友情相關的事件，會影響整體的「首尾一致性」，而這種擔心使得前作不具說服力。

更重要的是，筆者為了力圖保持日本員工與香港當地員工間剝削與抵抗的首尾一致性，這舉動實際上讓前作成為了一個 Brown 所說的「抵抗理論在學術上的霸權」（the hegemony of resistance in the academic）（Brown 1996:729）的實例。由於筆者過於強調支配與衝突，因此忽視了友情與合作等社會生活的其他面向。這正如 Brown 所指出的那樣，「抵抗理論在學術上的霸權」起源於今天越來越失去自信的人類學學者們的職業觀。Brown 認為，近年來在人類學術界中，其中一個能使學者的存在價值正當化的策略，便是暴露田野中的特權階層的秘密、或者發現權力者與非權力者之間的支配與抵抗的具體關係。因為這樣一來，便能強調人類學是可以超然提供「高尚的公共服務」（同上引:730）。由於「抵抗」這一用語概念非常地模糊，幾乎可以網羅所有事物，並且傾向於「交由觀者來判斷」（同上引），因此，「抵抗成為表現道德熱情的工具」（同上引）。

根據 Brown 所闡述的，「無節制的使用與抵抗相關的概念損害了其作為分析工具的適宜性。同時，這也將文化人類學的研究課題引向 Foucault 著作具有絕對影響力的方向（監獄文化、精神病院文化、霸權支配的文化）」（Brown 1996:730）。然而，對於筆者來說，更大的問題在於「抵抗理論在學術上的霸權」的先驗主義。筆者以 Sartre 所說的「本質的架構」（schema）（這裡主要指抵抗與支配的演說）為前提，並沒有對具體、客體的動向給予關注，而是將所有都與先驗性的架構聯繫在了一起。因此，用前例來說，就是筆者忽略了香港員工對日本員工的好意，以及各個團體內存在的友情，或是將它們都理解為抵抗與支配的表現了。

　　然而，筆者對抵抗與支配的熱衷並不直接始於上述的職業觀念。因為筆者是生長於香港這一處於學術界邊緣位置的非西方人類學學者，比起人類學的存在意義，筆者更關心的是自己的工作是否符合西方的評價基準。不過，「抵抗理論在學術上的霸權」對筆者的人類學研究確實具有一定的影響力。筆者為了使自己的人類學研究能夠得到西方學術界的認同，就必須發現 Fumei 香港的日本員工對當地員工的支配及後者對前者的反抗。

　　這與桑山敬己所說的人類學的「世界體系」，即美國、英國、法國居於中心位置，而其他地區均被排擠到邊緣位置這一圖式有關。處於中心位置的人類學學者可以對邊緣地區漠不關心，因為他們的職業發展與邊緣所發生的事情毫不相關。但是，處於邊緣位置的人類學學者們則必須時常關注中心的動向，否則他們的工作不僅不能得到中心的認可，在邊緣的發展也會受到威脅（Kuwayama 2000:14-16）。處於邊緣位置的人類學學者的心情，筆者感同身受。但筆者為什麼如此執著於抵抗與支配這一主題，而對學術界的霸權採取了不抵抗的態度呢？

　　筆者之所以會忽視日本員工與香港員工間的友情，其實牽涉到一個更大的理論問題：社會關係的本質。社會關係總是複雜而又多元化。它充斥著曖昧性與矛盾性，有時候更是愛恨交織。也就是說，香港員工把日本員工視為競爭上的眼中釘，與將日本員工看作是朋友這兩件事情是同時存在的。如 Sahlins 所說，「普通人總是懷抱著一連串矛盾的信念」（Sahlins 1999:405）。黃結梅對香港 1970 年代年輕女工們的敘述，也許能夠充分說明什麼叫一連串矛盾的信念。黃結梅指出，香港 1970 年代的

年輕女工們為了能在經濟上給家中就學的兄弟提供幫助,她們很早就放棄學業外出工作。這些女工們雖然對於犧牲自己的父母心存怨言,但另一方面,她們又對自己為家裡所作的貢獻感到驕傲。另外,從父母那裡獲得的感謝也讓她們非常高興(黃結梅 1998:50)。這種看似矛盾的事實,並沒有讓她們以及她們的父母感到煩惱。我們可以看出,人的感情是愛恨交織的。

最後,筆者的第三個錯誤是過於強調日本員工不好的地方。在前作的第八章中,筆者對日本員工像對待動物或機器一樣對待香港員工、某位日本員工利用秘書與翻譯來操控香港員工,以及日本員工對香港員工的評價很低等現象進行了詳細描述。其實從另一方面來說,這些日本員工也是被公司控制的犧牲者,因為是公司教導或者強制他們那樣對待香港員工的。同時,日本員工總是處於在香港員工面前做出正確的行為、發揮領導力的壓力下。另外,也有一部分日本員工對公司的做法是持反對意見的,更有日本員工非常誠實地承認自己的能力不及一部分香港員工。然而,筆者在前作中均未對這些進行任何的敘述。

有趣的是,筆者過分強調日本員工不好的地方,並不是根源於中國國家主義。準確的說,這應該是源于筆者自身的性格。接下來,將對筆者的性格及其形成進行論述。

三、筆者為什麼會犯錯?

Leach 對於英國社會人類學的「不宜提及」(unmentionable)提出了非常獨到的見解。按照他的理解,不僅是研究者個體間的相互作用(interaction)與想法的相互影響,就連學術界的社會環境、研究者個人的家庭、階層背景、人種、性別、性格等都對英國的社會人類學歷史給予了很大的影響。亦即是說,人類學這一領域中研究者們的所作所為與研究之外的環境之間存在著密切的關聯性。Leach 的論述如下:

> 他們(英國的社會人類學學者)作為人類學學者的所作所為只不過是他們在非人類學領域所作所為的「結構性的、比喻的變異體」。這其中蘊含著連續性和研究者個人的特定風格,這些與他/她性格的其他部分是相對應的(Leach 1984:3)。

以Leach的論述為依據，此處，筆者將對自己成長的社會環境、家庭、階層背景，以及自身的性格等對筆者的人類學研究產生了怎樣的影響進行論述。

（一）個人史

筆者的父親出生於廣東省中山市的貧苦農民家庭，是家中的長子，下有五個弟妹。由於祖父很早就去世了，作為長子的父親不得不肩負起照顧家庭的經濟重任。二戰後的香港極其混亂，父親便是在這時來到香港。起初在鴉片煙館工作，之後，經由親戚的介紹到酒店工作。筆者的母親出生於廣東省東莞市的貧苦農民家庭，也是家中的第一個孩子。母親同樣是在戰後初期來到香港，並在外國人家裡幫傭做家務。

父、母親於20世紀1950年代中期結婚，婚後移居至黃大仙的寮屋區（squatter area），而筆者的姐姐就出生在那裡。遺憾的是，筆者對寮屋區的家並沒有什麼印象。筆者出生於1963年。在筆者出生後的第二年，全家搬往其他地方。據父母的憶述，當時父母、姐姐、祖母以及父親的兩個弟弟與一個妹妹都擠在那間簡陋的寮屋裡。由於房子由鐵皮建造，隨時都有坍塌的可能。此外，由於屋內沒有下水道與排水管等設施，衛生條件也極差。然而，種種環境的不便仍不及火災那般讓父母擔心。因此，家裡總是做好應對火災的準備——將貴重物品整理在一起，以便火災的時候可以立即逃生。可也正是由於是在如此危險的環境下生活，寮屋區的人們都會盡力相互幫忙，使得那裡的人際關係變得非常親密與溫暖。大概也是因為這種鄰里關係，令筆者的姐姐在回憶起寮屋區的生活時感覺並不是很糟。而姐姐堅韌與獨立的性格也是在這一環境中成形的。

筆者出生一年後，全家便搬至橫頭勘的徙置大廈（resettlement）。新居是H型八層建築中的一套單元房。在祖母的強烈要求下，母親在筆者兩歲前都沒有工作，全職在家照顧剛出生的筆者。在寮屋區居住時，筆者的姐姐曾患上了肺結核，因此，祖母非常注意筆者的健康狀況。祖母認為如果母親沒有外出工作，筆者的姐姐也就不會患上此病。而筆者在年幼時也確實體弱多病，經常出入醫院。筆者至今還記得，父母從來不給自己吃生的水果。若筆者堅持要吃，他們便把水果煮熟後才給筆者吃。也正因為體弱多病，使得筆者在過度的保護中成長。與姐姐相比，過度的保護養成筆者性格較為軟弱、依賴性強。

筆者的父親是異常頑固倔強的人，情緒總是不太穩定，經常發脾氣，對家人幾乎從未展現過溫柔的一面。尤其父親年輕時著迷於中國共產主義，活躍於親中國共產黨和反殖民政府為旗號的勞動工會。父親在左翼活動家所發動的 1967 年香港暴動中擔任了怎樣的角色，筆者實在是一無所知。對於這件事，筆者在成年後雖多次問起，但父親總是默不作聲。據祖母說，父親在筆者出生後不久，因作為要求提薪的罷工活動核心人物之一，失去了工作。

　　也由於深受中國共產主義思想的影響，父親否定香港的主流文化，並要求筆者與姐姐遠離它們。對於筆者與姐姐來說，聽西洋或香港的流行歌曲，或者觀賞親中國以外的電影，追求時下流行等行為都是被禁止的。我們被強制要求拒絕西方或香港本地的消費品；更準確地說，連消費這一行為本身也是被禁止的。筆者記得，有一次姐姐穿著超短裙打算和朋友出門玩，當場遭到了父親的嚴厲責罵。當筆者買了愛迪達的運動鞋時，父親也表現得異常氣憤。

　　對於父親的權威，筆者與姐姐有著截然不同的反應。姐姐很獨立，對父親採取（非直接的）反抗態度。她與朋友出去玩時，在出門前總會穿著「得體」，但離開家門後便馬上去叔母家，換上了流行的服裝，再趕往與朋友相約的地方。回家時，又先趕往叔母家更換回「得體」的服裝才回家。

　　與姐姐相反，筆者從未對父親進行過反抗。對父親所說的話是絕對地服從，從未嘗試過抵抗。準確的說，筆者希望自己能夠使父親開心，得到父親的認同。筆者的這種願望大概是出自對自我存在價值的不安。筆者需要通過父親的認可來證明自己的存在價值，並努力讓父母高興，獲得他們的疼愛並一直疼愛自己。而讓父親高興的最好方法就是對他所說的話絕對服從。首先，筆者順從父親的意願，不接受西方與香港本土的消費文化，筆者所穿的衣服一直以來均由父母購買。第二，筆者努力地在親戚與鄰居面前表現得品行端正、溫順。第三，筆者學習非常努力。每年新學期開始時，父母給自己買的教科書總是在新學期剛開始就已讀完，因此，筆者的成績在班級裡總是名列前茅。優異的成績總是讓父母在親戚、朋友和鄰居面前很有面子。最後，筆者能夠敏銳地洞察父親的情緒變化，知道如何可以使父親高興的手段。

察言觀色的敏銳和早熟的智慧與筆者少年時代在徙置大廈的生活環境息息相關。徙置大廈並不像現代的公共房屋般擁有完善獨立的設備，而是與鄰居共用設置在走廊上的廁所、洗漱間及廚房。不難想像，這種環境很自然會引起很多人與人之間的衝突（Lee 1999:123）。為了避免衝突，我們總是不敢怠慢，得小心翼翼地與鄰居接觸。當中，筆者家對與近鄰的關係更是異常地謹慎。由於父親拒絕一切消費品（家裡是在筆者15歲時才有冰箱的，而電視機則是在筆者16歲時才有的），家裡有時不得不借用鄰居家的電器。筆者在幼小時就強烈意識到與他人保持良好人際關係的重要性，無形中將朋友關係的本質看作是一種工具。當時的筆者根本不能領會世上存在單純的友情，朋友關係不是手段而是目的這件事。

　　筆者從父親身上繼承到的最重要的特質便是勤奮。小學四年級時，筆者從國語教科書中讀到了一則故事，故事講述的是一個學生每天早上都比別人早起兩個小時刻苦學習，最終長大後成為一名優秀的學者。受到這則故事的觸動，筆者從第二天起就學習這位主人公，比平時早起兩個小時。為了不吵醒家人，筆者在走廊的燭光下讀書。這種行為持續了兩年之久，最終由於筆者的視力急劇下降，而被父親制止了。

　　另外，筆者受姐姐的影響也頗深。進入中學後，姐姐經常提醒筆者貧苦勞動者家庭出身的人必須努力讀書：「努力讀書，取得好成績。否則就沒有未來」，姐姐的這句話至今仍言猶在耳。這甚至令筆者體認到，好好讀書不單是取悅父親的手段，也是出人頭地的唯一途徑。

　　由於父親的共產主義理念，令筆者在學業的途徑上處於不利的位置。父親認為香港的普通學校是實施所謂的「奴化教育」，如果筆者接受那樣的教育就會受到不良思想的污染。因此，筆者就讀的是左翼學校。當時，在香港由左翼政治活動家們興辦的學校以給年輕一代教授共產主義理念、反殖民地精神以及宣傳建設新中國所需的熱血愛國主義為教育方針。這樣的左翼學校在當時有幾個重要的特徵。首先，學校教育中強調愛國主義、共產主義和毛澤東思想。所有教室的黑板上方都懸掛著毛主席頭像。因此我們總是與他面對面。而每天上課前的半小時，我們還要在老師的輔導下閱讀報紙的社論（一般選自《人民日報》）。另外，學校開設有一門叫做「社會常識」的課程，主要是給學生們教授馬克思、

恩格斯、列寧、毛澤東等人的共產主義思想，當中少不了中國革命英雄們的英勇事蹟。升入中學後，我們還被要求學唱革命歌曲。筆者還記得，早前在牛津大學念書時遇到的中國大陸學者，在聽到筆者哼唱革命歌曲時所表露出的驚訝。

第二，左翼學校強調的是勞動光榮。例如，所有班級輪流打掃廁所、教室和走廊。第三，左翼學校為了給學生們植入反殖民地精神，總是向學生們宣傳香港殖民地政府是如何的不好，對政府的所有政策都進行嚴厲的批判。老師們有時會以郊遊的名義帶我們到外面去體驗香港社會的不平等。例如有一次，老師帶我們去觀塘觀看水上生活者的貧苦生活，隨後又帶我們到九龍參觀上流社會人們的生活，籍此讓我們感受香港貧富差距之大。第四，左翼學校不重視英語教學。在香港的普通學校，學生從小學起，就被要求有一定程度的英語寫作能力。但在左翼學校裡，中學畢業時學生們的英語寫作能力仍然很差。校方的理由是，要反抗英國殖民地統治就要反抗英語這種語言。最後，左翼學校拒絕參與公共教育制度。左翼學校擁有自己的教材與獨立的課程設置。並且由於左翼學校不接受政府補助，學生們是需要支付學費的。

上述種種原因，左翼學校的學生們不能參加「中學會考」等公開考試。「中學會考」是指學生們在完成中學五年教育後所接受的公開考試。該考試對學生之後的教育生涯有著很大的影響。另外，該考試的成績對選擇就業的人來說也是非常重要的，因為企業公司會根據該考試成績來判斷學生的資質。總之，當時左翼學校的學生們不論是選擇升學還是就業，都處於非常不利的位置。

更重要的是，我們這些左翼學校的學生處於教育制度之外，而被社會看作是「未開化」（uncivilised）的人，也因此，被視為不可理解的危險人物（Douglas 1970）。加上前述的共產主義者所發動的1967年暴動的陰影，香港社會整體對共產主義並沒有好感，因此對香港左翼學校也沒有很好的印象。當時，我們這些左翼學校的學生，很明顯是備受歧視的。由於我們的制服男女均為白色襯衫和藍色褲子，所以很容易辨識。筆者有好幾次在回家路上被路人罵為「死左仔」，但當時的筆者對自己為什麼會被社會討厭並不理解。

然而，1976年「四人幫」下臺之後，香港的左翼學校也開始發生了

變化。政治教育的課時數明顯地減少，教室黑板上方的毛主席肖像也被移除下來。「社會常識」這門課也被取消，而學生們也不用再練習革命歌曲。另外，筆者所就讀的學校更開始使用與普通學校相同的教材。從那時起，我們也終於可以集中精神學習。筆者升入中學五年級時，左翼學校的學生們也終於獲得了參與「中學會考」的資格。

中學二年級時，由於筆者自覺自己的英語能力與「普通」學校的學生存在著差距，而感到非常不安。為了消除這種焦慮，筆者開始上英語的夜間補習學校。讓平日行程安排非常緊湊。從早上8點到下午3點半，筆者在學校學習，放學後回家吃點東西，6點又要出發去夜間補習學校，日復一日。在這樣辛苦的日子裡，筆者總是對自己說：出生於貧苦的勞動階級，又在左翼學校讀書的自己處於非常不利的位置。如要擺脫這種困境，就要比「普通」學校的學生更加努力學習。

當然，筆者勤奮向學的強烈動機在於想取得好成績的願望。然而，筆者勤奮向學又不僅只是為了得到好成績，在其背後的本質與目的就是對自我存在價值的不安，以及自卑情緒。如前文所述，筆者對自己的存在價值總是有一種不安的感覺。當意識到自己的這種不安是由兩個不利因素（貧苦的勞動者家庭出身以及屬於「異類」學校的學生）所引起時，這種不安全感就變得更加強烈。筆者總是對自己說自己的存在是有價值的，而為了確認自己的價值就必須得到社會的認可。對於這一階段的筆者來說，獲得社會認可的唯一方法就是在公開考試中比「普通」學校的學生考出更優異的成績。

最終，筆者的勤勉也得到了回報。筆者在「中學會考」中取得了優異的成績，因而能夠進入「普通」學校的大學預科學習，一年後又在另一個公開考試中順利過關，成功地考入香港中文大學的人類學系。實際上，筆者本來想在大學修讀中國文學。但是由於筆者擔心自己的考試成績不夠好，才有計劃地選擇了人類學科。當時，人類學在香港的知名度不高，筆者推測競爭者應該也不多，那麼自己考取的可能機會較大（而實際上，競爭率並不低）。不管怎樣，筆者於1981年與11名同學一起考入人類學系。

在當時的香港，人類學幾乎不為人所知。一般大眾的印象是人類學是研究人猿骨頭的考古學問，在現代香港社會中沒有絲毫的「實用性」。

由於被看作是沒有「實用性」的學問，坊間認為人類學畢業生很難找到好工作。因此，在當時的香港中文大學裡，與經濟學、政治學、心理學相較，人類學並不是很受歡迎的科目。

人們對於人類學的一般印象又燃起了筆者的自卑情緒。筆者與幾位同窗一起在校園內致力於提高人類學的地位，四處宣傳人類學與其他學科領域同樣可以為社會做出貢獻。與此同時，我們為了證明人類學系的學生並不遜色於其他學科的學生，總是努力在考試中取得優異的成績。但筆者最近才赫然意識到，自己過去的行為其實只是想告訴自己「我並不比別人差」而已。有趣的是，一般大眾對於人類學的偏見，卻使得筆者更加接近人類學。

當時，香港中文大學的人類學科以中國大陸的少數民族、新界的村落以及香港城市地區的民俗宗教、文化等為其主要研究物件。其中一個原因是，人類學學科的老師們幾乎都是這些研究領域的專家。再者，研究小規模的傳統群落也是人類學的傳統。其次，這種研究取向也與西方社會對中國人類學研究的傳統有關。戰後，至少在1970年代前，西方人類學學者對共產主義政權下的中國大陸無法開展田野研究。因此，很多學者轉而對香港新界村落團體進行研究，希望通過對「被遺留的中國」研究來理解中國大陸的傳統社會。在這樣的環境下，當時的香港中文大學人類學科學生們也就很自然地以新界的村落團體為主要的研究物件。

筆者在大學時代曾多次參加由人類學系的學長組織的村落團體調查。但是，當時的筆者並不能理解，為什麼要在都市化進程不斷加劇的新界開展村落團體研究。筆者問自己，開展這樣的研究意義何在？這樣的研究有什麼「實用性」？筆者的質疑可說是非常實用主義的。

因此，筆者與展開村落團體研究的同學以及學長們越來越疏遠。老實說，筆者與他們疏遠的另一個原因是，筆者意識到在村落研究方面自己是無法勝過他們的。一開始就知道會輸的事情，就算做了也只會進一步加深自己的自卑情緒。因此，筆者決定努力做一些和他們不一樣的事。為了證明自己並不比別人差，就需要做一些比別人「優秀」的事。而在香港社會，「優秀」代表著具有「實用性」，一般都是與商務有關。於是，筆者最後選擇的研究主題是日本會社與經營。

最初引導筆者運用人類學開展經營研究的是已故的王崧興教授。大

學二年級時，筆者選修了王教授的「文化與經營」這一課程。在當時的西方學術界，對日本會社與經營進行的研究非常流行，而筆者本身也對日本企業的席捲全球非常感興趣，而與王教授的相遇更激發了筆者的熱情。同一時期，筆者結識了當時在香港新界農村開展田野研究的瀨川昌久教授（當時他還是一名研究生）。與他的相遇更進一步地加深了筆者對日本社會的興趣，於是開始認真地考慮將日本社會作為研究課題。大學二年級的夏天，筆者在王教授的介紹下，有機會為研究香港龍舟賽的日本調查團擔任翻譯。筆者從他們身上學到了很多人類學的調查方法。另外，這也使得筆者對日本社會更加感興趣。在王教授的幫助下，筆者更遠赴日本的亞細亞大學留學。

在日本留學的一年是筆者迄今為止最快樂的時光。因為在日本，筆者沒有需要去取悅別人的壓力。再者，這也是筆者第一次接觸異國文化，因此感到非常的興奮。這一年的經驗使筆者下定了決心：如果要將人類學視作一生的志業，就一定要在日本做田野調查。

當然，筆者決定將日本研究作為畢生奉獻的志向並不僅僅因為上述與日本人類學學者或與誰的相遇，其實這與1970年代香港快速現代化背景下，對日本文化接受度轉變也有密切的相關。1970年代是香港社會非常重要的時代。在短短的10年間，香港的經濟、社會都急速成長並邁向現代化。到1980年代初期，香港已是具有成熟市場經濟體系的資本主義社會。筆者將在1970年代成長的第二代移民稱為「過渡期世代」（transitional generation）。我們這一代與父母那一輩在價值觀、人際關係的模式、生活方式各方面都有著很大的差異。我們重視自我能力的實現、自己的事情自己負責、講求效率性、自由發表意願、清潔、尊重個人隱私、講禮貌、動作幹練等（森川真規雄 1998:340）。我們同時也在自身之中養成了Sahlins所指出的市場經濟社會中的資產階級意識形態，而且是一種比西方社會更加純粹的形式。也就是說，我們比西方的資產階級更加信奉拜金主義，更加地會算計，不管什麼事情都視作為公事來處理。事實上，筆者對於接受這種資產階級的意識形態並不會感到排斥，因為這種意識形態早在孩提時代便養成了。話雖如此，我們這一代卻也沒有完全捨棄父執輩們在價值觀方面遺留下來的影響。當今香港社會的各種精神面貌在很大程度上仍然受著上一代傳統的規範。

基於上述原因，我們這一代傾向於熱愛非西方又非中國的事物。例如，1970年代中的廣東話電視劇、電影、歌曲的流行，就是這種傾向的最好例子。此外，1980年代的香港年輕人中出現了日本熱，特別是對日本大眾文化的熱潮也可以用作相同的解釋。對我們這一代來說，日本介於東方文明與西方文明之間，我們將其看作「現代化的東方文明」，並認為它是亞洲現代化模範。這裡需要注意的是，作為1980年代年輕人的我們與1990年代的年輕人不同。因為我們並不是對日本本身感興趣，而是對作為「媒介（或者說現代化模範）」的日本感興趣。換言之，我們不可以將香港1980年代的日本熱潮簡化作香港社會的日本化。無論如何，筆者就是在這樣的時空背景下開始對日本產生興趣的。

一年的留學生涯結束後，筆者回到香港，遇到了剛剛就任於香港中文大學人類學系的陳其南教授。與其他教授相較，陳教授可以說是一個很特別的人。他非常的知性、敏銳，對學生也很友善。我們經常在課後一起去喝酒。有時還會在陳教授的家裡一邊喝酒一邊聽陳教授為我們講授人類學的深意。隨著與陳教授關係的加深，筆者不僅尊其為師，更視其為友，潛移默化地將他作為自己的榜樣。如果沒有與陳教授相遇，筆者大概也不會將人類學作為自己畢生的志業吧。

大學畢業後，筆者並沒有馬上修讀碩士課程。因為海外研究生院的入學申請需要一些時間，因此筆者決定先進入職場工作。筆者的第一份工作在第一勸業銀行的香港支行展開。當時，筆者被分配到營業部。在那裡第一次接觸到了「活生生」的日本會社。首先，讓我感到驚訝的是日本員工對公司的奉獻精神。有一次，筆者與日本上司一起到中國大陸出差。出差結束回到香港後，上司讓筆者先回家，而他卻因為還有工作要做，所以得先去趟公司再回家。筆者當時雖不理解他為什麼會為公司如此賣命，但是在目送上司坐計程車趕回公司的那刻，卻非常感動。又如，當筆者在公司裡看到一位日本高級上司被比他高一個級別的上司罵得狗血淋頭時，更是驚訝得無法言語。該上司將霜淇淋扔向他，但他卻不閃躲，一動也不動地站著。一開始，這些震撼教育使筆者感到非常困惑。然而隨著時間的推移，困惑逐漸化成了感動。筆者當時就想，要是將來要研究日本會社，就要在日本銀行進行田野調查。

然而，筆者希望在日本銀行進行田野調查的願望終究未能實現。

1990年，筆者考進牛津大學研究生院，隨即面臨著在哪裡進行博士論文田野調查的抉擇。筆者希望能在一直就很感興趣的日本銀行進行田野調查，於是寄信到所有在香港有分社的日本銀行，希望獲得調查許可，但是全數被拒絕。筆者還給第一勸業銀行以往的上司（已經升遷調任到東京支行）寫信，拜託他幫筆者獲得調查許可。事實上，他非常想幫筆者的忙，所以直接寫信給香港支行的行長，但仍未獲得同意。在申請的過程中，筆者漸漸理解為什麼鮮有人類學學者在現代企業中進行田野調查。其中一個重要的原因是，對人類學學者來說，現代企業處於比自己強有力且高位的研究物件。迄今為止的人類學學者，幾乎都是以社會位階比自己「低」的群體作為研究物件，並不具備與比自己「高」的人打交道的工具與經驗。因此，對於從未在現代企業進行田野調查的人類學學者來說，很難想像到這種環境開展田野調查將會面臨的困難。

面臨許多閉門羹的掙扎後，不知如何是好的筆者決定回香港直接與相關人士進行交涉。當時筆者的想法是：只要向對方熱情地表達自己研究的意義，必定會有銀行願意接受調查。但結果卻是筆者未能成功向對方傳達自己的熱情，也沒有任何銀行願意接受調查。到了如此田地，筆者一臉的落魄。就在此時，一位日本學者（當時作為香港大學客座研究員短期留在香港）向筆者伸出了援助之手。他建議筆者對 Fumei 香港公司進行調查。由他代筆者向他高中時代的學長——Fumei 香港公司的董事進行交涉，事情進行得很順利，筆者終於可以在企業內進行盼望已久的田野調查了。老實說，筆者也不是很清楚為什麼 Fumei 香港公司會同意筆者的調查申請。據那位日本學者說，他的學長，也就是該公司的董事希望筆者的調查能夠幫助提升該公司的經營效率。這讓筆者開始感到有些不安，因為不確定自己的研究是否能對該公司有所幫助。除了這一擔憂外，更讓人憂慮的是田野研究是否能夠順利進行。

從這種自我反省來說，人類學學者可以說與報導人（informant）相同，都是「擁有特定欲求及喜好的現實歷史的個人」（Harding 1987:9），而這欲求與喜好對於研究物件的選擇，和對田野研究的方法與調查結果的詮釋都有著很大的影響。人類學學者不可能是一個純客觀的觀察者。如前文所述，筆者作為人類學學者，自身的性格由家庭、階層背景、教育背景、社會變化以及個人的一些機遇所決定。總而言之，關

於人的歷史，借用 Paul Ricoeur 的話來說就是：「將不同質的東西綜合到一起」（Sahlins 2000:203），而人類學學者自身的歷史也不例外。人類學學者與報導人同樣具有人性的本質，而通過這些相同的人性的本質，人類學學者「可以將報導人在日常實踐中所表現出的文化邏輯在心中再現出來」（同上引:30）。由於人類學學者與報導人擁有同樣的「主觀性」，所以可以將人的行為模仿製造出來。而這一點與 Sahlins 如下的論述是一致的。

> 即使是距離我們很遠的古代社會，我們也還是可以接近的。因為，古代社會也是由人們用心創造出來的。與此相對的，對於自然，我們只能瞭解其本身的樣子。因為，製造它們的不是我們人類。我們對於人類構築的事物「因果性的」——即通過思考為什麼會那樣——來理解他們。但是，對於非人的一些東西，我們只能通過它本身的樣子來理解其性質。真實其實是製造出來的事物（Sahlins 2000:30）。

人類學學者是具有主觀性的，這一點本身並不是壞事。不好的是，人類學者將自身所在社會的真實情況生搬硬套到其他社會裡去。因此，人類學學者需要「尊重文化客體的特殊性」（Sahlins 2000:31）。

（二）田野研究

到達 Fumei 香港公司的第一天，來接待筆者的便是允許筆者在 Fumei 進行調查的管理部部長栗原。他把筆者安排到系統企畫室。栗原之所以會這樣安排，大概是希望通過筆者的研究能夠發現公司在運營上的問題。他隨即介紹筆者認識其直屬部下，即人事總務課課長。此課長在上司面前總是對筆者非常友好，但是當上司離開之後，其態度就發生了巨大的轉變。他不太理會筆者，只是給筆者安排了一張桌子。就這樣，筆者在 Fumei 香港公司待了一周。之後，筆者向這位課長提出希望去賣場看看，於是筆者隨即被安排到該公司的旗艦店 A 店上班。此後，筆者便離開總部開始在店鋪的賣場工作。

前述的課長對筆者的冷淡態度讓筆者很驚訝，然而更令筆者驚訝的是藏在冷淡態度背後的事實。據該課長的一位當地員工部下所述，該課長曾命令部下不要給筆者提供任何資訊。剛開始，筆者完全不能理解這位課長的意圖所在。表面上，所有的日本員工都說要協助筆者的調查。

但過了一段時間後，筆者終於明白了這背後的原委。事實上，該課長是以食品商品部長為中心的派閥（即山本派）的核心成員，與栗原屬於對立關係。他將筆者看作是栗原派來的間諜，因此拒絕為筆者提供任何幫助。後文中會提到，其實這種誤會對筆者來講未必有害。

在店鋪 A 中，筆者被安排到超市的水果、蔬菜賣場與魚、肉賣場工作。筆者在那裡努力地理解售貨員的工作內容，在售貨員的旁邊觀看他們是怎樣給水果包保鮮膜、怎樣切肉與魚、怎樣補充賣光的商品。當時正值春節前夕，是零售業一年中最忙碌的時期。筆者在春節的前 3 天，每天從早上 9 點工作至深夜 2 點。結果，筆者徹底累倒了，新年假期都臥床不起。

當時，在超市工作的大多是兼職的中年婦女或教育水準不太高的年輕女性。他們有幾個共同的特點。首先，她們在 Fumei 工作，完全是為了錢，從未考慮過在這裡發展事業。筆者在前作中將這一類香港員工稱為「消極員工」。她們對與櫃檯主任或日本員工搞好關係這點完全不感興趣。第二，她們的情緒管理比較差，很容易生氣，有時甚至會與同事或顧客發生口角。因此對筆者來說她們有一點難應付。最後，她們的想法既單純明快而又直接。例如，肉類美食廣場的一位售貨員在初次與筆者碰面時，便很直接地指出筆者的長相與衣服都很老土。大概是由於自尊心作祟，面對著這樣的批評，作為牛津大學研究生的筆者心裡很不是滋味。筆者盡量回憶孩童時的生活光景以及當時已習以為常的說話方式，改變說話模式與她們交往。這種轉換獲得了很大的成功，讓筆者與她們的關係一天比一天好。她們會向筆者透露自己家裡的事以及丈夫的事，有時亦會談及感情等各方面的問題。在這過程中，筆者漸漸地對她們產生同理心，同時也漸漸理解她們所處的苦境。另外，筆者被長期薰陶培養出的「左翼魂」也再次被燃起，對公司的厭惡感也越來越強烈。

筆者對公司的厭惡感隨著與店鋪 A 中的日本經理接觸變得更加強烈。該日本經理非常勢利，在筆者面前總是表現出很有能力的樣子。但實際上，他並不怎麼有擔當。他對當地零售業的知識匱乏，對香港員工的態度總是很粗暴，有時更會用學來的廣東俚語來罵香港員工，甚至還會出手打人。因此，香港員工沒有人喜歡他。令人困擾的是，他對待筆者如自己的下屬一般，總是吩咐筆者做一些事情（儘管他並沒有許可權）。

這使筆者異常氣憤。每天被沒有能力的日本人像工具一樣地使喚，即使是對從孩提時代就缺乏自信心的筆者來說，也是一件很難忍受的事情。對他的厭惡感不斷加強，並慢慢地發展為對全體日本員工的厭惡，以及對 Fumei 香港公司的厭惡。

筆者在 A 店鋪上班兩個月後，參加所舉行的總部全體管理層員工大會，對公司的厭惡感到達了臨界點。該會議在每年的四月舉行，所有的高級員工都要出席。由於會議會宣布新的人事變動，因此會議前希望在公司中謀求發展的香港員工總是有些緊張。而勉強算得上是高級員工的筆者也被要求出席。會議開始時，社長對 Fumei 香港公司過去一年的業績以及接下來的一年的發展目標進行了總結。接下來，社長宣布了晉升為店長或課長的人員名單。然後便是被晉升者發表感言和對未來的計畫。在當年的會議中，一位在香港員工中人緣不太好的香港高級員工被晉升為促銷課課長。這一人事變動公布後，有幾位香港高級員工小聲地表達了不滿。有人羨慕、有人嫉妒，但不管怎樣，出席會議的全體人員都對當天被晉升的兩人表示了祝賀，並握了手。顯然地，這兩位是當天會議的焦點。在這樣的氛圍中，人們的競爭意識很自然地被煽動，而想要升到更高職位的動機也會變得更加強烈。奇妙的是，筆者在當時的場合下產生了一種自己是公司正式員工的錯覺。

在兩位被晉升者的感言結束後，有人對意外的晉升感到高興，也有人對意想不到的人事變動感到很失望，其中還有人在同事面前表現得有點失態。這光景使筆者想起了少年時代，學生們從老師那裡拿到期末考試成績後表現出的憂喜參半現象。當輪到筆者的認識安排發表時，很多香港員工的目光都投向筆者。當時讓筆者感到一種不快與壓力。沒有多少香港員工認識筆者，但卻有很多人都知道筆者與栗原關係密切。根據傳言，筆者是栗原的好友，受他之托來調查各店鋪存在的問題，並找出香港高級員工們的缺失。因此，他們都想像筆者在公司裡的職位應該很高。但是，筆者的職位只是高級員工中級別最低的行政助理。在筆者的職位級別公布後，有人展現出安心的表情，也有人展現出懷疑的神色。

奇妙的是，筆者是為了田野調查才來到 Fumei 公司上班的，明知自己在公司中不管是處於何種級別都毫無意義。但是當聽到自己被安排到很低的級別時，還是感到莫名的失望。筆者問自己，為什麼栗原不將自

己安排到更高的職位?當目睹自己的級別發表後,有幾位香港員工表現出鬆了一口氣的樣子,天生缺乏自信的筆者感到很受傷。孩童時期就受自卑感折磨的筆者,為了獲得周圍人的認可全力以赴的努力。然而,當認識到自己並沒有受到認可時,也總是很容易受到傷害。為了癒合這種傷感,必須找到解決辦法。筆者想到的辦法是質問栗原為什麼要將自己安排到如此低的級別(當然,自己也知道這樣的質問非常荒唐可笑)。不管怎樣,由於這不可理喻的被害意識,使得筆者對日本員工的厭惡感變得更加強烈。

話雖如此,值得慶幸的是,筆者對日本員工的厭惡感並沒有升級為對個人的仇恨。一方面,筆者自身也意識到自己所懷有的厭惡感是沒有道理的,另一方面,隨著與幾位日本員工的關係變得親密,筆者意識到其實他們也是公司經營管理層的犧牲品。再者,為了使田野研究取得成功,筆者必須要有就事論事的態度。只是,必須承認的是,由於筆者對日本員工普遍抱有的厭惡感,使筆者對日本管理者的所有行為都抱持批判與保留的態度。這對調查資料的解讀以及對日本員工的描述都產生了很大的負面影響。大概正是因為這一原因,筆者過分強調了日本員工不好的地方。

結束在店鋪 A 的調查後,筆者轉到了店鋪 B 的服裝課上班。第一天到店鋪 B,該店的店長代理(香港員工,男性)帶我熟悉了賣場。當時,他問筆者為什麼會進入 Fumei 香港公司?由誰介紹的?教育背景是怎樣的?筆者雖然略有顧慮但還是盡可能地如實作答。參觀完賣場後,他又介紹筆者認識服裝課各部門的主任。之後,筆者終於可以在辦公室自己的位子上稍作休息。但沒過多久,女裝科的主任卻前來邀請筆者去參觀她管理的賣場,而且似乎是有什麼話想要對筆者說。她把筆者帶到女裝的賣場。與此同時,她指出自己是知道筆者的來歷的,並說會盡可能的協助筆者。隨後,她向筆者控訴她以及服裝與雜貨商品部的主任們是怎樣受到日本店長的不公平對待。據她所說,只有得到日本店長歡心的人才會被提拔。例如,超市部門的主任以及美食廣場的主任因為對日本店長簡直就像狗一樣地諂媚,所以順利得到了晉升。與此形成鮮明對照的是,服裝與雜貨商品部的主任雖然工作業績很好,但由於不是很討日本店長喜歡,一直得不到晉升的機會。她自己已經提交了調職申請,不久

後便要離開 B 店。她在筆者面前激動得簡直快要哭出來。經過考慮後，筆者決定把對 B 店的考察焦點放到香港高級員工的人際關係上。

有趣的是，B 店的香港高級員工對筆者的調查非常合作。他們常常邀請筆者一起用餐，並很爽快地接受了訪談。只要和他們在一起，話題肯定是集中在他們對日本店長與他的 4 個跟班（他的私人秘書、翻譯、該店的人事課課長，和該店的一位日本女員工）的不滿。他們對店長只信賴他的 4 個隨行人員的行為感到非常不滿。店長從不和這 4 人以外的人一起吃飯，下班後也從不一起活動。某位香港高級員工抱怨說：「我很希望能與店長建立良好的關係，但是他永遠不給我機會」。

最初筆者並不太理解為什麼他們會對日本店長，以及與他關係要好的 4 位同事心存不滿。但隨著對 B 店的深入調查，筆者發現公司的經營權完全是被日本人所壟斷的。因此，積極謀求晉升機會的香港高級員工們必須向日本員工靠攏。正是因為這樣，能否與日本員工建立良好的關係對他們來說至關重要。對香港員工來說，與在公司內部的等級所處位置相比，與日本人的關係更為重要。

筆者在 B 店的一些經歷使得上述的理解更具說服力。如前文所述，服裝與雜貨商品部的主任們總是在筆者面前訴說他們對日本店長以及與其關係要好的 4 位同事的不滿，以此來建立並強調與筆者的連帶感及友情。因此，在筆者看來他們是很討厭店長以及那四位同事的。可事實似乎並非如此。他們並沒有放棄與店長等人建立良好關係的努力，在非常情況下甚至會做出一些出賣「朋友」的事。在某次的高級員工月例會後，辦公室只剩下筆者與男裝科主任兩人。此時，店長的翻譯匆匆過來找人。當她看到正在整理檔的男裝科主任，就跑到他身邊小聲地說，對於他未能按時到達會議室，店長很生氣。於是，男裝科主任趕緊跳起來跑向會議室。看到這些筆者感到很不可思議。筆者不能理解為什麼翻譯會特意從會議室跑過來提醒表面上處於對立關係的男裝科主任（男裝科主任經常在同事面前說翻譯的壞話）。筆者後來才發現，原來男裝科主任經常悄悄地邀請翻譯一起唱卡拉 OK、吃飯。通過這種個人交往，他希望翻譯能夠幫助他與店長建立良好的關係，以及向他提供重要情報。事實上，也確實只有這位主任成功獲得晉升，被調到了總部。這位主任用其他主任的朋友交情為踏板，努力與翻譯以及店長建立良好的關係。

對身處這種環境下的香港高級員工來說，朋友關係，包括與筆者的友好關係都只是為了實現個人目的的手段而已。筆者後來發現，B店的香港高級員工將筆者看作是栗原派來的間諜。他們認為筆者的報告對栗原的決定會有很大的影響。因此，他們均努力與筆者建立良好關係，期望在重要時刻與栗原相熟的筆者能起到幫襯作用。

對此，筆者並沒有感到心寒。因為，筆者自幼也是如此走過來的。如前文所述，筆者的成長也受到資產階級意識形態的影響，因此，筆者毫無疑慮地將日本員工與香港員工間的關係、以及香港員工間的關係都用實用主義來解釋。而實際上，從B店得到的資料更加堅定了筆者的這種實用主義的看法。筆者雖然多次向他們解釋自己是博士研究生，純粹是為了研究才來到Fumei公司，但筆者並沒有為了化解他們對自己的誤解而努力解釋。因為，一方面，他們的誤解也並非完全錯誤。另一方面，這種誤解對筆者的調查也提供了某種程度上的方便。因此，筆者不用主動邀請他們，總是會有人主動來找筆者聊天。他們對筆者的重視，不但使筆者感到非常開心，同時也讓筆者對自己的存在價值得到了確認。

也正因為此，前述的功能主義觀點成為了筆者解讀田野研究資料的基本框架。例如，筆者認為香港員工的日語能力以及他們對日本員工提供的個人幫助是他們與日本員工建立良好關係的重要手段。關於這一點，日本店長的翻譯與秘書都處於非常有利的地位。不用說，這種情況下是存在競爭的。在翻譯與秘書之間，或者說在翻譯與香港高級員工之間的敵對關係比較普遍。

在B店工作兩個月後，筆者被調派至C店上班。在那裡，筆者主要的職務是擔任日本店長的翻譯。筆者很快便與該店長以及3位日本人變得熟絡起來。由於是店長的翻譯，筆者經常在店長的旁邊工作。這一點似乎使店長秘書心裡很不開心。即使她的座位在筆者的旁邊，卻不怎麼與筆者說話，也從未與筆者一起吃過午飯。另外，她還嚴格檢查筆者的出勤，努力尋找筆者的不是。一個月後，筆者被調動到D店，另有新的翻譯來接替筆者的工作。聽到這一消息後，這位秘書對筆者的態度發生了180度的大轉變。她變得對筆者很親切，還對筆者講了一些有關工作及她家人的事情。不僅如此，她還以送別的名義請筆者吃飯。起初，筆者對於她態度的急劇轉變並不是很能理解。然而，當目睹她沿用之前對

筆者的態度來對待新來的翻譯時，筆者有些理解她態度轉變的意味。在 Fumei 香港公司，翻譯與秘書為了爭取日本上司的「寵愛」，往往會處於一種競爭的關係中。對她來說，作為翻譯的筆者自然與她是敵對的。但當她知道筆者要離開這個戰場時，自然也就不再是她的敵人了。

離開 C 店後，筆者來到 D 店的雜貨部門上班。在 D 店，筆者同樣地也是把研究重心放在香港高級員工與日本上司的關係，以及香港高級員工間的關係上。在開始 D 店的調查前，筆者對 C 店的調查進行了整理，發現 C 店與 B 店的狀況非常相似。筆者也沿用了前述的實用主義觀點來解讀。筆者在 D 店與幾位日本員工熟絡之後，幸運地得到了入住員工宿舍的許可，這對瞭解日本員工的日常作息來說是個絕好的機會。

在田野研究第二年的上半年裡，筆者集中調查了 B 店的童裝部。筆者搬至離該店只需徒步 5 分鐘的地方，開始了全職的工作。即使是在上班時間，賣場職員在空閒時也會聊上幾句。筆者與她們的訪談大部分都在午飯時間進行。有時則在下班後或者休假時進行訪談。通過這些訪談調查，筆者建立了香港員工（特別是售貨員）的個人背景資料庫。另外，筆者積極參與上班時間以外的各種閒娛活動，例如參加自助餐、野餐、生日聚會、歡迎會等。通過參加這些活動，筆者有機會窺探到公司內部的派系分布、人際網路，以及派系的人員出入。前述的大哥／大姐—阿女的關係也是通過參加這些活動發現的。但是，如前文多次提及，筆者被實用主義的想法所束縛，因而只是將這些人際關係理解為香港員工功利心的表現。

筆者在解讀日本員工的人際關係時犯了相同的錯誤。在田野工作第二年的後半期，筆者集中研究日本員工，同時為了收集資料而開始對他們進行深度訪談。有些日本員工（大多為已婚者）堅決拒絕接受筆者的訪談。有些日本員工雖然接受筆者的訪談，然而在回答時卻顯得小心翼翼。他們這種小心提防，大概是因為他們始終認為筆者有可能是栗原派來的間諜。如果對筆者說了「不合適」的話，並傳到栗原那裡，那他們的處境將會非常危險（說不定會被解雇）。對於有家室的日本員工來說，這些都是應該避免的，因此他們的謹小慎微也不是毫無道理。或許，這些事情正是人類學者在現代企業開展田野研究要面對的最大困難之一。雖然憑著與某位重要人物的關係可以較容易地進入企業，然而在進行調

查的過程中，這樣的關係有時候反而會成為阻礙因素。要解決這些問題需要非常高超的處世技巧與大量的時間。而這些問題的困難度，對於從未在現代企業中進行過調查的人類學學者來說實在是難以想像的。幸運的是，筆者幼小時期居住在徙置大廈的經歷使得筆者對於這方面擁有一定的優勢，在面對這些困難時都能很好地解決。另外，筆者從單身的日本員工、特別是女員工們那裡得到了毫無保留的、直率的意見，而這些對筆者來說非常有幫助。他們毫無猶豫地吐露對公司的負面情緒以及對公司的個人意見。對於已婚員工與未婚員工對筆者開放程度的不同，筆者認為與日本員工對組織的依附性（organized dependence），以及對公司的態度有著高度相關性。並且，筆者開始認識到很多日本員工本身也是公司經營管理下的犧牲品，因此不應該將他們與經營決策的日本人視為一體。

不管怎樣，除去這種正式的訪談外，筆者同時還積極參加日本員工在娛閒時間的活動。和其他進行日本研究的人類學學者一樣，與正式的訪談相比，筆者從參與這種非正式活動中得到了更多寶貴的資料。而對於香港員工來說，這些活動也是分辨日本員工派系所屬的絕好機會。筆者之所以能發現山本派、山本與栗原的對立關係，以及首領—手下關係的重要性也是因為參加了這些閑餘活動。話雖如此，被實用主義的想法束縛住的筆者，只是將這些人際關係解讀為日本員工功利心的表現。

（三）民族誌的記述

田野研究結束後，筆者花費了 3 年的時間來完成博士論文的撰寫。過了一年後，田野研究的成果以前作的形式正式出版。由於筆者的博士論文的提交物件是英國的大學，「自然」地就得接受西方研究者的評價。從牛津大學拿到博士學位後，筆者首先想到的是，一定要在西方的出版社出版自己的書。因為，如果書在西方以外的地方出版，結果可能是既得不到西方的認同也得不到香港學術界的認同。在已經被徹底殖民化了的香港學術界，在西方出版社出版英語著作，是得到認可的「絕對必要條件」。

因此，對於像筆者這樣，總是受到自卑感的折磨，希望得到他人認可的人來說，想到要在西方出版自己的書也是理所當然的規劃。但西方

的出版社也並不是無條件答應出版筆者的書，他們對筆者提出了幾個附加條件。首先，筆者要努力讓 Fumei 香港公司的描述主軸變得更加清晰、更加的首尾一致。為了實現這一點，筆者將 Fumei 香港公司日常生活的複雜互動、矛盾等進行了大幅度的刪減。第二，筆者需要小心設定書的主題。在當時的西方學術界，「支配與抵抗」是備受關注的主題之一，因此筆者的書也彌漫這一支配與抵抗的色彩。這種著色，使得筆者在前作中並沒有交代在田野研究中感受到的日本員工與香港員工間的友情，以及公司內部同仁間的各種情誼。第三，此書必須遵循西方學術界的制式架構。必須從導論開始，接下來是詳細的先行研究概述、書中使用的方法論、對全書結構的說明，然後進入內容部分，最後是結論。第四，書必須用英語撰寫。

當然，筆者並不打算將前作中自己所犯的錯誤，全部歸咎於西方學術界霸權性的評論點標準。如前文所述，筆者的性格、家庭、階層背景等因素亦可能是筆者犯前述錯誤的原因。此外，筆者並不反對非西方研究者在西方出版自己的著作。筆者從心底希望有更多的非西方研究者在西方出版著作，從而進一步加深西方研究者與非西方研究者間的互動。另外還需要指出的是，筆者也並不認為西方學術界的評價基準都帶有偏見，或西方出版社的審稿體系完全不公平、抑或西方研究者的問題意識太單純、不恰當等。

筆者所不能認同的只是，將西方學術界的評價標準視為唯一：只有在西方出版的研究成果才具有價值，只有西方研究者的命題意識才值得關注這類沒有道理的想法。在筆者看來，非西方研究者與西方研究者在人類學的實踐這一點上都具有「主觀性」，對非西方研究者進行歧視性的對待是毫無道理的。如果我們繼續視在西方獲得認可為「唯一」的評價標準的話，我們將無法對自身做出理解，因為西方的「話語」（discourse）並不能幫助我們彰顯自己的個性。而我們也無法依據自身的概念與想法來建立擁有本土特色的人類學。我們需要改變迄今為止的觀念，唯有這樣我們才能夠實踐一門能夠對人類學的進一步發展做出貢獻的，具有意義的且具有本土特色的人類學。而本書則是以建立全新的本土人類學為目標的一個嘗試。

四、作為「開放文本」的民族誌

　　通過上文中的自我批判，筆者意識到自己對日本員工與香港員工的看法存有偏見。但是注意到這些，只是問題的所在，除此之外並沒有什麼收穫（Kuwayama 2000:25）。如果用近年來的後現代主義人類學進行批判的話，得出的結論大概只能是：「人類學學者所說的話，以及人類學這一學科是不可信」的吧！後現代主義人類學的批判主要著力於解構人類學學者作為撰寫人的神話，筆者認為解構本身並不具有任何的「建設性」，而是時候應該重新關注被觀察的一方。

　　如桑山敬己所指出的那樣，後現代主義人類學批判往往過分著眼於人類學學者自身的問題，其結果是「幾乎沒有觸及到被觀察者本身的面貌。舉個例子來說，如果請幾位畫家給自己畫肖像畫，但畫出的畫之間有很大的差別，並且與他們自己本身的形象相差甚遠，我們會做何感受呢？如果畫家們各自都要求我們承認他的作品最為真實，我們又應該如何應對呢？」（Kuwayama 2000:26）。這些對於生活在全球化時代的現代人類學學者來說，是非常重要的問題。現在，人類學學者的研究物件不僅可以讀到這些「局外人」（outsider）對自己進行研究後所撰寫的民族誌，當存在異議時，他們即使是處在非常弱的政治立場也是可以進行反抗的（同上引:23）。

　　桑山敬己認為，人類學學者應該通過將民族誌作為「開放文本」，將帶有不同主觀性的現實作為橋樑來努力實現「主體間性的現實性」。在筆者看來，這是一個很有意思的想法。根據桑山敬己教授的解釋：「開放文本」是由母語者與非母語者參加的具有多樣性的受眾參與的表現形態，它與語言方面具有同質性的受眾參與的表現形態相對應（Kuwayama 2000:26）。本書可以說是對 Kuwayama 所提倡的「開放文本」的一種嘗試。筆者邀請了幾位對日本社會及香港社會均極為熟悉的日本學者來對本書進行了點評。這幾位學者的點評與本書並不是分離的，進而與筆者的回答一同構成了結論部分。因此，這 3 位學者也是本書結論部分的共同撰寫者。本書可以說是筆者與幾位日本本土人類學學者的，關於「主體間性（intersubjectivity）現實的構築」進行對話的場所。因此，筆者選擇日語而非英語作為本書的語言。

初版日文版序言

　　本書乃是針對一家名為 Fumei 的日本超市香港分公司內，日本員工與當地員工間的人際關係，以及其相互影響的人類學著作。這種人際關係及兩者間的互動包含衝突、人為操作和友情等複雜因素，因此無法將其歸咎於某一點。而本書的目的正是在於分析這些因素間的複雜關係。Fumei 原是一家日本國內地區性超市，並於 1984 年進駐香港。在其後的 13 年間，Fumei 不僅在澳門開設了分店，在香港的業務也不斷拓展，曾一度坐擁 9 家店鋪，然而最終它卻於 1997 年宣告破產。

　　出生於 1963 年的筆者在去年度過了第 40 個生日。走完了人生一半的路程，這幾年，筆者經歷了「中年危機」，並開始對自己迄今為止「做了什麼？完成了什麼？未完成什麼？」等問題進行反思。在感到事業發展遇到瓶頸的同時，對未來人生的何去何從也感到彷徨。本書是筆者苦思之後得出的一部分結果，同時也是筆者對前作 *Japanese Bosses, Chinese Workers: Power and Control in a Hong Kong Megastore*（1999）[2] 的自我批

---

[2] 前作的目錄如下：
Chapter 1: Introduction
Chapter 2: Fumei as Regional "Supermarket", Ogawa Family Company, and Religious Group
Chapter 3: Fumei as a Kaisya
Chapter 4: Fumei Coming to Hong Kong
Chapter 5: The Organizational and Spatial Aspects of Fumei Hong Kong
Chapter 6: Organized Dependence: The Organization of Work and the Systems of Ranking, Compensation and Promotion
Chapter 7: The Institutional Culture I: The Relationships among the Japanese Staff
Chapter 8: The Institutional Culture II: The Relationships between Japanese and Local Staff, and among Local Staff
Chapter 9: Conclusion

判與大幅度修正的結果。相信您讀完本書後，一定能理解筆者在自我批判中所呈現的事實。那就是，人類學學者成長過程的社會環境、家庭、階級背景、教育經歷、性格、田野經驗等對其研究及其研究成果的民族誌（ethnography）有著很大的影響。在這樣主觀的影響下，人類學的民族誌難免不完美。但民族誌受其撰寫者的主觀感受影響，本身又何嘗不是「客觀事實」的一部分呢？筆者對自身開展學術研究活動的社會環境，展開了自我批判性的考察，並將這種考察作為了本書的一部分，即序論。筆者認為通過這種主觀性的自我批判，民族誌可以成為更具「客觀性」的研究成果。人類學學者的自我批判並不會使人類學的研究更具局限性，相反，它會使民族誌更具客觀相容性。

但本書並不會一味開展自我批判與自我反省。過於注重自我批判與反省將會使本書失去「建設性」，使其成為關注筆者自身問題的隨筆。本書是筆者依據自我批判的成果，以寫出更好的民族誌為前提，或至少是優於前作的民族誌為目標所作的嘗試（當然，結果如何需由讀者評判）。本書對前作進行了大幅度的修訂。首先，本書對前作的第二章與第三章進行刪改後將其合併為第一章，新的第二章加入了香港社會史。另外，筆者大幅度改動了關於 Fumei 公司進入香港市場的第三章。以上的 3 章為本書的第一部分。其次，筆者亦刪除了前作中介紹 Fumei 香港公司組織結構的第四章。此外，筆者還對前作中關於 Fumei 香港公司企業組織文化的第五章、第六章、第七章進行了大幅度的調整與改動，將其作為本書的第二部分與第三部分。第二部分的第四、第五章主要研究對經營管理與隨之而來的強制性權力，與絕對支配性權力的形成過程。第三部分的第六至第八章則論述日本員工之間、日本員工與香港員工之間，以及香港員工之間的人際關係。最後，筆者對本書的 3 個部分均增添了解說，同時為了令各章的敘述方向更明確，筆者對理論結構也進行了說明。

本書也為筆者與瀨川昌久教授、芹澤知広教授、河口充勇教授等日本本土人類學者，實踐桑山敬己教授所提倡的「主體間性現實的構築」而進行對話的佐證。筆者希望本書能夠成為桑山敬己教授所主張的「開

放文本」（open text）[3] 的民族誌，故邀請了上述 3 位對日本社會與香港社會均很熟悉的學者對本書進行點評。這 3 位學者的點評與筆者的回答被收入本書的結論部分，因此，這 3 位學者可以說是本書結論部分的共同撰寫者。

另外，在本書出版之際，為了保護相關人士以及團體的隱私，書中的公司名稱、人名、宗教團體名稱等均使用化名。第一部分中關於 Fumei 公司的發展史、小川家族歷史、Fumei 公司與萬有教的敘述，儘管筆者參考了諸多文獻，但考慮到隱私保護，並未在參考文獻中列出。同樣地，第二部分中關於公司管理體系，和第三部分中關於日本員工間的人際關係、日本員工與當地員工的關係、當地員工間關係的敘述，筆者也對個別部分進行了修改，但這些都並不影響主體架構的真實性。

最後，筆者希望對負責翻譯本書各章（第四章、第五章、第六章以及第七章的一部分除外）的河口充勇教授，負責翻譯結論部分的廣江輪子女士，以及肩負修飾日語用辭的瀨川昌久教授與鈴木真由見女士表示誠摯的感謝。

---

[3] 關於「開放文本」，根據桑山敬己（Kuwayama）的解釋：「開放文本」是指由母語者和非母語者等多樣性受眾參與的一種表現形態。它和只有同種語言受眾參與的「閉鎖形式」形成對比。

第一部分 文化與歷史

導讀

　　本書的第一部分包含三個章節,從人類學的視角對歷史展開討論。這裡的三章,主要分析並考察了 Fumei 香港公司的歷史以及進駐香港市場的歷史過程。關於這一點,在方法論上有三個要點。首先,我們應視 Fumei 在香港的事業開展為多元的歷史過程。這一歷史過程當中,不僅交織著 Fumei 與香港各自的社會文化背景,還包含著由雙方的相互交融所帶來的結果。第二,我們不應該將 Fumei 公司看作是進駐海外市場的一個普通日本企業。Fumei 公司進駐香港市場及在香港市場開拓成功,是 Fumei 公司與香港的社會文化現況相互作用的結果。所以,我們有必要對 Fumei 公司這一日本企業的特徵進行詳細的論述。最後,關於對 Fumei 公司進駐香港市場的考察,我們應該先從其在日本所處的情況展開。

　　在第一章中,筆者會考察作為地區性超市的 Fumei 公司的發展背景,即日本零售業的情況。筆者會指出 Fumei 公司內的權力結構以及意識形態與萬有教這一新興宗教有著緊密的聯繫。雖然有著這樣的特殊性,Fumei 公司作為具有文化秩序的組織形式和行動方式的日本會社這一事實是不變的。因此,第一章的結論部分,筆者會從股東、經營者、員工間的相互關係這一角度來分析日本會社的組織結構。筆者會指出,隱藏在背後的其實是會社利益高於一切的原則,以及這一原則對股東、經營者、員工間相互關係的影響。

　　然而,這並不意味著 Fumei 公司僅僅是會社結構的表現。這裡所說的會社「結構」是指具有 Sahlins 意涵的,作為象徵性範疇間的關係總體的存在。它是虛擬的存在,並不完全決定日本企業實際的組織形式。就如同英語的語法並不能完全決定說話者的實際話語行為一樣。因此,在

研究日本企業時，雖說有必要對會社的結構進行討論，但是僅靠這樣的討論是無法完全理解 Fumei 公司這一日本會社的組織形式的。如 Sartre（1968[1963]:48-49）所說，「Valéry[1] 毫無疑問是小資產階級知識分子，但並不是所有的小資產階級知識分子都同意 Valéry」。因此，我們有必要考察 Fumei 公司形成特殊會社結構的過程背景。在這裡，具有重要意義的「背景」有：在日本零售業中 Fumei 公司的位置、Fumei 公司的所有權形態、Fumei 公司擁有者家族的宗教信仰等。總而言之，Fumei 公司不僅是一個營利企業，同時也是一家日本會社。同時，它不僅是一家日本會社，也是日本國內地區性超市，是小川家族的家族企業，更是一個疑似宗教集團的組織。如第三章所述，這些背景對 Fumei 公司進駐香港市場都產生了很大的影響。

另外，香港特有的社會、經濟、政治背景也是不可忽視的。因為這些背景都對 Fumei 公司進駐香港市場的方式有著極大的影響。第二章會針對 Fumei 公司進駐香港市場時的香港人的社會生活的各方面進行簡單介紹。後文中也會提及，香港迄今為止從不是（大概今後也不會是）一個獨立自主的社會。政治方面，香港的命運受到英國或者中國中央政府的左右。經濟方面，依靠出口的香港經濟，很大程度上受世界經濟波動的影響。第二章中，筆者會論述香港社會如何在 1970 年代到 1980 年代完成雙重結構的去工業化轉變，以及由此帶來的結果——服務業（service sector）的擴大以及新興中產階級（new middle class）的抬頭。關於新抬頭的新興中產階級，值得留意的一點是，他們希望擁有自己的住房的願望異常強烈。在大型私人住宅區中擁有自己的家，以及與此為一體的生活方式，成為這一階層的身分標誌。在新興中產階級聚集的私人住宅區中，有著能讓日本零售商，尤其是 Fumei 公司大張旗鼓的地方。在這裡筆者想要論述的是：Fumei 公司對香港新興中產階級的形成起到了非常重要的作用。這也是 1980 年代 Fumei 公司在香港獲得巨大成功的重要原因。

第三章將會對 1980 年代 Fumei 公司進入香港進行考察。為了理解這一歷史過程背景中的社會機制，筆者將 1970 年代起 Fumei 公司的發展分

---

[1] Ambroise-Paul-Toussaint-Jules Valéry（1871～1945），法國作家、詩人、小說家、評論家。（譯者注）

為 5 個時間里程。第一個時點是 1970 年代初期,是 Fumei 公司開始往海外拓展的時期。在這一時期,Fumei 公司從一家日本地方性超級市場搖身一變成為國際零售商。在這一轉變過程中,Fumei 公司的會長小川海樹的個人想法起了很大的作用。顯然,我們不能認同「個人是結構的忠實者」這一說法,而馬克思的著名觀點:「個人可以創造歷史,但不能隨心所欲的創造歷史」彷彿也是錯誤的(Callinicos 1987:9)。因為,在特定的社會結構下,個體是可以按照個人意願來創造歷史的。

第二個時點是 1984 年小川海樹在香港開設第一家店鋪的時期。第三章會對香港的社會、經濟、政治背景下 Fumei 公司香港第一家店鋪的歷史重要性進行論述。Fumei 公司在香港的第一家店鋪,對當時的香港人來說不僅是新興中產階級的身分象徵,也是年輕人的圖騰標識。

第三個時點是由 Fumei 香港第一家店鋪的歷史重要性帶來的結果,即 Fumei 在香港擴張的過程。Fumei 在香港的擴張,是按照日本國內地區性超市的模式展開的。也就是說,Fumei 公司只是單純地根據地區性超市的規則來發展,但結果香港人卻把它看作是百貨公司。也因此,Fumei 公司在香港的零售業名聲大震。

第四個時點是 1990 年小川海樹將集團總部遷移至香港的這一時期。小川海樹將集團總部移至香港的決定是大環境文化影響下的結果。Fumei 公司也因此變身為國際企業大集團。

最後一個時點是第四個時點的的延續。小川海樹善用了天安門事件後香港人對未來政治的不安,而他的行為也意外地使得 Fumei 在 1990 年代初進駐了中國內地市場。Fumei 公司的「中國熱」也由此不斷升溫。這正是 Sahlins 所說的「事件」(Event)的特徵,即:「事件與其結果之間經常看到的不相稱」(Sahlins 2000:304)。也就是說,馬克思的「個人可以創造歷史,但不能隨心所欲地創造歷史」這一觀點還是正確的。

通過簡短回顧與 Fumei 公司進駐香港相關的 5 個時點,可以看出其業務開展過程是以實踐與結構間的辯證關係,或者說是以 Fumei 公司與香港間的辯證關係為背景展開的。當我們考察 Fumei 公司是如何以日本地區性超市的模式來拓展香港市場時,就自然會理解到結構將實踐秩序化的過程。當我們考察小川海樹個人的特立獨行在公司權力結構中的滲透、Fumei 公司在日本國內零售業界所處的邊緣位置以及當時日本國內

的國際化潮流等要素所帶來的總體發展效應時，也就自然會理解實踐是如何改變原生結構的。

　　將集團總部移至香港雖是小川海樹個人的決定，但因為有了香港人對戰時日本軍國主義的態度以及香港人在政治上對未來不安全感等因素的影響，使得他的個人決定取得了空前的成功。其結果是，Fumei 公司從國際零售商發展為國際企業集團。1980 年代香港的消費文化也因為「Fumei 公司現象」而發生了巨大的改變。這一時期，Fumei 公司在成為香港新興中產階級的身分象徵後，很快也成為了香港消費文化的重要一部分。

　　Fumei 公司進駐香港市場是以結構與實踐的辯證關係，或者說香港社會與日本間的辯證關係為背景展開的。這一事實可以說與 Sahlins 主張「結構與歷史間未必就是對立關係」（Sahlins 1981:3）如出一轍。以結構與實踐間的辯證關係為背景展開的過程，即歷史的存在論性質，是要以結構與歷史間未必存在對立關係的認識論為前提的。因此，人類學學者同時也應該是歷史學家，反之亦然。

第一章　Fumei

一、前言

　　根據 Clark 的考察，日本會社不管是在工業界還是商界，都具有專門性強、專業分工細的特點，並且會社間的關係具階層性。有時，幾個會社會共同組成企業集團。我們可以將這樣的會社群體看作是「產業社會」（society of industry）。在產業社會中，會社的地位是根據它所屬的產業是否處於優勢地位，或者是否與有名的會社或企業集團擁有密切關聯來決定的（Clark 1979:50）。另外，會社的地位不僅決定了其組織形態、管理形態等，還會影響屬於該會社的勞動觀念（同上引:96）。我們必須在這樣的脈絡中去理解日本會社（同上引:50）。在這裡，我們以 Clark 的主張為前提，對日本的大型零售商的概念圖（conceptual scheme），以及 Fumei 所處的位置進行論述。

（一）Depatō 與 Sūpā

　　首先對日本的零售業進行考察。研究日本零售業的先行研究傾向於將零售劃分為經由零售店發售和不經由零售店發售的兩種。後者通過郵件訂購、電話訂購、電視購物等形式進行銷售。與此相對，前者則由購物中心、折扣店、便利店、專營店、中小型零售店、大型零售店（主要是百貨公司與超市）所組成。

　　Fumei 在日本零售業界一直處於邊緣性的位置。在日本，英語的「department store」（即百貨公司）被稱為 depatō，而「supermarket」（即超級市場）則被稱為 sūpā。sūpā 主營食品，並同時銷售服裝、傢

俱、家庭用品、電器產品等。從嚴格意義上來說，日本的 sūpā 與英語所指的「supermarket」並不完全相同，應該是「department store」與「supermarket」的混合體（高丘季昭、小山周三 1991:11）。

depatō 與 sūpā 在店鋪運營方式、店鋪數量、社會地位這三個方面有顯著的不同。首先，sūpā 採用自助性銷售方式和連鎖經營。也就是說，總公司負責所有貨品的採購並分發到各連鎖店中。換言之，sūpā 的商品調度與店鋪運營是分開的。與此相對的，depatō 對這兩個功能並不進行分割。而第二個不同點是 sūpā 的店鋪數量遠遠超過 depatō。第三個不同點則是 sūpā 的社會地位要低於 depatō。正如 Larke（1994:169）所指出的，零售商的社會地位與其歷史的長短、店鋪的位置等有著很大的關係。depatō，特別是三越、大丸等和服店出身的 depatō，歷史悠久，這也成為公司具有威信和信用的依據（表 2）

表 2　日本具有代表性的超市與百貨公司（1992 年）

公司名稱	等級	類型	創業時的行業種類	創業時間	現公司的成立時間	店鋪數量
伊藤洋華堂	NA	超市	銷售藥品	1920	1958	149
大榮	NA	超市	雜貨店	1957	1958	348
三越	1	百貨公司	和服店	1673	1904	14
大丸	7	百貨公司	和服店	1717	1920	7
高島屋	2	百貨公司	和服店	1831	1919	10

根據日本經濟新聞社於 1979 年舉行的關於零售業界企業印象的調查結果，前 20 當中有 16 家是 depatō（片山又一郎 1983:215）。如 Larke（1994:184）所指出的，「sūpā 裡雖然有 depatō 裡銷售的所有商品，卻沒有如 depatō 那般獲得好評與威信」。

我們在考察 depatō 與 sūpā 的企業戰略的不同點後，就可以明白零售商的威信與其商品管理、顧客服務、價格、地理位置、顧客層、員工的特點等之間的關係。對日本零售業的諸多研究大都是基於顧客的購買行為，將商品劃分為兩個範疇。一類是耐久用品，它由高級奢侈品牌、寶石、音樂器材等高價商品所組成。顯然，這一類的購買頻率較低，消費

者在購買這類產品時需要下一點決心（塩野秀男 1989a:73-74）。而與它構成鮮明對比的是日常用品，它主要指食品、日常用品等每天生活不可缺少的商品。與前者不同，它的購買頻率較高，消費者會選擇在離住處距離近的店購買（岡田康司 1994:14-15；塩野秀男 1989b:314）。

depatō 為了給人以高級的印象，會採取以高級商品為中心，日常用品為輔助的商品戰略。而 sūpā 則主要銷售日常用品。另外，depatō 比較重視服裝。根據鈴木的研究，depatō 裡 40%～60% 的銷售額來自服裝的銷售（鈴木千尋 1993:85）。與服裝相比，sūpā 則更加重視食品。

銷售高級商品與提供最好的服務，這在意味著高價格的同時，也意味著威信。正如 Creighton 所指出的那樣，「depatō 不以低價為賣點」（Creighton 1988:9）。而 sūpā 由於主營日常用品，銷售的當然都是低價商品。實際上，當 1960 年代日本的超市業取得高速發展時，這一業界最大的賣點就在於商品的低價策略（Havens 1994:75）。

此外，depatō，特別是和服店起家的 depatō，為了符合自己的身分有必要將店鋪開設在東京的銀座、大阪的新齋橋等傳統商業區（Creighton 1988:85）。根據傳統的店鋪位置，depatō 就具有了正統性和高級感，從而能夠吸引有錢的消費者。與此相對的，sūpā 則將店鋪開設在離住宅區近，購物便利的地區。選擇便利的購物地區這一要素對 sūpā 的發展戰略來說是至關重要的。

與 sūpā 相比，著名的 depatō 可以錄用到更多一流大學的畢業生。公司的威信是求職者留意的要點之一。前文中 1997 年的調查中，最受歡迎十大零售商均為 depatō，sūpā 界的知名企業大榮和伊藤洋華堂也只分別名列第 17 位與第 18 位。雖說大學時代的成績與進入社會後的工作能力未必一致，但客觀來看，一流大學的畢業生與其他學校的畢業生之間在能力方面有著各種差距，這一點則是不可否認的（Clark 1979:12）。就人才方面來說，depatō 可以說比 sūpā 更具有優勢。

（二）日本零售業界中 Fumei 的位置

在日本國內，Fumei 一直都只是一家地區性超市 sūpā，而並非全國性 sūpā。關於這一點，在海外市場取得成功後也未發生改變。全國性 sūpā 被定義為：在全國四個縣以上，東京、大阪、名古屋中的兩個城市

以上設有店鋪（日経流通新聞 1993a:2）。大榮集團、伊藤洋華堂集團、永旺集團、UNY 集團最為有名，被稱為是業界的四大巨頭。這些公司會提供給員工較優厚的薪水和補貼，雇用狀況也比較穩定，因此在求職者當中很有人氣。而且，這些公司可以錄取到成績較高的大學畢業生。相對的，地區性超市 sūpā 規模小、知名度低、薪水與補貼也不是很理想，因此對一流大學的畢業生來說，吸引力自然較小。全國性 sūpā 與地方性 sūpā 相比，前者顯然有著壓倒性的優勢，並對後者形成很大的威脅。

由於 Fumei 只在東海地區的四個縣中設有店鋪，在東京、大阪、名古屋這三大城市當中並沒有店鋪，因此被劃分為地區性超市 sūpā。弱小的地區性超市 sūpā Fumei 與全國性 sūpā 相比，處於壓倒性的弱勢地位。創業以來的很長時間，Fumei 都處於資金實力弱、知名度低的狀態。Fumei 在業界從未打入過前十名，即使是在 1980 年代，在海外有了一定知名度後，Fumei 在東京與大阪等地依然無人知曉。

Fumei 的邊緣性地位可從兩大方面來看。一是該公司規模小、市場占有率低，只在大城市以外的地方開展業務。二是即使是在與 depatō 業界相比，處於地位較低的 sūpā 業界間，Fumei 也處於很低的地位。

Fumei 在日本零售業界中的地位對分析該公司有非常重要的意義，但這些無法說明 Fumei 的內部動態以及其向海外市場進軍的原委的。接下來，筆者將目光鎖定小川家族對 Fumei 的支配以及小川家族與萬有教的關係。

二、小川家的家族企業——Fumei

1930 年 12 月，小川晉也從岳父樫村六郎那裡得到資金援助，在東海地區開設了 Fumei 商店的分店。當時的 Fumei 只不過是鄉下的雜貨鋪，還處於將商品放入由扁擔挑著的竹籠來送貨的狀態。誰也沒想到這家鄉下的雜貨鋪，在 60 年後會發展為國際企業集團。這 60 多年可以大致劃分為四個時期。

（一）第一時期：1932 年～1962 年

公司成立後的頭 30 年間，Fumei 主要由 3 個部門所組成：一般業務部（財務、總務、會計、人事）、運營部（銷售）、商品管理部（商品的進貨）。而這 3 個部門全部由小川家的家族成員負責。一般業務部由

晉也的妻子敦子負責，運營部由晉也負責，而商品的進貨則由六郎負責。小川家族對經營管理的壟斷與其說是有意識地將外人與家族隔開的結果，倒不如說是因為 Fumei 只具有家族經營的規模。

其後，隨著家族新成員的加入，銷售的商品種類也不斷多樣化。1951 年，晉也的長男海樹加入公司，接管商品的進貨，次男修治（在進入公司前在麵包房工作過一年）於 1957 年也加入公司，主要負責麵包的製作與銷售。此時，公司名稱也由「Fumei 商店」更名為「Fumei 食品百貨」。之後，晉也的第三個兒子真治也加入公司，負責鮮魚、衣料、家庭用品的銷售。此時（1962 年）公司更名為「Fumei 百貨」。差不多同一時期，Fumei 的經營陣營為了管理系統的組織化，於 1959 年成立了董事會，由小川家族成員擔任董事會成員。

（二）第二時期：1962 年 ～ 1970 年

1961 年，當時擔任專務董事的海樹赴美考察了當地的超市業。回國後，他向父親提出了 Fumei 的改革方案。二人由於意見不合還發生了爭執，最後父親做出讓步，將社長一職讓給了兒子。其後，海樹在東海地區展開了連鎖店的擴張。當然，擴張需要大量的資金。為此，小川家族開始向入社時間超過 3 年以上的員工銷售 Fumei 30% 的股份。剩餘的 70% 的股份由晉也、敦子與 5 個孩子各擁有 10%。

依靠著員工的投資，海樹在 1962 年到 1970 年間共開設了 10 家連鎖店。1965 年，六郎的店也被收歸到海樹的旗下。該店被作為 Fumei 小田原店，使 Fumei 迎來了新的開始。同時，六郎的長男出任 Fumei 的董事。1969 年，Fumei 的董事會成員擴大，晉也的第四子昌久與首位非小川家成員的員工也相繼加入董事會。而昌久則主要負責連鎖店的業務擴大。

（三）第三時期：1971 年 ～ 1990 年

1971 年，海樹在南美開設了 Fumei 的第一家海外分店。萬有教南美支部對 Fumei 在南美市場的事業擴張提供了很大的支持。該南美分店於 1970 年代末被迫關閉，但海樹並沒有因此氣餒，而是開始摸索向其他地區的事業擴張。截至 1995 年，Fumei 的海外分店布及 12 個國家和地區，總店鋪數達到 57 家之多（請參考表 3）。

表 3　1995 年 Fumei 的海外店鋪數

國家名稱	店鋪數量	第一家店的開設年分
新加坡	4	1974
哥斯達黎加	2	1979
香港	9	1984
美國	9	1985
文萊	2	1987
馬來西亞	5	1987
中國大陸	19	1991
泰國	3	1991
澳門	1	1992
加拿大	1	1993
英國	1	1993
臺灣	1	1994
合計	57	

　　隨著海外分公司的迅速擴張，Fumei 必須賦予小川家族以外的人員以經營管理許可權。由此，小川家族以外的人也相繼出任董事。到了 1977 年，小川家族以外的董事人數已經超過了小川家族的董事人數。話雖如此，小川家族在 Fumei 中的權力並未被削弱。在這一時期，小川家族成員獨占著會長、社長、副社長等要職，而其他重要職位也幾乎由小川家族及其親戚擔任。

　　由於進駐海外市場需要龐大的資金，Fumei 於 1983 年在名古屋證券市場上市，隨即又於 1986 年在東京的證券交易市場上市。雖然 Fumei 發行了股票，但其股份中相當大的一部分由小川家族所持有的這一點始終未曾改變。根據 Fumei 的年度報告，1989 年，Fumei 的股東前 10 人當中就有 5 人是小川家族成員。他們共計持有公司 15.5% 的股份。另外，法人股東持有 Fumei 15.4% 的股份。由於這些法人股東為穩定股東，與日本一般的穩定股東相同，他們幾乎不干涉公司的經營，甚至可說是非常合作，對經營陣營的所有提案都予以支持。因此，小川家族實際掌控著公司 30.9% 的股份，並擁有著排名前 10 的大股東們支持。

（四）第四時期：1990 年～1997 年

1990 年，海樹將 Fumei 的總部移至香港，並以舊財閥的經營戰略為範本對 Fumei 進行了重組。如 Morikawa 所指出的那樣，財閥的組織形態對企業實現多角化經營非常有效（Morikawa 1992:xxxiii）。海樹在香港成立了 Fumei 集團的控股公司「Fumei 國際」。「Fumei 國際」負責對日本國內市場、香港、澳門、中國大陸市場以及其他海外市場這 3 個旗下組織進行管理。其中，其他海外市場的總部設立在新加坡。於是，日本國內的 Fumei 成為「Fumei 國際」的一個旗下組織，公司名稱於 1990 年 10 月由「Fumei 百貨」更名為「Fumei 日本」。

經過重組，小川家族成為占有旗下企業「Fumei 國際」71% 股份的大股東。如表 4 所示，關於「Fumei 日本」的股份，修治與「Fumei 國際」擁有 11.3%，穩定股東擁有 21.5%。換言之，小川家族的股份實際上由重組前的 30.9% 增加到了重組後的 32.8%，小川家族對公司的支配權進一步被強化。

表 4　1990 年「Fumei 日本」的大股東

股東名稱	股份持有率
Fumei 國際	8.3
住友信托銀行	4.1
長期信用銀行	3.8
東海銀行	3.8
日本海上火災	3.8
三和銀行	2.0
小川修治	3.0
其他三家金融機構	5.0
合計	32.8

顯然，小川家族幾乎壟斷了公司內部所有的重要職位，擁有著極大的權力。海樹是「Fumei 國際」與海外旗下企業的會長。他直接參與香港、澳門、中國大陸的經營，而日本與其他海外市場的 Fumei 的經營管理則交由他的兩個弟弟負責。同時，小川家族的其他成員也擔任著「Fumei 國際」旗下各公司的最高職位或董事。另外，海樹還設立了被稱為最高

會議的新管理機制，所有的重要決策都會在最高會議中進行。而最高會議則是由海樹、修治、昌久、樫村啟（六郎的孫子）、渡邊慎太郎5位成員組成。小川家族占據了最高會議中4/5的席位，將對集團全體的決定權牢牢握在手中。

小川家族之所以能夠完全支配Fumei的管理運營與權益，是有歷史原因的。在這一過程中，小川家族所信仰的新興宗教萬有教的教義所起到的作用也異常重要。小川家族對公司的支配分為管理・運營支配與精神支配這兩個方面。小川家族為了誘導員工建立單向想法，使員工採取特定的行為，他們將自己信奉的宗教團體的教義（包括祈禱與修行的形式）強加於員工身上。也就是說，小川家族不僅期待員工們對公司提供勞動力上的貢獻，還期待他們內在精神上的服從。

三、疑似宗教團體——Fumei

小川家族中最早加入萬有教的是敦子。關於入教的經過，敦子在其自傳和演講中進行了神化。具體如下：敦子認識的一位婦女在得了肺結核後臥床不起足足有兩年之久。後來有一天，她突然起床，清洗身體，接著病就完全好了。這位婦女告訴周圍的人，自己的病能夠突然痊癒，完全是由於聽了萬有教教導的緣故。敦子聽了這位婦女的話之後，開始和她一同參加萬有教的集會。這是1945年的事情。之後，她對萬有教的教義，特別是關於家庭的教義非常感興趣，開始在他人面前訴說自己迄今為止對丈夫所做過的過分行為，並發誓自己將聽從萬有教的教義努力痛改前非。

神化還在繼續。其後又過了一年，有一天，敦子收到了海樹攻讀的大學的退學通知。原來海樹積極參加共產主義運動，與「同志」們一起參加了反對提高學費的運動。年輕的海樹曾經夢想著能夠成為一名外交官，雖然他本人非常想進東京的T大學，但由於父母希望其將來能夠繼承家業，最終他選擇了另外一所大學。這一經歷加強了他的反抗心理，並使他著迷於馬克思主義。因此，大學時代的海樹對窮人有著強烈的同情心。

收到兒子退學通知的敦子馬上找到大學校長，懇求校長能夠給將來要繼承家業的兒子最後一次機會。在敦子的請求之下，校長最終將對海

樹的處罰修改為為期一個月的停學處分。為了「拯救」受到了挫折的海樹，敦子督促兒子去萬有教的教徒培養道場。經過兩周的時間，海樹回家之後簡直就像變了一個人。海樹告訴母親自己脫離了共產黨，並發誓今後將努力盡孝。也就是在此時，海樹下定決心將來要繼承 Fumei，為了將 Fumei 發展為日本第一的零售商會不惜一切努力。

這一事件後，海樹成為萬有教忠實的信徒，並努力傳播教義。受其影響，海樹的 4 個弟弟也相繼加入了萬有教。

最後，晉也更因為胃癌手術奇跡般的成功而加入了萬有教，其晚年對教團是一心一意的。晉也於 1970 年代去世。在其遺言中她明確寫到：希望小川家族的子孫世代信奉萬有教。

對於敦子、海樹還有晉也關於萬有教的故事，其真實性我們無從判斷。但他們的故事可以說是對萬有教教義的簡短解說。敦子為成為一名好妻子而不斷努力，由此，使小川家族成為了幸福的家庭。海樹從一名反抗的共產主義者轉變成有為的資本家，晉也克服致命的疾病重新獲得健康，這些事情最終都會歸結為：如果小川家族沒有信仰萬有教，就不會有這樣好的結果。因此，如果 Fumei 的員工們也信奉萬有教，他們也能得到同樣的改變。

當然我們不能完全否認小川家族在信仰上的真誠，但也不能將他們對宗教的熱情與其經濟利害方面的考慮完全割裂開來。很明顯，小川家族注意到了向 Fumei 的員工推廣萬有教教義的實際利益。

關於這一點，在敦子的自傳裡有很明顯的表述。根據她的自傳，當 Fumei 還是鄉下雜貨店時，顧客大多是近鄰的旅店經營者，由於這些顧客都是倚仗信譽，先買貨後付款，有時從交貨到收款要花費半年到一年的時間。這使得 Fumei 總是處於流動資金不足的狀態，隨著情況不斷惡化，被逼上懸崖的公司財務負責人敦子下定決心，通過採用當即付款與固定價格銷售的方式來重振公司財政。如此大的轉變，稍有差池就會使 Fumei 失去原有的顧客，在改革顯現效力之前陷入倒閉的處境。可以說改革伴隨著很大的風險。

為了降低風險，小川家族開始在增加銷售量與降低成本（特別是人工費）方面做出努力。而這種改革措施是否能夠取得成功，與員工願意

承受怎樣程度的繁重勞動有著密切關聯。小川家族意識到萬有教的教義對提高員工滅私奉公的精神非常有效。

萬有教的教義，特別是「有給予才會有回報」這條教義，為了符合商業拓展被重新詮釋。具體如下：對於銷售商品的人來說，最大的任務應該是以低廉價格提供商品，讓顧客感到喜悅。而顧客的喜悅就會轉化為利益回報給銷售方。

小川家族所強調的是，雖然像當即付款的銷售方式轉換有可能會招致公司的倒閉，但進行這樣的嘗試是非常有價值的。因為，通過這種銷售方式，Fumei可以降低零售價格，給顧客帶來更大的滿足。通過這種意識形態的操作，小川家族把本來是純粹出於商業戰略考慮新的銷售方式變成具有道德價值，更提高了員工滅私奉公的情操。

就結果而言，新的銷售方式取得了巨大的成功。Fumei經過短短的13個月就實現了盈利，但這段期間也產生了一些問題。有幾位新員工為要求公司改善低工資、勞動時間長的狀態而決定罷工。面對這種狀況，小川家族毫不示弱，引用萬有教的教義表現出了強勢態度。小川家族相信，只要平時將「強者就是能夠克服一切困難的人」這一教導滲透到員工間，他們肯定會勇敢地迎接精神上與肉體上的苦難。小川家族為了消除員工無可奈何的心情與自卑情緒，利用了萬有教教義中對崇高的人性推崇。這些論說在Fumei發展的初期非常有效。不過，當時的Fumei也無法給員工提供良好的物質條件。而這一論說也成為Fumei精神教育中最主要的內容。

如果能夠通過思想改造說服員工，即使Fumei處於不利的財政條件與徵才條件和旗下員工們得不到相應的報酬與援助的情況下，，也有可能與全國性的sūpā進行競爭。在利用萬有教的教義來對員工進行教育時，最重要的兩個詞是「感謝」與「奉獻」。也就是說Fumei的員工必須對顧客心存感謝，而要實踐這感謝之心則要通過奉獻。奉獻是指滿足顧客要求提供最大限度的服務，透過低價向顧客提供最好的商品給顧客帶來喜悅。同時，員工們懷著感謝之心努力服務顧客也會感到喜悅。為了使這種想法更具有說服力，小川家族有必要將「感謝與奉獻」這一理念植入員工心底。出於這樣的考慮，以敦子為中心的小川家族在公司內部開展了一系列精神教育的課程。例如，每天的朝禮，每月一次的神龕前的

「冥想」等就是其中的一環。他們通過這些活動將萬有教的教義傳達給員工。而「感謝與奉獻」也在 30 年間一直被視作 Fumei 最重要的宣傳用語。與此相關的，海樹於 1964 年制定了「Fumei 社訓」。社訓最初使用日語撰寫，其後被翻譯為多種語言。Fumei 香港的員工們在每天的朝禮或者公司重要的活動中都要背誦社訓。制定了社訓的同時，海樹將萬有教的教義作為公司的經營哲學，並正式設立對員工宣傳公司經營理念的教育課程。這一員工教育課程不僅在日本，連集團海外的旗下公司也廣泛展開，並一直延續到 1990 年代。

從 1964 年開始，所有的 Fumei 員工都被要求信仰萬有教。Fumei 從員工每月的薪水中強制性扣除會費。與萬有教的教祖相同，海樹被看作是 Fumei 的中心，而 Fumei 的員工們則被要求以海樹為中心形成一體。Fumei 的社報也起到了喚起員工對海樹個人崇拜情感的功能。由於這一系列的舉動，Fumei 的宗教色彩不斷加深，逐漸成為一個疑似宗教團體。

四、日本的會社——Fumei

Fumei 的上述特徵對理解該公司的經營戰略與其在香港的事業開展有著重要意義。在這裡想進一步討論的是「會社」這一日語概念。日本商法中所規定的法人概念與歐美的相同。但事實上，日本的會社與歐美的 corporation 在內容上卻存在著很大的差異。本節主要是探討日本的會社結構。筆者所使用的結構概念，主要借助於 Sahlins 對結構的理解。即：「如 Saussure[2] 所說的，結構與網路狀的文化範疇有關」（Biersack 1989:85）。在這張網之中，包含著會社、股東、經營者、員工各個範疇，以及統籌這些範疇間關係的全體秩序。

（一）會社

會社並不是股東的集合體，也不是微觀經濟學中所說的追求股東利益最大化的機構（Aoki 1990a:7）。它也不是交易成本相關的經濟學模型，或作為相對於市場的可替換交易形式來作用（只有它在比市場更具效率

---

[2] 費爾迪南•德•索緒爾（Ferdinand de saussure 1857～1913）：瑞士語言學家，是現代語言學的重要奠基者，也是結構主義的開創者之一。他被後人稱為現代語言學之父，結構主義的鼻祖。（譯者注）

時才有意義)的統治集團（Williamson 1975）。在日本，會社是很久以前就存在的社會實體。在某種意義上與Durkheim的社會概念非常相似。根據Durkheim的理解，社會是由個人組成的，卻不是個人的集合體。也不是部分的集合，其本身就是一個整體。而且，社會也不是名義上的、或形而上學理的存在，而是實際存在、由個人意識無法改變的一個「事物」（Durkheim 1950:28）。

　　會社雖然是由股東一起創立的，但在其成立後，就如同經營社會生活的「自然人」一樣，成為一個社會實體。奧村對1960年的八幡製鐵事件的敘述對我們要理解會社的這一性質非常具有啟發性。

　　1961年4月，八幡製鐵的股東之一以社長以及董事會給自民黨提供政治獻金這一行為危害了股東權益為由，向東京地方法院提出訴訟要求賠償。在一審判決中，東京地方法院判該股東勝訴，但東京高等法院駁回了一審的判決結果，最高法院也維持高等法院的判決，駁回了該股東的上訴（奧村宏 1991a:23-24）。

　　東京高等法院與最高法院進行上述判決的理由是：會社是與自然人無任何區別的社會存在與社會的基本單位，因此憲法中所規定的自然人所享有的權利與義務同樣適用於會社。既然如此，會社也應該與自然人一樣有權利支持或反對特定的政策或政黨。政治獻金視為這權利的一部分，並不違反法律（奧村宏 1991a:23）。

　　與此相對的，在美國，公司提供政治獻金屬於違法行為。歐美的民主制度是基於「個人是不可分的社會基本單位」這一原則而制定的。公司，從存在論上講，並不存在。作為社會組織的corporation的存在只是名義上的，因此，它無法像個人那樣經營社會生活，也無法像個人那樣自由的開展政治活動（奧村宏 1991a:23）。

　　日本的會社概念，可以說反映了「會社＝城邦」這一想法。在日本，經營者與勞動工會在「自己的城邦，自己守護」（Gerlach 1992:234）這意識形態背景下，聯合起來面對共同敵人的情況並不少見。在這裡，會社被看作是一座城邦，當城邦受到攻擊時，所有成員必須團結一致共同防禦。

（二）作為永恆存在的會社

在日本，會社一般被看作是永恆的存在。開展了「法人資本主義」討論的奧村，引用日商岩井的島田敬常務董事的事例來說明「會社是永恆的」這一理論（奧村宏 1991a:39）。島田敬留下「會社的生命是永恆的。我們應該為了這永恆奉獻自己」這一遺言後自殺了。換言之，由於會社的生命是絕對事實，員工們為了會社的繁榮與存續必須做出堅持不懈的努力，並不惜犧牲自己的性命。

和歌山縣著名的高野山企業墓可說是對「會社的生命是永恆的」這一意識形態的反映。當然，企業墓不是用來埋葬員工遺骨的場所，而是會社供養塔，被用於祭祀已故員工的亡靈（Nakamaki 1990:131）。

高野山上出現企業墓是在 1927 年。某一報紙銷售公司為了祭祀其已故員工的亡靈，遂在高野山上興建了供養塔。之後，以松下電器為首的，大大小小各種各樣的企業在高野山上都興建起了供養塔。自此，供養塔的數量逐年增加。到 1992 年，高野山上已有一百座以上的企業墓，比叡山上也有 20 多座（中牧弘允 1992:35–38）。

修建企業墓的目的在於祭祀已故的員工。這一點從千代田生命與養樂多（Yakult）的供養塔碑文上就可以體會到。不僅是祭祀殉職者、因公傷亡者，通過對創業者、歷代的董事為首的所有已故員工的祭祀，來祈求他們能夠保佑會社的永存與繁榮。中牧將其稱為虛擬性的祖先祭祀。通過這種虛擬性的祖先祭祀，員工們祈求得到會社先祖們的庇佑與會社進一步的繁榮（中牧弘允 1992:43–44；Nakamaki 1995:149）。供養塔這一現象，也顯示出會社的永存與繁榮是會社最關心的事情。

（三）至高無上的存在——會社

會社對員工們來說是至高無上的存在。也就是說，會社自身的利益高於股東、經營者、普通員工們的利益。會社由於完全不受股東的影響，會社的經營者可以非常自由地運作會社。經營者的這種經營自由可以從會社概念背後隱含的理論進行說明。在二戰前後，日本的會社為了對抗其他會社的惡意並購，採取了設置穩定股東這一策略。這策略帶來了兩個重要結果。首先，出現了會社間交叉持股的現象。其次，法人股份中的絕大部分由穩定股東所持有。在這兩相作用下，會社的經營者可以減

少受個人股東與法人股東的影響，能自由地運營會社。因此，日本的會社經營者們，可以為了實現會社的長期發展目標而壓低發給股東的分紅。也就是說，會社的利益高於股東的利益（Wong 1999:33-36）。

另外，在日本會社中，作為股東利益代表的股東大會與董事會對會社經營陣營的監督這項重要作用也名存實亡。由於日本的穩定股東大多數並不發表意見，他們一般不會在股東大會上採取對抗會社經營陣營的行為，亦即他們經常對會社的經營陣營採取合作的態度。有時，會社的經營陣營還會阻止個人股東在股東大會上的發言（特別是對經營陣營不利的發言），特殊情況下，甚至還會阻撓個人股東出席股東大會。

另外，董事會也無法監督經營陣營。日本的董事會非常制式化，會長與社長之下有副社長、專務董事、常務董事、董事等職位，而代表董事會長與社長則對自己的後繼者以及比自己職位低的董事擁有任命權。因此，會長、社長以及其他董事之間並不是美國公司董事會的監督與平衡的關係，而是上司與部下的上下級關係。在這種情況之下，普通董事對自己擁有生殺大權的上司——會長與社長是無法提出批評意見的。更重要的一點是，日本會社的監事也是由會長或社長從員工當中選拔任命的（很多時候，缺乏相關的知識與經驗），因此對自身的上司——會長或社長，想要依據客觀基準進行監查是不太可能實踐的。

Fumei 基本上都具備日本會社的這些特點。首先，如前一小節中 1990 年 Fumei 日本的十大股東列表所示，十大股東中有 8 名是 Fumei 日本的合作銀行或保險公司等穩定股東。很難想像這些法人穩定股東會干涉 Fumei 日本的經營管理。而剩下的兩名股東則是小川修治個人與處於同一系統的「Fumei 國際」。不用說，這兩位股東願意犧牲自己來維護小川家族的利益。

其次，Fumei 的董事會也是名存實亡的。這裡以 1993 年為例，談一下 Fumei 日本的董事會構成。Fumei 日本的董事會由一名監事、一名常務監事、五名董事、一名常務董事、兩名董事副社長、一名代表董事社長、一名代表董事會長，以及一名最高顧問組成。小川家族的敦子、海樹、修治分別擔任最高顧問、代表董事會長及代表董事社長的職位。

與日本一般的董事會相同，Fumei 的代表董事會長海樹的職位最高，擁有著將員工提拔為董事的最終決定權。海樹以外的董事只不過是海樹

的部下，對於會長以及社長的選任並不具有決定權（奧村宏 1991a:181；Aoki 1990a:144）。實際上，除特殊情況外，一般來說會長與社長對自己的後繼者與董事的選任擁有決定權（Aoki 1990a:99; Charkham 1994:87; Shimizu 1989:87）。例如，海樹於 1989 年，將自己的親弟弟修治提拔為 Fumei 日本的社長，由此可見海樹作為 Fumei 的代表董事會長掌控著所有的最終決定權。其他董事不過是在執行海樹的決定，並不具有對海樹的經營管理進行監查與批評的能力。

眾所周知，日本會社不設外部董事（佐高信 1993:137；奧村宏 1991b:145；Aoki 1990a:144; Charkham 1994:85; Clark 1979:100; Whitehill 1991:117）。Fumei 日本的董事會到 1992 年為止都沒有外部董事。本來，外部董事作為股東代表，對經營陣營的運營具有監督職能；但由於根本就不存在外部董事，這也就說明了股東對經營陣營並不具有任何影響力。

另外，Fumei 日本的監事缺乏監查相關的經營與專業知識。在出任此職前，此監事擔任的是 Fumei 日本勞動工會的會長。另外考慮到做出將其提拔為監事這一人事決定的是海樹，他不太可能對自己的恩人——海樹的經營管理進行客觀的監查。

（四）會社與經營者

如上所述，會社是至高無上的存在，會社利益高於一切。另外，日本會社的經營者可以不受股東影響自由運營會社。經營者的權力非常大，但經營者的權力也不是無限的。如奧村所指出的，經營者的權力之所以大是因為他代表著會社。如果經營者的行為威脅到了會社的存續，會社會採取某種手段讓經營者辭職。關於這一點，奧村引用了三越百貨岡田茂事件為例。

岡田於 1970 年代出任三越百貨的社長，並開始了獨裁式的經營管理。這一時期，由於一系列的醜聞使得三越的業績不斷下滑，但作為其部下的董事們卻無人對岡田的做法提出反對意見。於是，就在三越的業績持續下滑，快要危及公司存亡之時，當時擔任三井銀行顧問的三井集團首腦小山五郎開始採取行動，設法解雇岡田。三井集團的社長會議「二木會」通過瞭解任岡田的決議。三越的董事會也回應這一決議，並在 1982 年 9 月 22 日的三越董事會中，宣布了對岡田的解任（奧村宏 1991a:182）。

從會社與經營者的關係出發，岡田茂事件具有 3 個要點。第一，岡田在三越的權力非常大，這使得他在一連串的醜聞之後仍能夠遠離來自股東們的壓力，並免受董事們的責難。第二，岡田的權力雖然強大，但當他的存在對會社存續構成威脅時，他也無法保住自己的職位。最後，三井集團旗下會社所持有的三越股份雖然只有百分之幾，但憑藉著三井集團首腦小山五郎的號召力，旗下會社聯合起來結成三越的大股東，最終解任了岡田。奧村將日本會社的這一機制稱為「多數對單一的支配／被支配的結構」（奧村宏 1991b:213）。上文提到日本會社為了對抗惡意收購，設置了穩定股東，卻出現了會社間的交叉持股與穩定股東處於優勢的結果。總的來說，日本會社間的持股結構具有兩大特徵。第一，各法人股東所持有的股份只有百分之幾，所占比例很小。第二，這些法人股東與其他股東聯合起來卻可以形成大股東。也正因為交叉持股的結構，會社作為至高無上存在的理論才得以維持。普通情況下，會社 A 所持有的會社 B 的股票只有百分之幾，因此 A 很難對 B 的經營陣營提出批評。但會社 A 通過持有會社 B 的股票這一相互持股結構，與會社 B 的經營陣營達成相互信賴、互不侵犯的關係。由此，兩個會社的經營陣營都可以大幅度降低法人股東的影響力，自由的開展運營管理。

然而，在非常情況下，如三越的事例所示，法人股東聯合起來可以成為大股東向經營陣營施加壓力。經營陣營確實通過會社間的相互持股結構，降低了股東的影響力，使會社可以為了實現長期發展目標而忽視股東利益。但在會社的存續面臨危險時，法人股東可以通過「多數對單一的支配／被支配結構」解任經營陣營。這反映了會社利益高於經營者個人利益這一會社理論。

這一會社理論也很明顯的反映在 Fumei 的經營之中。而關於海樹後繼者的確定反映了不僅是經營者，即使對於所有者來說，為了至高無上的會社存續，也必須摒棄私情。海樹有一個兒子及三個女兒。與一般的日本家族企業相同，海樹的長子被看作家業的繼承者。因此，海樹對自己的長子史展從孩童時期就開始實施帝王式的教育。據熟悉小川家族情況的日本員工說，史展在家裡從小就被嚴格管教，如果像一般家庭的小孩那樣向媽媽撒嬌，就會受到祖母敦子的責備，將其與母親分開。一直渴望母愛的史展長大後非常叛逆。他沒有讀大學，也沒有繼承小川家的本行零售業，而是到巴西在 Fumei 的一家關係公司工作。

史展與家人的關係也不是很好。海樹與敦子在公開場合也從未提及過史展。這使得員工中很少有人知道海樹有一個兒子。筆者也是在1992年對「Fumei國際」的一位日本員工的採訪中得知小川家族的這一內情。據這位日本員工所說，海樹不太願意提及自己的兒子。而根據另外一名與海樹一同工作過的日本人所說，周圍的人都知道史展不具備繼承Fumei的能力。又根據另一位日本人所說，海樹與敦子都意識到不能指望史展，所以很早就開始物色繼承人。

即使是在Fumei瀕臨破產的1997年，海樹也從未提及過任命誰為後繼者。但是根據公司內部的推測，他的女婿之一是第一候選人。如果該推測是正確的，海樹的決策就顯示出會社的存續比父子間的血脈關係更為重要。即使是獨裁的公司所有者，為了會社的存續有時也會犧牲血脈之情。

（五）會社與員工

日本的員工受會社支配，為會社而存在。員工不僅受雇於會社，在作為會社的所有物的同時，也是「會社人」。奧村將日本的會社稱作是「擁有自然人特徵的法人」，也是由於會社掌握著員工們的靈魂，要求員工對會社要絕對地忠誠。在員工的價值體系中，會社的永存與繁榮是最核心的真理，為會社的繁榮所做出的各種犧牲則被看作是美德。

如Ballon所說，日本的雇用關係著重的不是勞動合同，而是紮根於日本自古以來法律制度的「義務關係」（Ballon 1985:3）。三戶對這種關係進行了簡單的論述，根據他的說法，與其說勞動者們被會社「雇用」，倒不如說他們被會社「所有」（三戶公 1992:84-90）。實際上，會社在員工們開始工作以前就已經開始了對他們的控制。舉一個例子，Fumei日本的新員工在正式開始工作的5個月前，就被要求接受關於公司管理運營的培訓課程。

會社可以單方面地決定員工們的工作內容以及工作地點。每年的3月，公司內會有崗位變動，但相關的調職命令一般是在工作變動的兩周前發布，時間非常緊迫。崗位的變動既包括公司內部變動，也包括向關係公司的調派。從Fumei日本到Fumei香港的職位調動就屬於後一種。這些員工被看作是海外借調人員，按照規定早晚會回到日本。但實際上，他們當中有很多人雖然想回到日本，但卻被長期留在香港。

Fumei 香港公司內部職位調動主要有 3 種形式。首先是工作地點的變動，一般為店鋪之間的調動，但工作內容並不發生任何變化。第二種情況為在同一工作地點，但工作內容發生變化。第三種則是工作地點與工作內容都發生變化的調動。例如，店鋪的銷售負責人調到總部做採購員（當然，也有相反的情況）。

這三種調動的共同點在於，都是會社不經員工的同意而單方面決定的調動。會社之所以能這樣做，是因為員工被會社所有。不過，日本員工也被賦予了表明個人意願的管道。第一種管道則是自我申報表。所有的日本員工在入社之初都被要求提交自我申報表。而這最初的申報材料成為各員工最基本的資料，也被稱之為「基本底冊」。當中包含了關於住房費用、面積、家庭背景等非常細的問題項。另外，每年在固定的時間，人事課會向全體員工發放自我申報表，如果對之前的資訊有需要補充或變更的地方，都要求據實更新。而員工們通過這每年的自我申報表可以提出崗位變動相關的個人意願。筆者所看到的日本員工 1992 年的自我申報表中，大部分日本員工都以結婚或家庭為原因，希望回到日本。

另外一個管道是與社長面談。每年一度的面談在工作變動做出最後決定前舉行。面談中，日本員工會被問到是否希望調動工作。如果希望變動的話，則會被問及想去哪裡。Fumei 的日本員工雖然被賦予了表明個人意願的機會，但是會社並不一定就會滿足這些個人意願。以 1992 年為例，只有一位日本員工被許可回到日本。

很多會社在決定工作變動時，並不會考慮員工的家庭情況。單身赴任是指員工被調到日本國內其他地方或者海外工作時，將家人留在居住地，隻身一人去工作地點赴任（Kawahito 1990:10）。孩子的教育是他們選擇不讓家人相伴的一個重要原因（Goodman 1993:20–22），因為日本的父母認為在特定時間以外轉校會大幅度縮小孩子的擇校範圍（Kawahito 1990:10）。

1992 年，Fumei 香港的日本男性員工中有五人屬於單身赴任。當時得到晉升的一位重要管理人員於 1985 年攜妻子與兩個孩子一起來到香港。當時，他的兒子 12 歲，女兒 11 歲。當兒子在香港的日本人學校讀完初中之後，為了回國升讀高中，與母親和妹妹一起回到了日本。而這種例子在日本海外員工中屢見不鮮（Goodman 1993:35）。

不用說，員工們的個人情況在調動工作時更不會被納入考慮因素。例如，有兩位三十幾歲的日本男性員工以在香港很難找到結婚物件為由，希望能夠回到日本。在零售業工作的他們，周日總是無法休息，因此，幾乎沒有什麼機會與在香港工作的日本女性相識或交往。由於他們既不會英語也不會粵語，與香港女性也無法建立個人關係。他們在香港待得時間越長，對結婚就越見焦急。不用說，他們的回國申請並沒有得到許可。

會社可以要求員工超時工作。日本人的勞動時間整體要比其他國家人的勞動時間長，而這一點在 Fumei 香港也很明顯。香港日系企業中有很多都是一周工作 5 天，但在 1990 年，Fumei 的日本員工一周卻要工作 6 天。

日本的員工不僅勞動時間長，有時還會被要求無償加班。這被稱之為責任制加班。不管員工工作多長時間，其加班時間都不會記錄在時間卡上。而 Fumei 香港從制度上就促成了這種責任制加班：無論員工加班超時多久，每月的 25 號都只會發固定金額的工資。

另外，會社還可以剝奪員工的休假。如果員工將帶薪假期完全休滿，他們往往會被認為對會社忠誠度低，而這對將來的職業發展也會有負面影響（Kawahito 1990:11）。因此，員工們為了向會社表明自己的忠誠，不怎麼休帶薪假期（Cole 1971:36）。打算休帶薪假期時，員工一般先要試探好上司的意向再採取行動。在 Fumei 香港，日本員工擁有一周的夏季假期。每年的夏天，日本員工之間會傳閱標準用表，要在上面寫下希望在什麼時候休夏季假期。由於該休假表按職位從高到低往下傳，所以職位低的人能選擇的時間就會變少。有時，員工還會收到不要休假的「建議」。例如，有位日本副店長，因為幾個月後新店開業的準備工作需要他，上司就「建議」他不要休假。

會社有時還會在休息日裡舉辦運動會或野餐等活動，並督促員工參加，變相使員工的休息日泡湯。橫田將這種情況稱之為「對休息日的強姦」（橫田濱夫 1992:64）。Fumei 香港的日本員工也被要求積極參加公司舉辦的活動。例如，某位女員工於 1993 年 2 月的一個休息日，被要求在公司舉行的活動中負責簽到。

除此之外，會社還通過其他多種方法介入員工的私生活。例如，

Fumei 香港的日本員工被要求向公司彙報與結婚生子相關的家庭計畫。據某位日本員工說，不但購房計畫需要向上彙報，有時還會得到與異性交往相關（甚至涉及到員工的家人）的建議。

像這樣介入員工私生活的會社裡，不僅是員工，其家人也被會社「所有」。例如，在 Fumei 香港，為了在日本員工間營造家一樣的感覺，在歡迎新員工或歡送老員工回國時，不僅是日本員工，就連他們的家人也被要求到達機場。

Fumei 永續會也是會社對員工家庭生活干涉的一個例子。永續會是由員工們的妻子組成的，目的在於使她們成為理想的母親與主婦。在永續會中，她們被看作是會社的一員。與她們的丈夫相同，妻子間也形成階級，而她們的階級則是由丈夫在會社中的等級所決定。

永續會的成員有幾條必須履行的義務。在日本，她們被要求向公司彙報同行業其他公司店鋪銷售的商品、價格、陳列方法等，並要站在普通消費者的立場上對公司提出改善的建議。在香港，除上述義務外，她們還被要求籌備新員工的歡迎會，以及店鋪開業時的聚餐。

在一些極端的情況下，會社還成為導致員工死亡的原因。現代日本社會中，過勞死的現象不單只發生在從早到晚工作的體力勞動者或司機身上。據 1988 年日本在七大城市設立的過勞死熱線所得出的統計，所有行業都有過勞死的事件發生，而白領階層的過勞死增顯著增加（Kawahito 1990:6-7）。除勞動時間長、單身赴任外，將公司的繁榮作為第一位、不惜犧牲自己是造成這一現象的主要原因。

1973 年的石油危機後，日本企業通過讓員工加班來削減人事費，這被看作是比雇用新員工更有效的方法。因此，日本的勞動者們不得不長時間工作。在這種情況下，日本的工會不僅沒有對會社提出反對的意見，反而接受了裁員與長時間勞動的要求（Morioka 1990:68）。而這也導致了 1974 年至 1980 年間，日本過勞死人數的劇增。與日本的情況相照，西歐、特別是法國、德國等國，即使是在石油危機後經濟不景氣的狀況下，勞動工會也積極運作來減少勞動時間，並取得了一定的成果，但這使得很多企業的負債增加，無奈地以倒閉收場（同上引）。為此，單就經濟不景氣時期下能生存這一點來說，日本企業比歐美企業做得更好，但前者的成功可視作建立在員工們的犧牲之上。

從前述的會社利益高於員工個人利益的觀點來看，強調會社與員工相互依存的「一體化」這一宣傳用語對於掩蓋會社為了自己的利益而動員和利用員工（相反的情況不可能發生）是有幫助的。奧村所說的「擁有著自然人特徵的法人」是對會社性格的準確表現。作為自然人的員工們的個人行為完全由作為法人的會社所支配著，會社員工有時甚至被戲稱之為「社畜」（橫田濱夫 1992:176）。

不用說，「社畜」是不會對會社唱反調的。「社畜」這一用語出自作家橫田濱夫以自己曾經工作過的銀行為題材所寫的著作。在該書中，被指名道姓批評了的銀行人事部立即給該書打上了毫無事實依據、具有毒害性的烙印。董事會更是給所有支行行長發出通告，要求他們設法讓員工們無法讀到該書。某位支行行長帶人到附近的書店，趁人不注意時在橫田的書上蓋上其他作家的書好讓大家看不到。其中還有人擋在書前，好讓別人發現不了該書。橫田收到這些人中某位妻子的來信，信中說到她與小孩也被強行要求一起從事這種孩子氣的行為，這使她感到很丟臉。對於她的不滿，她的丈夫反駁道：「這是為了會社，我一點也不覺得丟臉。相反，我認為作為男人，這麼做是理所當然的」（橫田濱夫 1992:23–25）。

「為了會社」這句話，會社的員工們不知道聽了多少遍，也使得他們對追求自己的利益產生了一種抵觸感。「為了會社」，員工們犧牲自己的價值觀、接受上級單方面做出的調職安排、接受加班、放棄帶薪休假與隱私，更有甚者，在危機狀態下還被要求犧牲自己的性命。另外，為了會社，經營管理者們經常會嚴厲地拒絕因過勞死而犧牲的死者家屬賠償要求。因為，員工的過勞死對會社的形象會產生負面的影響，幾乎沒有會社願意承認員工死於過勞。

為了成全會社而被犧牲的不僅是員工個人的利益，尤有甚者家人的利益也會被犧牲。日本的會社經營者們經常引用「有會社才有家」這句話，其背後存在的邏輯是「為了家而犧牲家的利益來成就會社」這一想法。這也多少可以解釋，為什麼日本的會社員工能夠遵從會社的意願接受單身赴任這一苛刻的條件。

談到日本會社體系，常常會被指出的是員工對會社的強烈的歸屬意識，其結果之一是明確區分「內」與「外」，使得日本會社大都封閉

而又狹隘（Cole 1971; Nakane 1970; Rohlen 1974）。如 Rohlen 所論述的，「在日本的大都市，會社的級別是判斷一個人（其生活方式與忠誠度）的重要指標。它同時決定每個人在社會交往中的重要領域（Rohlen 1974:13–14）。據 Kondo 所說，日本的內外觀念，不僅與自我、心理相關，還與住房、會社、國家、宗教以及世界觀息息相關（Kondo 1982:5）。

這種內與外的區分在會社之間關係非常顯著。對於「我們會社」來說，屬競爭對手的會社則是攻擊的物件，而自家會社的員工是愛憐的對象。換言之，會社之中，對自己的成員與非成員之間的對待方法有明顯的不同。另外，會社內部，正社員與准社員之間也存在很大的區別，這些區別在 Fumei 也非常顯著。

Fumei 日本存在正社員、准社員、合同社員以及臨時工這幾個區分。根據 Fumei 的就業準則，正社員是指通過了入社考試，並接受了 3 個月培訓的員工。

正社員與會社之間的雇用關係是沒有時間期限的，並且一般這種關係期望持續到該正社員退休為止。正社員是在每年定期的招募時期，按照規定參加考試、面試後被選拔出來的。他們幾乎毫無例外的是畢業新生，被期待一直在會社工作。與此相對照，准社員的合同期限為一年左右，合同社員的雇用合同不滿一年，臨時工則不滿兩個月。會社對這些員工不會實施培訓，也沒有入社考試。准社員一般是通過個人關係進入會社的，雇用時的手續根據情況有所不同。最重要的一點是，准社員與會社的雇用關係並不是無期限的。

1991 年 2 月引入的新人事管理制度將 Fumei 日本的員工又被分為 3 個職業群體，即：綜合職、專門職、專任職。其中，綜合職的人具有擁有部下的資格。對他們的工作安排也比較靈活，要求他們在積累經驗的同時，能勝任各項工作。另外，他們要管理好部下，高效的完成會社制定的目標。

專門職指從事 IT 相關、會計等專門領域的員工。他們則被期待發揮專業知識，協助綜合職員工們的工作。會社要求專門職員工們積極獲取由政府或者其他相關機構頒發的資格證書或執照。

專任職員工的特徵是，他們會反覆從事會社安排的特定工作。例如，司機、事務員、接線員、廚師等等。

不同的職群不僅意味著工作內容的不同，同時也意味著職業發展規劃的不同。只有綜合職與專門職的員工有資格升為董事。與此相對，專任職的員工沒有資格晉升到比監督職更高的職位。

是否是正社員在職群分類中非常重要。正社員在某種程度上可以根據自己的意願選擇職群。與此相對，准社員與合同社員、臨時工可選擇的職群有限。另外，正社員與准社員之間，在階級體系上也有很大的差異。由於員工們的工資基本上是由等級所決定，因此，正社員與准社員之間在工資方面存在著很大的差異。

有時在同一會社內從事相同工作的正社員與准社員待遇可能完全不同。會社內這種明顯的地位分化助長和滋生了同一職場內工作的員工間內外觀念。瞭解這種正社員與准社員間的分化狀態對理解之後將要論述的 Fumei 香港員工地位以及與日本員工關係非常重要。

正如許多研究者所指出，在日本，員工個人的社會地位很大程度上由其所屬會社的地位來決定（Clark 1979:64）。會社被按照一流、二流、三流……明確地劃分開來。一流會社指規模大的有名會社，在業界占有很大的市場份額。一流的會社比較穩定，可以給員工提供精神上的穩定感與更豐厚的經濟回報。在日本社會，會社的等級對其員工有著非常重要的意味。劃分現代日本人最重要的因素不是財產、收入、家庭背景、職業等，而是他們所屬會社的地位。從某種意義上來講，日本的員工們在實踐一種圖騰崇拜。正如 Sahlins 所引用的法國社會人類學學者 Claude Lévi-Strauss 對圖騰崇拜的解釋那樣，「A 氏族與 B 氏族的差異被看作就如同鷲與烏鴉，通過象徵性的使用自然物種間的差異來明示人類集團間的差異」（Sahlins 1976b:106）。其實會社就是一個圖騰，員工們通過會社來實現集團的劃分。

員工個人在會社中所處的位置，對他們的地位也產生很大的影響。因此，他們必須參加在會社中的職業發展競爭。很多人在會社內不斷向上爬，希望能夠成為董事、社長、會長。現代日本中，社會地位的上升管道很大程度上由員工在會社中的職業發展路線所決定。首先進入一流大學，然後進入一流會社，在該會社中平步青雲，最後擔任社長或者會長這一路線。換言之，日本的會社員工要想滿足自己在社會上的上升欲望就需要依賴會社。

五、結論

本章對作為地區性超市的 Fumei、作為小川家族會社的 Fumei、作為疑似宗教團體的 Fumei 以及作為日本會社的 Fumei 進行了討論。

首先,筆者明確指出了在日本 sūpā 與 depatō 的不同,在此基礎上對日本零售業中地區性超市 sūpā 所處的地位進行了介紹。這些範疇的差異以及 Fumei 所處的位置,對於說明 Fumei 香港與其他日系零售商的區別(店鋪的選址、銷售的商品、目標顧客、員工的品質等方面的不同)時非常有效。日本對於 sūpā 與 depatō 的定義與香港對於 sūpā 與 depatō 的定義不同,這些不同在說明 Fumei 在香港所取得的成功時非常重要。

第二,筆者指出了小川家族一直以來都是 Fumei 大股東的同時,壟斷著經營權。Fumei 的命運,完全掌握在小川家族,特別是其一家之主海樹的手裡。小川家族的會社經營在某種意義上與中國人的家族企業經營極為相似。如很多研究者所論述的那樣,家長掌握著經營相關的最終決定權,其次,將其最信賴的家庭成員放在經營陣營最高的位置上,將很久以來一直信任的朋友放在經營陣營的中間位置。這樣的家族經營模式在中國人社會中依然頑強的存在著(Chen 1995:87; Redding 1990:153-181)。與此相同,在 Fumei 中,小川家族以外的員工幾乎沒有人被賦予會社經營相關的重要決策權。

第三,筆者對 Fumei 與萬有教的關係進行了討論。筆者明確指出小川家族將萬有教的教義作為 Fumei 的經營哲學,督促員工們滅私奉公,引入會社的萬有教的教義教導員工,宣傳只有對顧客抱著感謝之心努力奉獻才能得到個人的喜悅。筆者在這部分討論了新興宗教的教義對會社擴大經營所起的作用。這些討論與 Skov 與 Moeran（White 1995:48-49）關於強調日本社會均質性的政治意識形態是怎樣支撐經濟發展的討論,在某種意義上屬於共存關係。

最後,筆者把眼光集中於「會社」這一日語概念,並對能讓會社利益高於股東、經營者以及員工利益成為可能的日本社會背景進行了說明,並指出 Fumei 是會社概念的一個實體。

需要再次強調的是,作為結構的「會社」是 Sahlins 所說的象徵性範疇的總體存在。「象徵性範疇間關係的總體──『系統』,只不過是一

個虛擬存在。舉例來說，英語的語言體系與實際的說話行為屬於不同層次，並不是具有完整形狀的整體」（Sahlins 2000:286）。從這一意義上講，會社的結構也是虛擬的存在。如同英語的語法體系不能決定發話者的實際說話行為一樣，作為結構的「會社」並不能決定日本會社的實際組織形式。但是，發話者的說話行為也並不完全是隨意的，他或她必須遵從語法規則。也就是說，實際的說話行為（parole）是語言體系（langue）類型中的個別存在現象（同上引）。同理，「實際的」日本會社是以」會社」為類型的「個別。因此，在研究日本會社時，有必要對作為系統結構的會社進行討論。

話雖如此，單一日本會社並不單純地是「會社」這個文化範的個別例子，嚴格來說每一間會社都是獨特的個體，有其不同的特性，及處於不同的社會脈絡。就如英語的「實際」話語行為是由語法體系在實際對話中的文脈所決定的，因此不可認為 Fumei 實際的組織形式需依賴作為類型的「會社」。筆者所關注的文脈是日本零售業中 Fumei 的位置（作為國內地區性超市的 Fumei）、會社的所有權（作為小川家家族企業的 Fumei）以及小川家的信仰（作為疑似宗教團體的 Fumei）。

接下來的兩章會探討這些背景對 Fumei 進入香港市場以及其後的經營開展過程所帶來的影響。

第二章　香港的經濟社會史
（1900～1997）

一、前言

　　香港的面積為 1,096 平方千米，只有東京總面積的一半。香港的小不僅是地理上的，在國際地緣政治學上也是如此。由於面積小，香港在國際政治舞臺上迄今為止從未發揮過重要作用，將來或許也不會。然而，這個城市的政治經濟總是與外部的世界聯繫在一起（Chiu et al. 1997:159）。香港於 1842 年淪為英國殖民地，被英國商人們看作是對華貿易的基地。其後，香港作為貿易中轉港的功能不斷提高。第二次世界大戰後，聯合國對中國採取了禁運政策，香港作為中轉港的作用急劇衰退。與此同時，美國希望通過振興國際貿易來加強西方世界的經濟聯繫，以圍堵共產主義的擴張。在此背景下，作為英國殖民地的香港，進入 1960 年代後轉投以出口導向為主的工業化發展，蛻變為製造業基地。但是進入 1970 年代末後，香港製造業的競爭力已經無法與其他新興工業經濟區域（Newly Industrializing Economies, NIES）各國以及東南亞國家聯盟（The Association of Southeast Asian Nations, ASEAN）相比，香港的製造業者們開始將目光轉向重新打開門戶的中國大陸，將生產基地轉移到了內地。香港的經濟走勢總是受到外力的影響。

　　政治方面，香港到 1997 年為止一直為英國殖民地，從未獨立過。在英國統治下的 150 年間，對於重要的政策決定，香港總是要聽取英國本土的意見。代表英國政府的香港總督與他的私人諮詢機構行政局（1997 年

回歸後改稱行政議會 Executive Council）所作出的政策決定均需英國政府的批准。而由此所做出的政策決定，更毫無例外地需得到受控於政府的立法會（Legislative Council）認可。1997 年，香港回歸中國，但其後的社會統治管理機制並未發生變化。香港的行政長官由少數精英（大部分為親北京派）選出。行政議會成員由行政長官任命，立法會的選舉制度也利於香港政府，並不能發揮監督政府制定政策並提出反對意見的作用。香港的政治事務，總是受「統治國」的支配。

香港人自古以來都無法決定自己的命運。長期處於這種狀態下的香港人所能作的就是敏銳地觀察經濟政治環境的變化，保持靈活的姿態，緊抓由環境變化所帶來的機遇。而對夢想在香港取得成功的小川海樹來說，也是一樣。本章不會對政治經濟、社會秩序、大眾文化等進行詳細的敘述。筆者只會著重對海樹進入香港市場的使命與 Fumei 香港的事業開展相關的香港生活的側面。

二、香港的政治經濟史

這裡會參照 Chiu、Ho 和 Lui 等人所著的 *City-State in the Global Economy: Industrial Restructuring in Hong Kong & Singapore*（Chiu et al. 1997）中對香港政治經濟歷史的論述來對 Fumei 進入香港非常重要的 1900～1997 年間香港的政治經濟發展狀況進行簡單的介紹。第一次鴉片戰爭後，中國將香港割讓給英國。在 1841 年，香港對中國與英國來說並不是一塊很大的領土，但是當時以廣東為據點開展貿易的英國商人們很早就意識到把香港作為貿易據點的可能性。據 Chan（1991）所述，英國商人們在鴉片戰爭前就認為應該把香港作為英國支配下的貿易據點（Chan 1991:21）。「香港位於珠江三角洲河口的軍事・交通要塞，擁有天然的港口，有很多當地人熟悉與西洋人的貿易往來。另外，這裡還有西方人所修建的相對完備基礎設施。在英國商人們看來香港可以說是一個理想的貿易據點」（Chan 1991:22-24）。英國商人是香港殖民地開發的主要推動者，他們當中有些人積極鼓動英國政府奪取香港。有名的怡和洋行（Jardine Matheson）創始人甚至參加了關於南京條約的中英談判（Chan 1991:24-25）。香港雖是由英國駐華商務總監義律上校

（Captain Charles Elliot）負責建設的，但其受益者卻是英國商人（Chan 1991:24）。

當時的英國商人以香港為據點，向中國銷售鴉片、鹽、砂糖，以及英國與歐洲的其他商品。據 Chiu et al.（1997）的論述，來到香港的船隻數量在 1850 年只有 1,082 艘，但到 1900 年增加到了 10,940 艘。到了世紀之交，香港成為連接中國大陸與歐洲各國的重要中轉貿易港。中國大陸出口總貨物量的 21%，以及運往中國大陸總進口量的 37% 都經由香港這個轉口港。伴隨著中轉貿易的發展，銀行業、保險業、海上運輸業也隨之發展了起來（Chiu et al. 1997:24）。19 世紀後，香港在大英帝國的殖民統治下，逐漸融入到世界經濟的發展中。作為中轉貿易港所特有的基礎設施以及隨之發展的各種相關服務、與外部世界的商業網絡等，成為 20 世紀支撐香港經濟發展的基石。

很早就融入到世界經濟體系中的香港，總是受到國際政治經濟變化的影響。朝鮮戰爭的爆發以及其後聯合國實施的對華禁運政策使香港與最大的交易夥伴中國大陸的自由貿易往來停滯，而中國大陸對海外貿易的嚴格管制，也使得香港的中轉貿易受到了很大的打擊。香港面向中國的出口量在 1948 年占總出口量的 18%，但是到 1956 年減少到了 4%（Chiu et al. 1997:30-31）。

處於困境的香港為了找尋生存之路開始了出口導向型的工業發展。當時的香港企業家對國際政經變化非常敏銳。由於美國政府懼怕共產主義擴大，而已開發國家的企業生產成本不斷提高，希望將生產基地轉移到勞動力低廉的地區。當時的美國政府認為，加強「自由」資本主義國家間的貿易往來，提高各國間的經濟依存度，對共產主義的擴大有著抑制作用。具體來說，美國政府實施了兩個重要政策。一個是開放國內市場，擴大海外進口；另一個則是成立 GATT、IMF、世界銀行等國際組織進一步促進國際貿易。通過這些國際組織的成立，國際貿易總量在 1950 年到 1980 年代中期增長了 9 倍（Chiu et al. 1997:36）。由此，國際間加強了相互依存。

國際貿易擴大的過程中，香港起到的作用是為西方（特別是美國）企業提供產制活動。香港之所以能夠扮演這樣的角色，原因如下：首先，西方發達地區的企業面對勞動力成本的急速增長，需要儘快將生產重心

移至勞動成本低廉的地區。第二，香港的基礎設施良好，服務以及國際商業網絡完整。第三，香港政府的自由放任主義是一個利多因素。香港政府長期以來都避免對經濟活動進行直接的干涉，同時政府制定了維持社會秩序、保護私有財產、管理商業活動等相關健全的法律體系。另外，政府還為低收入戶提供公共房屋、醫療與教育服務，並積極推進產品的開發（Chiu et al. 1997:42–43）。第四，香港擁有豐富的廉價勞動力。隨著1949年中國人民共和國成立，很多人從中國內地來到香港。讓香港的人口從1947年的180萬增長到了1956年的250萬。從中國內地來的難民中有八成是廣東省的農民，來到香港時身無分文。大批的難民成為推動香港經濟的勞動資源。第五，1949年前後的難民當中，有少數是上海及其周邊地區的富有企業家與專業技術人員（Lee 1999:118）。他們是Wong（1988）所說的「難民企業家」，他們給香港帶來了巨額資本、最新的技術與經營管理知識，為香港經濟的騰飛做出了巨大的貢獻。最後，小規模的家族企業在香港製造業的發展過程中擔任了非常重要的角色。這些小企業敏銳地追隨國際市場的變化，並調整生產線應對變化所帶來的商機。對於這一點，Chiu et al.（1997）是這樣論述的：

> 在香港的製造業部門中，小企業占了大多數。這些小企業從市場的底層起步，開展勞動密集型的生產活動。這些企業大都為原始設備製造企業（original equipment manufacturer），自身並不具有企劃與 R & D（研究開發）能力。另外，這些企業由於是小資本經營，毛利率低，所以企業謀求生存的關鍵是敏銳地應對市場的變化與找尋新的經濟增長點。換言之，這些企業由於能夠動用的資源有限，完全沒有可能轉變為資本密集型企業。確實在七十年代末，一部分香港當地製造企業的規模得到了擴大，但是這些企業的技術與財政能力並不強。結果，香港的產業體制並不能從內部開展技術創新（Chiu et al. 1997:120–121）。

香港的這種小規模家族企業的低工資、勞動密集型生產取得了很大的成功，製造業在1960至1970年代高速增長。製造業在香港GDP中所占的比重由1961年的24.7%增加到了1971年的28.2%。另外，總勞動人口中製造業所占的比重同期由43%增加到了47%。製造業中，又以服裝製造業的發展最快，並在1960年代初期取代紡織業成為基幹產業。服裝製造業在1970年代中期迎來發展的頂峰，雇用著製造業全體38%的勞動

人口，而次於服裝業取得飛速發展的是電子產業。電子產業於 1950 年代末在香港起步，並於 1970 年代取得高速增長（Chiu et al. 1997:52）。

但是從 1970 年代後半期開始，隨著與 NIES 各國的激烈競爭以及進口國的貿易保護主義抬頭，香港的製造業者開始感到不安。當時的香港，擴大工業基礎的呼聲高漲。就在這個時候，中國大陸的改革開放政策重新向海外打開了門戶，這對香港來說是求之不得的機會，香港作為中轉貿易碼頭的功能再次提升。另外，在這一時期，從中國大陸有很多移民（與早期的難民不同，他們是自主的經濟移民）來到香港，解決了香港勞動力不足的問題。基於上述多種因素的影響，香港的製造業在 1980 年代以後也繼續保持勞動密集型、低工資、低利率的生產模式，而未能轉型為高科技及資本密集型的生產模式。由於廉價勞動力長期支撐產業，生產模式沒有進行轉變的必要性（Chiu et al. 1997:53–55）。Chiu、Ho 和 Lui 的研究表明，香港的製造業部門附加價值在總生產值中所占的比重一直未發生變化（1988 年時為 26.3%），而勞動力成本在附加價值所占比重一直在 60% 左右浮動（Chiu et al. 1997:55）。

我們可以看出香港的製造業苦於生產成本（特別是勞動力成本）之高。在 1980 年代，香港製造業的成本升高具體反映為房地產價格飆升、勞動力不足、工資上漲等。其中，由於「抵壘政策」[3]於 1980 年被廢止，廉價勞動力的來源減少（Chiu et al. 1997:55–56）。在這種情況下，香港製造業者採取的行動就是將工廠遷移至擁有豐富廉價勞動力的中國大陸。

Lui and Wong（1992）對在 1980 年代生產成本大幅上升的背景下，服裝製造業與電子產業所採取的對策進行了考察。根據他們的研究，後者主要的對策是轉移生產基地，而前者除轉移生產基地外，還在香港設置了服務中心。對於兩者的區別他們是這樣表述的：

> 香港的電子產業不是很注重生產過程中技術的改進，而是在產品開始不流行時迅速轉換生產其他產品來謀求生存。進口生產特定產品所需的零件，然後將其組裝，迅速應對市場變化。香港的電子製造廠商雖然不對研究開發進行投入以改良產品，卻持續在世界市場獲得了經濟增長點。

---

[3] 抵壘政策是指內地非法入境者若在偷渡到香港後能抵達市區，並接觸到香港的親人，便可在香港居留，如果偷渡者在邊境範圍被執法人員截獲，則會被遣返內地。

他們通過自己不生產，而採取外部訂購零件的方法來應對市場的變化。一般來講，12個月以內生產設計完成，而從船隻預定的最後確認開始6個月以內就能完成生產。他們主要通過把握市場情報而非技術來謀求生存。香港本土製造業者擔任著支撐國際市場分包商的角色。他們本身也沒有意願想要超越國際市場中的承包商這一角色。由於電子產業在香港沒有任何的技術進步。本土製造業者對擁有無盡廉價勞動力的中國大陸進行投資時，就顯得毫不猶豫（Chiu et al. 1997:59）。

另外，香港的電子產業廠商們在海外大都擁有資金合作者，這使得他們可以通過合作夥伴獲得市場知識。需要他們費盡腦汁思考的主要是生產成本與勞動力不足的問題。在這種情況下，當他們發現中國大陸豐富的廉價勞動力時，就毫不猶豫地將工廠轉移了過去（Chiu et al. 1997:61）。

另一方面，服裝製造廠商最初留在香港，嘗試通過靈活的職場管理，以及就業條件來應對生產成本的高漲（Chiu et al. 1997:70）。他們的競爭力在於能夠在國際承包框架內部強而有力的商業網絡中，敏感的捕捉世界流行趨勢，靈活的轉變生產線。服裝製造廠商大都與香港本土的進出口貿易公司關係密切，也就是說，香港的服裝製造廠商的商業網絡是以香港為基礎的，因此，他們作為本土企業具有優勢。但是，隨著中國大陸廉價勞動力的吸引力不斷上升，有的服裝製造廠商開始將工廠移至中國大陸，而將香港的辦公室作為貿易服務業務的處理中心（同上引:57-58）。

這種轉移策略對香港產業結構中所具有的意義一言難盡。筆者在這裡針對這種轉移策略對就業結構所帶來影響進行討論。關於就業主要有兩點。一個是製造業從業人員急劇減少，另一個就是製造業內部專業行政人員、技術人員、管理人員所占比重增加（從1981年的3.8%增加到1991年的11.4%，具體請參照表5與表6）。從統計資料可以看出，香港經歷了雙重結構重組。1970年代以後，香港經濟整體顯示出從製造業部門向金融、貿易、服務部門的大轉移。同時，製造業部門內部的重點也從生產轉向到商業服務。如前文所述，香港的製造業廠商將生產基地轉移到廣東省，而將香港之前的生產基地轉變為服務中心。這一轉移的結果是，從事製造業的勞動者人數劇減，而從事行政、技術、管理的人員

迅速增加（Chiu et al. 1997:71 77）。這種就業結構的雙重結構重組使得香港的階層結構發生了很大變化。在香港首次形成了大批的新興中產階級。

表5　香港按產業分類職業結構：1981～1991（%）

產業／職業	專業行政人員、技術人員、管理人員	文員	工人	其他
衣料、服裝				
1981	1.9	4.8	85	8.3
1986	2.7	6.6	83.1	7.6
1991	7.9	15.9	72	4.2
機械、電子				
1981	5.8	7.7	81.5	5
1986	9.6	9.8	76	4.6
1991	22.2	21.7	50.4	5.6
製造業全體				
1981	3.8	5.8	82.3	8.1
1986	5.5	8	79.8	6.7
1991	11.4	18.6	68.2	1.9

資料來源：Chiu et al. 1997:72。

表6　按產業分類香港 GDP 明細與勞動人口：1961～1991（%）

產業／年分	1961	1970	1981	1991
製造業	24.7（43）	30.9（47）	22.8（41.2）	15.5（28.2）
建築業	5.3（4.9）	4.2（5.4）	7.5（7.7）	5.3（6.9）
批發零售業、餐飲、住宿	20.4（14.4）	19.6（16.2）	19.5（19.2）	25.4（22.5）
運輸業、倉庫業、通信業	9.4（7.3）	7.6（7.4）	7.5（7.5）	9.7（9.8）
金融業、保險業、房地產業、商務服務業	9.7（1.6）	14.9（2.7）	23.8（4.8）	23（10.6）
社區服務	18（18.3）	18（15）	13.3（15.6）	15.4（19.9）

資料來源：Chiu et al. 1997:75–76。
註：GDP（勞動人口）。

三、香港的新興中產階級及其住房情況

1990 年代以前，香港的社會學學者大多注重探討香港社會的特殊性。他們普遍存在一種共識，那就是，移民社會的香港不存在階層分化。當時，運用階層分析來理解香港人的社會行為被看作沒有意義（Lee 1999:102-103）。但是到了 1990 年代初期，香港本土年輕的社會學家開始呼籲階層研究的必要性。而其中心人物則是 Lui 與 Wong。1989 年，他們隨機抽出 1,000 名 20～64 歲的男性戶主進行了調查，其結果整理為表 7。

根據 Lui 和 Wong（Lui and Wong 1992:50）的研究，服務階層的流入率最高，這一階級 60% 的人口來自其他階級。而這一點只能通過服務階層的擴大來解釋。不然，這一階級不會有如此多的新加入者（同上引:47）。經歷了前述的雙重結構重組的去工業化過程之後，服務階層急劇擴大。因此，在過去的 20 年裡，香港有很多人都經歷了社會階層的移動。

在論文中，Lui and Wong（1992）對社會階層間的幾項差距進行了論述。首先，在教育方面，階層 I 當中，有 80% 的人為高中以上學歷，

表 7　香港的階層結構

分為七等的階層結構	概述	人數	%	分為三種的階層結果
I	上層服務階層：高級專業行政人員、管理人員、大企業董事、大資產家	81	8.6	服務階層
II	下層服務階層：普通行政人員、管理人員、高級技術人員、中小企業董事、非體力勞動者的工廠主管	107	11.3	服務階層
III	一般非體力勞動雇員：服務人員與售貨員	90	9.6	中間階層
IV	小資產階級：小雇主、工匠、判頭（有雇員或自雇者）	132	14	中間階層
V	較低級之技術員、體力勞動工人之主管。	150	15.9	中間階層
VI	熟練工體力勞動工人	149	15.8	工人階層
VII	半熟練／非熟練工人、農民	234	24.8	工人階層

資料來源：Lui and Wong 1992:30。

而這其中又有一半的人擁有大學學歷。與此相對的，工人階層當中只有 18% 的人受過高中教育（同上引:32）。接下來，是關於收入。月收入在 20,000 港幣以上的人當中，有 90% 是服務階層。而階層 III 當中有 90% 以上的人月收入在 3,000 ~ 10,000 港幣之間。另外，在階層 VII 當中，有 75% 的人口其收入在 1,500 ~ 6,000 港幣之間。階層 IV 的收入具有多樣性，其中有 38% 的人收入在 3,000 ~ 6,000 港幣之間，39% 的人其收入在 6,000 ~ 10,000 港幣之間，17% 的人其收入在 10,000 ~ 20,000 港幣之間，有 4% 的人月收入在 20,000 港幣以上。也就是說，小資產階級比階層 III 與階層 VII 的經濟生活要寬裕一些（同上引:34）。最後，關於住宅。服務階層有 60% 的人居住在私有住宅（自己所有或者租賃），而工人階層只有 43% 的人居住在私有住宅。關於房產持有率，服務階層為 65%，而工人階層只有 24%（同上引:33）。

然而，Lui 和 Wong 的這種論斷也招來了學者們的批評意見。有的社會學學者認為，Lui 和 Wong 混淆了職業地位與階層的概念（陳文鴻 1998）。筆者不想對於階層概念的討論涉入過多，筆者只是想以 Lui 和 Wong 的階層研究作為出發點，探求這種階層結構對人們的社會行為所賦予的影響。根據 Lui 和 Wong 的研究，服務階層的位置對處於這一階層的人的勞動觀、政治觀、社會正義感都有很大的影響，但在其他方面這一階層與其他階層基本上擁有相同的價值觀。關於這種階層間的價值觀共用，Lui 和 Wong（Lui and Wong 1992:60）將其歸結為香港新興中產階級仍處於形成的階段。對於香港的新興中產階級是否處於形成階段這一點，不是筆者要探究的問題。筆者應該考慮的是新興中產階級是否擁有獨特的消費模式（特別是對於住宅方面）。

如前文所述，新興中產階層的房產持有率非常高。對於這一現象，我們應該怎樣理解？這裡通過借用 Bourdieu 派觀點對香港新興中產階級的居住情況進行研究的 Lee（1999）論述來展開探討。

根據 Lee 的研究，新興中產階級希望擁有房產的強烈願望與他們幼年時期的生活經驗、房地產的巨大利潤空間以及他們的身分認同有關。如前文所述，新興中產階層中大概 60% 的人來自工人階層或者小資產階級。其中有很多人在幼年時期都曾居住在人口密度極高的環境中。如前文所述，香港人口由於戰後初期的難民流入而急劇膨脹，而這些難民大

都為廣東省農村地區貧窮的農民。這些人在剛剛來到香港時，有很多都與親戚或者同鄉一同擠在破舊又狹小的房子裡（Lee 1999:118）。由於可居住房屋的增加與人口未能同步增加，住房條件也變得越來越嚴峻（同上引:112-113）。當然，也不是所有人都擁有會熱情接待自己的親戚或者老鄉。就算是被接納共住，也不是長久之計。在香港沒有親戚朋友的人，或者被親戚趕出家門的人就不得不容身於非法寮屋裡。在1950年代，香港的寮屋居住人口達到25,000人以上。寮屋的生活條件比合法的舊式唐樓還要嚴峻。說起這種艱苦的生活條件，人們經常會用的詞是Lee所提出的「捱」。也正是因為這種「捱」的經歷使得人們追求寬廣個人空間的願望更加強烈。這對他們其後的購房意願產生決定性的影響。

1953年聖誕，一夜之間奪走了5萬人居所的石峽尾大火是香港政府房屋政策史上的重要轉捩點。為了解決災民無處容身的問題，香港政府大量投資興建樓高7層的H型徙置大廈。其後，政府不僅把火災的災民安置到徙置大廈，同時亦把寮屋的居民安置到那裡（Lee 1999:121-122）。而這H型的徙置大廈成為香港1960年代的代表性住房風景。

徙置大廈的居住環境與寮屋相比有了很大的改善，最起碼它將居民從隨時都有可能發生火災的憂慮中解放出來。但由於必須與鄰居共用廚房、洗漱間與衛生間，這裡的生活總是伴隨著很多糾紛（Lee 1999:123）。這種環境要求人們生活得非常世故，培養出了人們「醒目」的特質。關於這一點，Lee是這樣論述的：

> 與「捱」相同，「醒目」也是廣東俚語。是機靈、警惕、敏捷、世故、自信、靈活與獨立等意思的混合。既「醒目」又能「捱」的人被認為毫無疑問會取得成功。這種世俗的文化觀念對社會各個方面都有著深遠影響（Lee 1999:124）。

1966年與1967年的暴動也成為香港政府房屋政策史上重要的轉捩點。香港政府在暴動後提出了《十年建屋計畫》。該計畫有3個重要的方向值得我們關注。首先，此計畫停止了徙置大廈式房屋（廚房、洗漱間、衛生間公用）的建設，取而代之的是每戶都備有完善設施的公共房屋。第二，它促進了居民購房。政府在1970年代中期開始實施的《居者有其屋計畫》（The Home Ownership Scheme）使得很多市民以相對低

廉的價格購購入房屋。第三，它催生了位於新界的新市鎮建設。通過新市鎮的建設，公共房屋大幅度的擴大規模，舊式唐樓人口過密的問題也得到了很大的改善（Lee 1999:127-128）。這時期公共房屋計畫受到多重因素影響：首先是政治因素。香港政府認為良好的居住環境可以緩和人民的反抗情緒（同上引:127）；第二是經濟因素。高速的產業發展擴大了對城市地區土地的需求。新市鎮的建設使城市居民遷移後空出了城市的土地，為產業發展提供了空地，也為產業發展創造了新的空間（同上引:129）；此外則是社會因素新的公共房屋滿足了人們對良好居住環境的需求（同上引:128）。香港政府的公共房屋計畫之後雖然有所修正，但在1980年代後基本上保持不變。

　　從香港的房屋發展史出發，Lee就新興中產階級希望擁有自己房屋的強烈願望提出了兩點看法。首先，新興中產階級人口在孩提時代經歷過嚴峻的住房環境，使他們成長後擁有強烈想要改善自己居住環境的願望。其次，嚴峻的居住環境培養了人們，特別是難民二代的「捱」、「醒目」與「博」（拼搏）的精神與態度。根據Lee的研究，這三種態度對於新興中產階級希望擁有自己住房的強烈願望有著密切的關係（Lee 1999:133）。

　　當然，房地產的巨大利潤空間也是吸引人們購房的重要原因之一。1983年至1992年的十年間，香港城市地區的房價翻了十倍。這就意味著，1983年購置的房屋，如果在1992年賣掉就可以得到9倍的利潤。房地產投資的高回報吸引了很多新興中產階級購房。從這一層面也可以說明他們擁有強烈的購房願望。然而，單是經濟收益的因素並不能完全解釋新興中產階級的住宅消費模式。新興中產階級的人們會購買怎樣的住宅（位於香港島東部的太古城是很受新中產階級歡迎的住宅區）以及採用怎樣的生活方式，與其對自身的身分認同有著很大的關係。關於這一點，Lee以「太古城綜合症現象」為例進行了如下說明。

> 太古城興建於七十年代末期。最初只有十五棟住宅樓，社區內也沒有大型的購物中心，只有一些銷售日常生活用品的小店鋪。現在的太古城則擁有四十棟住宅樓，與三萬居民且設施完備的大型住宅區。太古城被看作是新興中產階級的居住空間，但是其特質在過去的十五年裡發生了很大的變化。太古城最初的居民主要為收入較低的白領階層，當中幾乎所

有人都是第一次購置房產。到了八十年代中期，很多擁有住房補貼資格的公務員也開始陸陸續續遷入。到了八十年代末期，消費著健康食品、身為桑拿俱樂部會員被稱為「雅痞」的人們（保險推銷員、旅行社代理人、股票經紀人等）大量入住此區。同一時期，還有很多從日本、韓國公司的駐港人員入住。最後，在這種發展形勢下，從中國大陸來的企業幹部們也開始入住太古城（他們發現比起酒店，在香港購買房產更方便且保值）。在這一過程中，太古城伴隨著「新興中產階級」的流入也變得更加的中產階級化。伴隨各類型住戶入住，社區內修建起醫療中心、異國風味餐廳、精品店（Designer's Boutiques）、幼稚園等。……太古城意味著地位、身份與階層。想要入住太古城的人一般都受過較高的教育、從事專業性工作、注重身體健康。與 Civic 相比更喜歡本田的 Acura Legend；與 Corolla 相比更喜歡豐田的 Camry；與福特的 Racing 相比更喜歡 BMW 3 系列。另外，他們不喜歡太油膩的中國菜，較為喜歡蔬菜。也就是說，太古城除具有象徵性意味外，也具有實實在在的代表特徵。入住太古城，無形地表明瞭其在文化方面的優勢地位。太古城是香港中產階級價值與生活方式的體現場所（Lee 1999:155–156）。

從以上 Lee 的描述，可以看出兩個發展過程。太古城隨著新興中產階級的入住（伴隨著其生活方式），成為了新興中產階級的象徵。成為新興中產階級象徵的太古城，就又吸引了更多新興中產階級的入住。根據 Lee 所說，太古城成為了房地產開發商的成功範例。在太古城之後，地產開發商隨即開發了康怡花園、黃埔花園、麗港城等相似的大型私有住宅區。開發商為了吸引新興中產階級的各種群體，努力構築「愛之巢」、「設施齊備的住宅區」、「花園社區」、「鄉村俱樂部」等形象，配備室內室外游泳池、健身房、會員制俱樂部、網球場、24 小時保安系統等現代化設施，而這些在今天都已成為新建的私有住宅區的標準配置（Lee 1999:155）。

這意味，太古城以及與之相類似的大型私有住宅區都成為了新興中產階級身分象徵指標。Lee 還依據居住地點製作了階層結構表（表 8）。從該表可以看出香港人正在實踐一種「圖騰主義」，那就是依據居住地點對人進行分類的圖騰主義。

假設如 Lee 所說，太古城及其生活方式是香港新興中產階級的地位象徵，那麼筆者想補充說明的是日系超市（特別是 Fumei）所代表的購

物方式在新興中產階級的生活方式中占有很重要的地位。類似太古城這樣的大型私有住宅區內必有一家以上的日系超市存在（表9）。1984年，Fumei 在沙田開設了其在香港的第一家店鋪。這比 UNY 在太古城開店要早3年。在 UNY 之前，太古城中並沒有大型超市。從這種意義上來講，在考察香港新興中產階級生活方式時，除太古城外，對沙田也應該給予相當的關注。而在考察 Fumei 進入香港市場的過程時，瞭解沙田當時的社會狀況非常重要。對於這一點，第三章會有詳細的論述。

四、結論

香港不管是過去還是未來，在政治經濟方面都不會具有完全的獨立性。政治方面，到1997年6月30日為止，至少在1980年代初探討香港回歸問題的中英談判開始為止，香港是由英國政府管理的。而1997年7月1

表8　階層與香港居民的住房

階層	住房
上流階層	香港島南部、西貢地區的西班牙式獨門獨戶房屋
上流服務階層	香港島半山區的公寓
行政人員、管理職位階層	太古城、康怡花園
中間階層的最低線	按戶出售型公共房屋、略微不便的新界新市鎮私有住宅社區。這些社區與太古城相比價位較低，但用於可與之進行匹敵的基礎設施。

資料來源：Lee 1999:195。

表9　大型私有住宅社區與日系超市

大型私有住宅小區	日系超市	開店時間
沙田新城市廣場	Fumei	1984
太古城	UNY	1987
屯門新城市廣場	Fumei	1987
康怡花園	JUSCO（吉之島）	1987
埔花園	Fumei	1988
麗港花園	Fumei	1992

日以後，香港則處於中國政府的管轄之下。經濟方面，由於香港是出口導向型經濟，經常受到世界經濟（特別是歐美經濟）的影響。而 Fumei 所踏上的就是這樣一個充滿不穩定因素的土地，但這片土地上同時也孕育著各種機會。第三章會進行詳細的論述。小川海樹是在 1984 年進入香港的。當時的香港充滿了對未來的不安感，而小川海樹很好地利用了香港的危機狀況，以非常便宜的價格從香港的房地產開發商那裡租到了很大的場地。海樹還巧妙地利用了香港人的政治感情，使其在香港（其後在中國大陸）的事業發展得以順利進行。而這一時期的香港正好經歷著雙重的結構轉變，服務業部門急劇擴大，新興中產階級不斷擴大。前述中具有「捱」、「醒目」以及「博」的精神的新興中產階級，為了擁有更好的生活（特別是居住環境），工作異常努力。另一方面，由於房地產投資的高回報，也進一步促使了中產階級購買房產。其結果是，太古城等大型私有住宅區及其生活方式成為了新興中產階級的身分象徵。在這過程中，為香港帶來了嶄新的購物方式的日系零售商，特別是 Fumei，對新興中產階級的生活模式形成發揮了非常重要的作用。對於 Fumei 在香港的發展，需要放在香港的社會環境中去理解。

第三章　Fumei 進入香港

一、前言

在 1992 年 3 月時，香港境內共有 20 家的日式店鋪，其由 11 家日系大型零售商持有，總達 20 家的日式店鋪。以香港當時 54,000 多個零售商以及 22 萬人從事零售業，日系店鋪的數量可說是少之又少（Yap 1993:30）。但這些日系零售商的營業額卻占全體百貨公司營業額的 46%。如果再加上東急持有一部分股份的 Dragon Seed 與西友持有一部分股份的永安，日系零售商在香港市場的份額高達 60%（野村綜研香港 1992:239）。

根據野村綜研香港有限公司研究員的分析，日系大型零售商進入香港市場有四種類型。第一種，主要進口銷售日本產品，其先行者是大丸。大丸於 1962 年進駐香港開店，嘗試銷售日本產品。當時，日本的商品與服裝還未在香港的消費者中普及（野村綜研香港 1992:240）。在大丸進入香港市場的 10 年間，並沒有其他日系百貨公司進駐香港。這其中有兩個理由：首先，1960 年代後半期，日本國內的超市迅速發展，逐漸威脅百貨公司的地位。百貨公司集中精力於國內市場的防守戰。另外一點是，日本的零售商由於商業習慣的不同，在當地的商品採購遭遇困難，因此進入海外市場後的業績不是很好（日經流通新聞 1993b:91）。

其他的日系百貨公司大約於 1970 年代前半期開始進駐香港。松阪屋在香港的第一家店於 1973 年開業，伊勢丹的第一家店於 1975 年開業。這些店鋪的目標顧客為日本觀光客，主要銷售歐洲的品牌產品（日經流通新

聞 1993b:92）。1981 年，日系百貨公司不僅從日圓升值而帶動的日本人海外旅行風潮中賺取了很多利潤，同時也因瞄準了經濟快速發展而變得富裕的東亞、東南亞地區，開始了海外市場的拓展（同上引:92-93）。因為香港沒有消費稅，且政府對零售業資本的進入沒有限制，對國際零售商開拓市場來說是很好的環境。因此，有很多日系百貨公司也進入香港。它們代表著第二種類型。

日系零售商進入香港的第三種類型就是通過收購香港的零售商，以便快速進入市場。西友是第一家成功收購香港零售商的日系零售業者。作為日本具有代表性的超市，西友依靠著雄厚的資金透過吸收與併購進入了香港市場。西友於 1989 年以 4,670 萬美元收購了永安百貨連鎖的四成股份（Havens 1994:244）。

Fumei 進入香港市場代表著日本零售商進入香港的第四種類型。Fumei 的商品、選址以及顧客類型與上述的日系零售商有著很大的不同。Fumei 選擇人口密集的新市鎮購物中心開設連鎖店，滿足了中下層香港消費者的需求，所以在這些顧客層中最為受歡迎（野村綜研香港 1992:242）。Fumei 與其他日系零售商相比，在香港開設了更多的店鋪。Fumei 於 1984 年在沙田開設了第一家店，其後的 11 年間共開設了 9 家店鋪。經由快速擴點而穩居香港大型零售商最前線的 Fumei，占據了香港百貨公司零售額的 10%，即零售業總體的 1.4%。[4] 在 1997 年，Fumei 香港擁有 2,700 多名員工。那麼，Fumei 進入香港的背景與前述三種類型的日系零售商又有怎樣的不同呢？

在本章中，筆者主要對 Fumei 在日本國內的市場定位如何影響其在香港的選址戰略、營銷戰略和吸引顧客的方法，以及超市 Fumei 如何在香港重新解構進行考察；同時，也對香港人如何套用既存的當地概念來理解 Fumei，而將其看作百貨公司進行論述。接下來，筆者還將會闡述小川海樹是怎樣以 1971 年進入巴西市場為契機，使作為國內地區性超市的 Fumei 搖身一變成為跨國零售業者，更以 1990 年把 Fumei 集團總部遷移至香港為契機，使 Fumei 成長為國際企業集團。

另外，筆者還會對持有戰爭記憶香港人的日本觀、香港不明朗的政

---

[4] 該數據由 Fumei 香港提供。

治前景以及香港新興中產階級的抬頭、年輕一代身分認同的變化等因素來討論 Fumei 進入香港所產生的影響。最後，筆者會闡述小川海樹個人如何利用 1989 年天安門事變後香港的政治氛圍促使 Fumei 於 1991 年意想不到地進入中國內地市場。

二、1980 年代初抬頭的中英交涉

如第二章所述，香港在政治方面總是受到統治國的支配，經濟方面更與外在世界有緊密的連動。1980 年代前期，中英雙方對香港回歸問題存在的意見分歧使香港的政治前景很不明朗，而香港同時又深受世界經濟不景氣的困擾。

1841 年鴉片戰爭後，清政府將香港島割讓給英國。當時，中方與英方都未將其看作是大的領土交涉。對於雙方而言，香港只不過是「沒有什麼人的不毛之地」（Chun 1985:152）。諷刺的是，140 年後，英方將香港看作是帝國領土最後的一塊寶石而不願放手，中國則主張香港是中國的領土，互不相讓。國際間出現一種擔慮，認為中國有可能會犧牲促使香港「現代化」的經濟繁榮成果來實現回歸。1982 年，也就是在 Fumei 摸索進入香港市場的時期，英國的柴契爾首相訪問了北京，與中方討論了香港回歸問題。她堅持按照《南京條約》（1842）、《北京條約》（1860），以及《展拓香港界址專條》（1898）所示，英國享有香港島及九龍半島的主權，以及新界地區的租借權。她附加說「這裡有條約的存在，我們會根據條約辦事，除非我們另有新決定」（Sida 1994:148）。然而，中方領導則堅持與香港相關的三個條約為不平等條約，因此應均無效，而中國將於 1997 年收回香港。中方保持香港將成為中國特別行政區的一貫立場（Sida 1994:144–148）。雙方雖未達成共識，但以柴契爾夫人的訪華為契機，兩國間開始了外交對話（Chiu 1987:7; Sida 1994:148）。

在之後的中英談判中，英方提出向中方歸還香港的主權，但在 1997 年後英方將繼續持有對香港的行政權（Chiu 1987:8）。當時，很多香港人都認為中國政府會接受這一解決方案。

出乎意料的是，中方立即堅定地拒絕了英方的提議，強調主權與行

政權不可分割。當時的中國外交部副部長吳學謙更發言說，如兩國無法達成共識，「中國最晚將於 1984 年 9 月單方面發表對香港的政策」。這一發言給英方施加了壓力（Sida 1994:154）。中方否決英國提案，使得國際社會對香港前途的信心大跌。與此同時，由於世界經濟的不景氣，香港的出口總量也急劇下跌（Jao 1987:58）。首當其衝的是於 1983 年下跌 63% 的恒生指數，而房地產價格亦於 1982 年平均下跌 60%（Sida 1994:150）。

經濟的不斷惡化使得社會蔓延了一種危機感。Jao 曾報導當時的情況：

> 很多店鋪開始以美元標示價格，並拒收港幣。另外，人們瘋狂地大量買進進口產品。關於銀行與 DTCs（Deposit-Taking Companies）支付能力低下的謠言擴散（Jao 1987:59）。

Fumei 就是在這動盪不安的環境下來港開設分店的。恰逢當時開發後不久的沙田新市鎮正在大規模地興建購物中心。香港不安定的政治前景，成為商鋪招租的阻礙，在購物中心即將建成時，還有很大的場地沒有香港商家願意進駐。開發商想到了日本的零售商，希望能夠從中找到租賃者。但是在日本，幾乎所有的大型零售商都對香港未來的走向抱持觀望的態度，對於在此時進行大規模投資面露難色。這一消息傳到了海樹那裡，他對此表示了極大的興趣，於是雙方對租賃事宜進行了商談。

在合約交涉初期，兩家公司提出的租金數目有很大的差距，商談未能順利進行。但隨著 1983 年國際間對香港的信賴度再次大幅下跌，開發商更加處於弱勢，因此同意以最初所提出價格的一半將場地租賃給 Fumei。Fumei 則以 1 平方英尺 10 港幣這一破天荒的低價（僅為香港主要購物中心場地租賃價格的 1/3）與開發商簽訂了 10 年的合約。

三、小川海樹——歷史的創造者

小川海樹是推動 Fumei 進駐香港的核心人物。實際上，包括他的弟弟在內，Fumei 的董事中有不少人反對此計畫。他們也認為在前景不明朗的香港投資，風險太高。但對海樹來說，風險等於機會。首先，政治上的不明朗使得海樹與開發商交涉租賃條件的過程中處於有利的地位。第

二,開發商租給Fumei購物中心的內極大空間,寬敞程度足夠開設一家綜合銷售店,間接排擠同業進入沙田的機會。第三,香港市場與Fumei已進駐的新加坡市場有很多相似之處。因此在進入香港時,可以活用新加坡的經驗。實際上,香港新店的主要負責人當中,就有三位曾經在新加坡工作過。

以如此低廉划算的場地租金為前提,海樹預測在9年內(也就是在1997年的5年前)可以回收在香港的所有投資,最差也不至於虧損。不管在任何情況下,海樹都具有在「會社」中執行自己決定的力量。在「會社」中作為會長的他君臨最高位。另外,小川家族不僅壟斷著Fumei的經營權與所有權,還通過萬友教的教典對員工的精神進行改造。海樹的行為是由會社與宗教交織在一起的雙重結構(在這裡大家族的男性家長擁有最大的權力)所支撐。所以,作為小川家族絕對的「歷史性代表人物」,海樹的生命就代表了會社全體的生命。此外,他擁有隨意改變Fumei命運的巨人歷史影響力。海樹曾經說過,「如果我改變,那麼世界也會隨之改變」。

(一)從日本國內地區性超市到國際零售商

1970年代初開始,海樹就開始摸索Fumei與其他地區性超市分眾化市場生存戰略。1960年代起,海樹在東海地區陸陸續續開設了很多Fumei的連鎖店。同時期,大榮、西友等超市在日本國內的知名度與日俱增,它們所占有的市場份額急劇上升,對很多地區性超市都造成了很大的威脅。例如,1960年代初,地區性超市HOTEIYA與西川屋一直是愛知縣內市場占有率不分高下的兩大地區性超市。隨著1966年大榮在該縣的市場營業額奪冠,對這兩家地區性超市帶來了很大的威脅。1971年,為了對抗大榮,HOTEIYA與西川屋合併,合併後的新公司名為UNY。新公司UNY取代大榮,奪回了愛知縣內市場營業額第一的寶座。

另一方面,在東海地區,同樣受到全國性超市威脅的Fumei,並沒選擇與其他公司合併,而是嘗試向海外擴張。此時的海樹,經常強調要保持Fumei這一品牌。可想而知,剛開始時,董事以及有很多員工都反對海外發展戰略。他們認為與其將有限的資本投入到未知的海外市場,不如專心確保國內市場。對此,海樹引用了索尼的「縫隙理論」來說服部下。他在自己的著作中回憶到:

當時，大型流通企業連鎖店的年營業額高達 1,000 億日圓。雖然 Fumei 也認為必須打入東京市場才能繼續生存下去，但由於缺乏資金與人才，Fumei 是帶著一種絕望的心情來摸索生存之道的。就在這種時候，我從雜誌與報紙的頻繁報導中知道了索尼的「縫隙理論」。索尼的井深大先生與盛田昭夫先生在戰後回國，想要成立家電企業。當時，已經有戰前成立的大批家電廠商網路。而索尼則著眼於這網路中的縫隙——所有家電廠商都忽視的海外市場。其在海外得到高度評價後，像瀑布策略回流到到國內市場，從而填補了日本高階家電廠商網路的縫隙。而我則學習著「縫隙理論」，在海外戰略中尋求 Fumei 的生存之路。

結果，作為社長的海樹，運用其在小川家族中的家長地位，壓制住員工們的反對聲浪，終於在 1970 年代初實施了最初的海外投資。

有趣的是，正是 Fumei 在日本國內的邊緣性位置，促使了該公司將目光投向海外。海樹的最終目標則是與索尼一樣在海外獲得好評後凱旋回歸日本。他認為海外市場的認可有機會使 Fumei 能夠與日本國內的全國性超市、甚至是與歷史悠久的百貨公司相抗衡。日本是海樹的根據地（至少在海外發展的初期），因此，這一階段中的「去日本化」（de-Japanization），其實是使 Fumei 最終更加日本化的一個手段。

這裡的要點是，海樹為何如此看重 Fumei 在南美的發展，想讓 Fumei 變身為國際零售商？如前所述，Fumei 在經濟實力與社會形象上都面臨邊緣化，若想在日本國內的零售業界占據主流，Fumei 不僅需要擴大商業規模，更需要成功的獲得更高的評價並建立品牌認同。而 1970 年代後半期的日本政治、商業修辭手法中，有「國際化」取代「現代化」的趨勢（Goodman 1993:221）。在這種大環境下，Fumei 於 1979 年展開的海外拓展獲得了肯定，被日本經濟團體聯合會授予了特別企業獎。另外，海樹個人在 1980 年代也多次被票選為日本連鎖店協會副會長。在不得已退出南美市場後，海樹依然繼續摸索海外拓展之路。1974 年在新加坡、1979 年在哥斯大黎加分別開設了店鋪。在得到進入香港市場的機會時，他不顧員工（包括他的弟弟）反對，往香港大膽投資了 82 億 5,000 萬日圓。1984 年 12 月 9 日，Fumei 香港在沙田新城市廣場的完成儀式上花費了 100 萬港幣燃放煙花。

從這些策略中我們可以看出，個人的行為通過某種媒介可以擴大成

為一個整體。也可說，海樹個人對於保持 Fumei 這一身分的執著樹立一個整體的秩序。隨著秩序的建立，Fumei 從國內地區性超市搖身一變為國際零售商。

四、Fumei 在香港的成功——意料之外的結果

Fumei 在香港的第一家店沙田店總是擠滿了購物者，呈現出超乎想像的盛況。筆者第一次到沙田店在 1985 年，至今還依稀記得當時對極度擁擠的人潮產生的驚訝。筆者認為，沙田店的成功應該與 1980 年代香港特有的政治經濟背景密不可分。

對一般的香港消費者來說，在 Fumei 的購物是一種全新的體驗。1960 年代後香港購物設施的增加伴隨人們購物行為的變化與房屋風格的轉變有著緊密的聯繫。如第二章所述，1960 年代是徙置大廈的時代。當時典型零售設施位於住宅大廈的一樓，銷售日常生活用品的家庭經營小店鋪。除此之外，被稱為「街市」的開放市場也有非常重要的作用。街市主要售賣新鮮的蔬菜、肉類、魚類等。以旺角的通菜街、北角的春映街為代表，街市中還有銷售時髦服裝的街道（Lam 1996:23–24）。當時，香港百貨業主要有 3 種不同的類型：國貨公司（專門銷售中國內地製造的產品）、本地百貨公司如永安等，以及外資百貨公司如連卡佛、大丸等。所有外資百貨公司都位於中環、尖沙嘴或銅鑼灣等熙來攘往的高檔購物區，而國貨公司與本地百貨公司除高檔購物區外，還在旺角、油麻地等中檔購物區、深水埗、新蒲崗等住宅區設立店鋪。

在 1960 年代的香港，所謂的「購物」（shopping）與現今香港社會對購物的定義截然不同。當時，典型的購物模式是勞動階層的主婦們到徙置大廈一樓的店鋪，購買日常用品或到附近街市購買肉食蔬菜，她們鮮有到百貨公司購物。對當時的低收入階層來說，農曆新年是每年少數會到百貨公司購物的大節日。年輕人由於沒有太多的零用錢，因此極少購物。就算是偶一為之的購物，也只是到旺角附近購買便宜的牛仔褲或運動鞋。

這一時期的購物大多是出於實用性而非娛樂性。大部分的香港人是「購物」（do shopping），而不是「逛街」（go shopping）。購物時人

們最關心的是商品的價格與耐用性。如第二章中所述，1970年代初期，香港政府開始實施《十年建屋計畫》。隨著徙置大廈的拆除，取而代之的則是位於新界新市鎮中心較為舒適的獨立公共屋邨。伴隨大規模公共房屋的興建，購物設施也得到了很大的改善。新興建的公共屋邨內設有各式各樣的店鋪組成的大型購物中心。1970年代後期興建的沙田瀝源邨購物中心是典型之一（Lam 1996:26）。之後，類似的購物中心在其他公共屋邨住宅區也相繼出現。

當然，大型的購物中心同樣出現在早期興建的大型私有住宅區內。位於九龍東北部的美孚新邨是典型的例子。1960年代末，首批居民遷入美孚新邨。當時，區內只有傳統的雜貨鋪與街市。進入1970年代中期，電影院與商場式的大型購物中心相繼出現（Lam 1996:26）。隨著公共住宅區與私有住宅區內大型購物中心的興建，香港人的購物觀也由以前的「購物」慢慢轉變為「逛街」。

而最能體現這一變化的是1984年竣工的沙田新城市廣場，特別是位於其核心的Fumei沙田店。如第二章所述，香港政府為了儘快改善市中心人口密度過高的問題，加速了新市鎮的開發。政府對新市鎮的建設有數項方針。首先，新市鎮建設要提供就業機會，新市鎮內要設有購物、公共服務及娛樂交流等設施（Leung 1986:268）。第二，在新市鎮內，要適當地混合公共住宅與私有住宅、個人所有住宅與租賃房屋以及高密度空間與低密度空間，以期創建和諧的住宅區（同上引）。結果，新市鎮中的居民組成具有多樣性，涵蓋不同收入階層，其中有的是公共住宅的低收入家庭，有的是私有住宅的中產階級（同上引:273）。但如後文所述，居住在公共住宅的低收入家庭，由於房租便宜，他們的消費能力反而不低。根據1991年的調查分析，香港新市鎮的居民在1990年代初期，平均年齡依然很低。例如，1991年，屯門新市鎮27.8%的人口為14歲以下的兒童。中環、灣仔、尖沙咀等舊區14歲以下兒童所占比例分別為15.0%、14.6%、15.5%（Li 1992:14）。

當然，只靠住宅附屬的購物設施是不能吸引人們到新市鎮去的，還需要連接新市鎮與市中心的便利交通工具。1980年，香港最早的地下鐵（MTR）線路觀塘線（中環—尖沙咀—觀塘）開通，使市中心到九龍附近周圍地區的往來變得便利。一年後，九廣鐵路（KCR）實現了電氣化

並增加路線，從此沙田、大埔、上水、粉嶺等新界新市鎮與尖沙咀間的交通變得便利許多。另外，由於九廣鐵路在九龍塘站與 MTR 觀塘線互相連接，使得新界新市鎮與香港島的往來變得快捷。觀塘線修建後，MTR 路線不斷擴大，1980 年代裡，橫跨香港島北岸的港島線及從九龍中心到荃灣新市鎮的荃灣線也開通了。這些公共交通的興建大大縮短了從新市鎮到市中心的距離，促進了人口往新市鎮的搬遷。因此，1980 年代出現了從九龍、新九龍地區到新市鎮的大規模人口遷移。據 Lam 的研究，1971 年，新界占香港總人口的比重只有 17%，但是到 1986 年，這一比重增長到了 35%。1986 年時，新界人口的 34.7% 是從九龍／新九龍地區以及香港島搬遷過來的（Lam 1996:41-42）。

經歷了人口急劇增長的新界新市鎮，居民的平均收入也大幅提升。根據 James and Chan 的研究，新市鎮的家庭平均收入從 1981 年的 2,955 港幣增加到了 1986 年的 5,160 港幣，到了 1991 年更是增加至了 9,964 港幣。從這些數字我們也可以得知，在 1980 年代的新界新市鎮，居民收入增加帶動零售業得到了迅速發展（James and Chan 1992:7）。

（一）沙田新城市廣場與 Fumei

第二次世界大戰前，沙田是半農半漁的田園地帶。戰爭結束後不久，有位中國商人在沙田站附近 15 萬平方公尺的土地上興建了新的「街市」。此街市由兩層共 120 家店鋪（一樓為店鋪，二樓用於住宅）所構成。店鋪大部分為銷售日常生活用品的雜貨店，另外還設有食堂、藥店、文具店、照相館、理髮店等店鋪。後來又慢慢建起了診所、郵局、消防署、銀行、電影院等公共設施。新街市很快就成為沙田地區的中心。周邊的農民們經常來到這裡銷售自己收穫的農作物，並購買日常生活用品。1970 年代前，舊街市的居民們將沙田視作是郊遊踏青的地方（何佩然 2000:2-6）。

1970 年代後期，沙田新市鎮迅速開發，最好的地段（即新街市）也被拆除，由於圍繞拆遷補償的紛爭不斷，使得政府耗時 4 年才完成拆遷工作。經過了萬般曲折，沙田新市鎮於 1980 年代初期初具規模。有趣的是，政府對新市鎮的開發，沿襲了傳統的空間配置（中心為市場，商人居住在市場裡，農民們則居住在周圍）。沙田新市鎮中，除了最早修建

的一部分,幾乎所有的公共房屋都興建在離火車站較遠的地方,車站周圍的較好地段則主要用於興建大型的購物中心與私有住宅。由於土地有限,隨著不斷的開發,後來在離車站較遠的地方也興建起了私有住宅。

香港的大型房地產開發商新鴻基地產,從很早開始就參與了沙田的開發。沙田的心臟新城市廣場(購物中心與住宅的組合)就是由該公司興建的。1984年,新城市廣場的一期工程竣工(二期於1988年,三期於1990年竣工)。新城市廣場的魅力在於良好的地理位置。關於這一點Lam是這樣介紹的:

> 廣場緊挨著沙田站,地理位置優異。沙田站是連接新市鎮與九龍地區的中轉站,因此從九龍方向到廣場也很方便。另外,新界其他地區(例如,大埔)的居民往來市中心都需要經過沙田。因此,凡使用列車的乘客都可以很輕鬆的在廣場停留。另外,廣場地下層有大型的公車站,從沙田新市鎮各地到九龍各地的公車頻繁發車。沙田新市鎮的很多居民都將廣場的公車站作為中轉站使用。廣場地下還設有可停放幾千台汽車的大型停車場,以滿足顧客與居民的需求(Lam 1996:27–28)。

Fumei是新城市廣場中六層購物中心的核心店鋪,幾乎獨占了購物中心一樓至三樓的所有空間。在這一購物中心中,除Fumei以外,還有服裝連鎖店、個別商品的專賣店、藥店、珠寶店、速食店、蛋糕店、西餐廳、遊戲廳、小型電影院等。

1980年代,Fumei在沙田的成功之處不僅在於吸引了大量的消費者來購物。還進一步促進了居民往以新城市廣場為首的沙田私有住宅遷移。可以推斷,在這一時期,遷往沙田私有住宅的幾乎均為中產階級。不然,他們是無法負擔這裡的房租或房價的。

那麼,為什麼Fumei在1980年代的香港成功吸引了如此多的中產階級呢?Fumei又是如何影響這一時期香港中產階級生活方式呢?

(二)Fumei——新的購物形式

如前所述,在1984年Fumei進入香港之前,香港的百貨公司大致分為3種類型:國貨公司、本地百貨公司、外資百貨公司。而Fumei的到來則為香港人帶來了一種新的購物體驗。Fumei的店鋪由服裝課、雜貨課、超市、美食廣場構成。接下來,筆者將透過自己最深入調查的紅磡店賣場情況來對Fumei帶來的新購物形式進行說明。

紅磡店的美食廣場位於地下，在那裡有分開的櫃檯銷售日本的麵食、蓋飯、日式午餐與晚餐的套餐、可帶走的壽司、冰淇淋、麵包蛋糕、清涼飲料。另外還設有銷售紙盒包裝軟飲料的自動販賣機。Fumei的美食廣場全部採取自助銷售方式，顧客可以購買自己喜歡的食物後到可容納一百多人的中心位置就餐或飲用。

　　美食廣場的一大特色是現做現賣。例如，店員們會當場搭配日式套餐，招聘來的點心師現場燒烤日式的鯛魚形豆沙餡點心。這種現做現賣的銷售方式，使得美食廣場充滿了活力。香港的日系百貨公司中，西武與大丸也有類似的自助式美式廣場，但規模小、價格高。三越銅鑼灣店中雖設有日本料理亭與法國餐廳，但均為高級餐廳。國貨公司與本地百貨公司中沒有自助式的美食廣場。

　　美食廣場外是銷售鮮花、藥品、糖果等的櫃檯。走過這些櫃檯就是超市。超市呈很大的長方形，沿著三面牆壁擺放著貨架。面向超市，超市內的右方是生鮮美食廣場，擺放著水果與蔬菜。水果與蔬菜均用保鮮膜包裹著，包裝整潔又美觀。

　　中央擺放著肉類、魚類。肉類賣場裡分別設有銷售雞肉、牛肉、豬肉等的角落，銷售著雞、牛、羊各個部位的肉。與水果蔬菜相同，各種肉類商品也都用保鮮膜包裝，顧客可以自由選購。這種銷售方式與街市上由店員為顧客做出選擇形成鮮明的對比。另外，肉類銷售賣場還設有擺放著雞、牛、豬各個部位肉的玻璃棚，顧客可以告訴店員自己的需求，由店員當場切割。這類銷售方式的目標族群是那些習慣在街市上看著店裡吊起的肉選擇自己所需部位的年長顧客。超市裡還銷售有剛剛做好的家常菜，很受工作繁忙的已婚女性與單身男性的好評。

　　肉類賣場的旁邊是魚類賣場。在這裡，生魚片是主角。Fumei對生魚片的進貨與銷售都很在行，與香港的新鮮魚類零售商相比處於優勢地位。在魚類賣場，有切成各種大小的生魚片，顧客可購買用保鮮膜分裝好自己所需的量。

　　超市的左側則是10個大貨架。銷售者與香港超市相同的商品，但Fumei的這些貨臺與香港超市有3點不同。第一，Fumei與香港超市相比賣場更大，銷售的商品也更加豐富齊全。第二，Fumei與香港超市相比貨物擺放得更加整齊。第三，Fumei內設有被香港員工稱之為「日本街」

的專門銷售日本食品的角落。「日本街」裡銷售著日本的豆腐、綠茶、生魚片、烤肉用的調味汁、速食麵等。

與擁有大型超市的 Fumei 不同，三越、松阪屋、伊勢丹等日系百貨公司以服裝銷售為主，並未設置超市。西武雖設有超市，但比 Fumei 的規模小，並且主要銷售高價的牛排肉與生魚片以及紅酒等。大丸的超市裡對日本食品的銷售很賣力，但超市規模要比 Fumei 小得多。

除超市與美食廣場外，紅磡店內還設有服裝課與雜貨課。服裝課又分為童裝課、男裝科、女裝科。紅磡店的童裝賣場位於地下一樓的入口附近，銷售著從嬰兒服裝到面向十幾歲小孩的各種服裝與鞋。離入口最近的男童用品櫃檯的一個角落裡，設有童鞋小櫃檯，大部分商品都是直接從日本進口的。男童用品櫃檯的另外一個小櫃檯銷售著男孩的洋服與雜貨等。男童用品櫃檯的正對面是女童用品賣場，那裡有女童洋裝櫃檯與面向 12 歲至 16 歲女孩的命名為 Fun 的小櫃檯。男童用品的背面是內衣賣場，銷售大人與小孩的內衣，而內衣櫃檯的旁邊則是嬰兒用品櫃檯，銷售嬰兒到育兒用品的所有商品。另外，在 Fumei 的別家店鋪內還設有可供帶小孩顧客使用的特設角落，並提供多種服務。玩具櫃檯理所當然地設在嬰兒用品櫃檯的對面，銷售的玩具有毛絨玩具、洋娃娃、遊戲機等。週末時，玩具櫃檯總是擠滿了孩子。

男裝與女裝位於一樓。進入正門後就可以看到三愛、鈴屋、Cotton Collection 等知名品牌的櫃檯。將受歡迎的品牌設置在一樓來吸引顧客目光是日系百貨公司的特徵之一（Creighton 1988:50）。另外，由於紅磡店的顧客中女性顧客占大多數，一樓的一大半被化妝品、女性用品、首飾等賣場所占據。化妝品按品牌設置櫃檯，各品牌之間處於競爭關係。

化妝品賣場的兩側分別為男裝與女裝。右側的女裝賣場陳列著色彩鮮豔的泳衣與休閒服等各式各樣的商品，大廳的盡頭是箱包櫃檯，銷售 Satchi 等品牌。

化妝品賣場的左側為男裝賣場，櫃檯均由 Fumei 直接運營，銷售最新款的西裝、夾克、休閒服、飾品、鞋類等。

與香港其他的日系百貨公司相比，Fumei 一樓的代理商櫃位數量較少，品牌商品的價位偏低。例如，在三越，S.T.Dupont、Charles

Jourdan、Giorgio Armani、Luciano Soprani 等均在一樓，而其他日系百貨公司也具有同樣的傾向。另一方面，當地百貨公司（以服裝為主）銷售的商品一般比 Fumei 的價格便宜。

紅磡店的雜貨課由廚房用品賣場、體育用品賣場、家庭用品賣場、傢俱賣場、床上用品課組成，均設在地下。廚房用品賣場從茶壺到刷子所有的廚房用品一應俱全。廚房用品賣場的右側是體育用品課，陳列著最新款的運動套裝、鞋，以及所有品牌的網球拍、乒乓球拍、羽毛球拍等。家庭用品賣場在廚房用品賣場的左側，毛巾、浴簾、圍裙、藥箱等一應俱全。傢俱賣場有椅子、桌子、照明用具、鏡子、床等。床上用品賣場緊挨著傢俱賣場，銷售床單、枕套等床上用品。

此外，紅磡店還設有手錶、眼鏡、CD 等銷售櫃檯和藝術畫廊。在 Fumei 的店鋪裡，不僅能夠購買日常用品，還可以調整一下鏡片、購買和修理手錶、選購 CD，與藝術進行親密接觸。除了購物，Fumei 也是休閒娛樂的好去處。

Fumei 紅磡店這樣的景象在 1980 年代的香港，是一種全新的購物形式，與新抬頭的新興中產階級生活方式非常契合。首先它很便利。Fumei 的第一家店所在的新城市廣場，緊挨火車站，乘客回家途中可以非常方便地停留。此外，Fumei 提供的是「一站式購物」方式（一個地方可以購買到所有東西）。對於不喜歡在破舊又無空調的「街市」購物的顧客，或是那些很忙沒有時間的職業女性和單身男性來說，在 Fumei 可以買到剛做好的家常菜以及各種各樣的日常必需品，甚至連家庭用品與服裝也一應俱全。

其次，對於那些無法滿足於傳統的街市與國貨公司所提供商品的年輕中產階級來說，Fumei 為其提供了一個不錯的選擇。Fumei 與其他日系百貨公司有所不同。例如，香港的其他日系百貨公司比 Fumei 更加注重顧客服務，銷售的商品也更加高級，與食品相比更加注重服裝的銷售。而超市出身的 Fumei 則將銷售的重點放在了食品與日常用品上。透過這樣的銷售戰略，Fumei 與香港的其他百貨公司形成了差異。

Fumei 的這種銷售戰略與本地百貨公司、超市競爭時同樣具有重要意義。Fumei 所採取的「一站式購物」方式是本地百貨公司或超市所不能提供的。他們銷售的商品比較有限：本地超市主要銷售食品與日用品，

而百貨公司則主要銷售食品以外的商品。再者，Fumei 的超市部門比本地超市大又乾淨，提供的商品更豐富。本地百貨公司中不設有超市與美食廣場，對顧客的服務也沒有 Fumei 周到。

　　隨著在 Fumei 購物頻率增加與新興中產階級生活方式更加緊密，Fumei 也逐漸成為這一階層的身分象徵，並不斷吸引著越來越多的新興中產階級及其預備軍。有趣的是，具有強烈的出人頭地意識的低收入階層人們，也很鍾情於去 Fumei 購物。例如，在沙田新城市廣場周邊公共住宅區的居民也經常來 Fumei 購物。這現象與香港政府的新市鎮建設理念是有著密切關係的。由香港政府所主導的新市鎮發展中，宗旨之一就是通過公共住宅與私有住宅的混合並存，建設不同經濟背景的人們共同居住的社區。這使得高級私有住宅區與便宜的公共住宅區比鄰。這樣的近距離接觸，使得公共住宅區的居民產生，只要努力工作，自己也可以在高級的私有住宅裡享受舒適生活的進取心。而對於這些有著出人頭地，脫離貧窮意識的低收入階層來說，在 Fumei 的購物，可說是一種對新興中產階級生活方式的模擬體驗。

　　當然，新興中產階級的抬頭與低收入階層出人頭地意識的提升，並不能完全說明 Fumei 能在 1980 年代的香港獲得成功的原因。[5] 當時的年輕一代（移民二代、教育水準高）在意識形態上的變化，在解釋 Fumei 獲得成功的原因時也非常重要。這一代的年輕人，是在 1970 年代完成了從青少年到大人轉變的一代。1970 年代，是香港社會發生巨大變化的時代，在香港的現代史中也具有非常重要的意義。首先，在經濟方面，如第二章中所述，製衣業於 1970 年代中期發展到了頂峰，電子產業也取得了急速發展。由於這兩個產業的迅速發展，勞動力市場供不應求帶動工人的薪資上漲。因此，1970 年代香港工人的生活水準得到了大幅度提升。經濟上的寬裕使得更多工人家庭出身的孩子們不用再中途輟學，有一部分人更順利將自己的孩子送進大學。而有幸進入大學的這些年輕人，很多都是家裡的第一個大學生。正是在這一時期，香港經濟重點開始從製造業向金融、貿易、服務業轉移。這也給予了受過高等教育的年輕人擺脫勞動階層的機會。而這些年輕人，同時也是新興中產階級的「預備軍」。

5　來自 2001 年 8 月 3 日與河口充勇教授的意見交換。

而在社會方面，1972年麥理浩就任香港總督。在他的主導下香港政府開始了大規模以公共房屋建設計畫為首的一系列公共事業。這位新港督為了使香港社會更加公平，也實施了各種措施；其中之一就是成立廉政公署（ICAC）。廉政公署不僅成功打擊了貪污的行為，更在香港社會建立起了公平、正義的價值觀。而這些影響，在受過新式教育的年輕中產階級預備軍中更加明顯。

如第二章中所述，年輕一代由於幼兒時期的居住環境艱苦，使他們不僅繼承了父輩「捱」（忍耐力強）的精神，也培養了他們「醒目」（有眼力勁）的特質。這一代人，在學校努力學習，希望通過教育改善生活。而服務部門的急劇擴大也加深了人們出人頭地的意識。即使是在學歷競爭中未能脫穎而出的人也大都是很勤奮的，他們時刻等待著可以出人頭地的機會。總體看來，當時的年輕人比自己的父母更積極向上，並具有「搏」（拼搏）的精神（Lee 1999:133）。他們同時具有公平與正義這些新的社會價值觀，以及社會歸屬感。這些價值觀都是他們父母那一輩人身上所沒有的，但年輕一代並不是完全擺脫了父輩人的價值體系。因此，筆者將這一代人稱為「過渡期的一代」（a generation in transition）。這一代人是最具有1970年代「香港人」這一新身分特徵的一代。

作為「香港人」，這一代年輕人與他們的父母不同，並不把自己看作是「純粹」的中國人，而香港對他們來說也不是暫時的避難所。另外，這些對香港擁有強烈歸屬感的新興中產階級預備軍在接受西方文化時也抱持一種懷疑的態度。

這種身分認同的變化同時也體現在這些年輕人的消費模式上。例如，1970年代開始，香港的電視臺開始大規模製作面向年輕觀眾的粵語電視劇。在此之前，從歐美引進的電視劇與臺灣製作的普通話電視劇占了絕大多數。同時受電視劇歌曲的帶動，粵語流行歌曲比英語或普通話流行歌曲更受歡迎。當時的香港年輕人所尋求的東西既不是西方的，也不是中國的。

與電視劇市場相反，在零售業方面，本土零售商在新的市場競爭中敗下陣來。在新市場中取得巨大成功的則是外來的Fumei。與本土百貨公司、國貨公司、傳統的街市以及其他外資百貨公司擁有很大差異的Fumei，吸引了大批的年輕人。但這種成功並不只是因為Fumei提供了

一種全新的購物方式，還因為這裡所提供的商品與年輕人的身分認同的轉變非常地契合。其中，壽司就是一個很好的例子。對當時的年輕人來說，由於壽司使用大米，大致看來與中國菜很相像；但它又使用了生魚片，這就使得它既不中國，也不西方。壽司之所以能夠大受歡迎，起因於它那既不中國又不西方的特質。在 Fumei 剛剛進入香港時，能夠用合理的價格買到壽司的地方只有 Fumei 沙田店的美食廣場。當時沙田店的美食廣場，在年輕人之中極其受歡迎。被吸引過來的不僅是居住在沙田新市鎮中的年輕人。由於交通便利，有很多年輕人專門從其他地區來到 Fumei 沙田店來購買壽司。聽起來也許有些誇張，但筆者認為 Fumei 沙田店在 1980 年代取得巨大成功的原因之一，是 Fumei 的壽司對年輕的「香港人」認同來說，是重要的身分象徵。

沙田店的顧客既包括新興中產階級，也包括中產階級的預備軍。與太古城的生活方式相比，Fumei 沙田店所呈現出的生活方式，不管是在社會階層上還是地理空間上，都更加具有包容力。因此，可以推測與太古城的生活方式相比，它對於社會的影響力也更加巨大。[6] 去 Fumei 購物，成為了香港很多家庭週末與假日的必要節目之一。一般，周日早晨很多家庭會在新城市廣場內的茶樓喝早茶，之後會去 Fumei 或者其他店裡購物。有的人會去廣場的電影院看電影，也有人會帶著孩子到廣場內的遊戲場所。肚子餓時，他們就會到 Fumei 的美食廣場或者周圍的速食店吃點東西。其中也有人會在 Fumei 的超市購買晚飯的材料回家下廚，也有人會選擇在廣場內的餐廳解決晚飯。以上就是沙田區居民的典型周日生活風景，至今都未曾有過很大的變化。沙田新城市廣場以及 Fumei 沙田店是香港第一個將娛樂與消費融合在一起的成功例子。這裡的成功，提供了一種新興商業模式。其後，在各地的新市鎮中也興建起與沙田新城市廣場類似的購物中心。Fumei 的市場也隨之不斷擴大。

Fumei 以及在 Fumei 購物之所以能夠吸引人們，是因為香港的社會發展賦予了 Fumei 特殊的象徵意義。在 Fumei 的購物成為新興中產階級的地位象徵，也是年輕「香港人」的象徵。與社會階層地位、身分認同串聯在一起的 Fumei，影響力不斷擴大。

---

[6] 來自 2001 年 8 月 3 日與河口充勇教授的意見交換。

但 Fumei 所取得的成功，只從香港的社會文化發展這一角度是不能完全說明的。小川海樹的個人影響力，尤其是他決定在香港投資零售業這一事件，也是在考察 Fumei 成功時的重要因素之一。首先，在當時前景不安的時期，願意鉅資投入香港的人，除海樹以外別無他，當時他的這一決定引起了香港媒體的熱烈關注。也因此，Fumei 雖然是進入香港的新公司，卻得到了社會媒體的廣泛宣傳。

其後的政治發展，對 Fumei 在香港的發展也極其有利。沙田店開業十天後，歷時兩年的中英談判終於有了結果——趙紫陽與柴契爾夫人在北京簽署了《中英聯合聲明》。根據聲明，在一國兩制的理念下，香港的資本主義經濟體制將在回歸後保持 50 年不變。聲明的內容使得香港人終於能安下心來，而香港在國際社會的信賴度也迅速回升，香港經濟再次呈現增長趨勢。1985 年 5 月，所有的宏觀經濟指標都顯示香港經濟出現了復甦。而 Fumei 則早已利用 1982 年的房地產價格大跌的形勢，用較低的經濟成本開闢其在香港的事業。其後的經濟復甦又對 Fumei 的發展提供了良好的客觀環境，使 Fumei 得以於 1988 年在香港證券交易所上市。

五、沿襲了國內地區性超市模式的 Fumei 香港

Fumei 在進入香港的初期，沿用在日本的模式來開展事業。首先，Fumei 香港的所有分店都採取中央集權的方式由總部控制管理，其店鋪的數量遠超過其他日系百貨公司。到 1997 年 2 月為止，Fumei 在香港共擁有 9 家店鋪，而其他日系百貨公司一般都只擁有一到兩家（表 10）。

Fumei 香港的選址是按照日本超市的典型慣例來進行的。如表 10 所示，日系百貨公司大都在尖沙咀、銅鑼灣等交通便利、零售業與觀光業的重要地點開設店鋪。這種選址戰略與日本總社的戰略如出一轍。正如三越香港的總經理所述：「三越、大丸等日本百貨公司的事業在發展時追求的是國際化，因此店鋪必須選在城市中心」。

與此相對的，Fumei 的店鋪主要開設在新市鎮，在新市鎮中並不存在同行業的其他競爭對手。Fumei 是第一家在香港新界的新市鎮中開展大型事業的零售商（Phillips et al. 1992:22）。1960 年代後期，為解決市區土地不足所引發的各種問題，香港政府開始了大規模的新市鎮建設

（Wong 1982:120）。在1960年代，香港政府展開了荃灣、屯門、沙田的新市鎮建設。1979年初，港府開始了對大埔、元朗、粉嶺的新市鎮開發（同上引:121-124）。如表10所示，Fumei的9家店鋪中有8家位於新市鎮中。

Fumei對於店鋪的選址注重的是「便利」，而這一戰略也取得了極大的成功。根據1991年香港理工學院（現為香港理工大學）學生舉行的市場調查，購物時最注重便利性的147人中，有63%的人認為在零售店中，Fumei最為便利。

Fumei的選址戰略同時也意味著該公司的顧客商品政策與百貨公司不同。百貨公司主要選在遊客多的位置，將日本旅客、香港的上層階級與中產階級視為目標客戶群。它們的銷售政策與日本國內城市地區的百貨公司相同，比起日常用品，它們更注重品牌服裝、珠寶、品牌皮鞋皮包等高級產品。例如，位於銅鑼灣的松阪屋、崇光百貨、三越就主要銷售日本或歐洲高級設計師設計的商品。而位於尖沙咀的東急、伊勢丹，雖然商品範圍較廣，主要銷售兒童服裝、時尚服裝、飾品等，但其基本理念則與其他日系百貨公司相同。一位在崇光擔任促銷助理經理是這樣說明的：「崇光的商品也許價格較高，但我們看中的是商品的高品質。關於這一點，與鎖定採取低收入階層戰略的Fumei不同」。

表10 香港日系零售商的店鋪數與選址（1995年）

零售商名稱	店鋪數	店鋪位置
大丸	1	銅鑼灣*
伊勢丹	2	尖沙咀*、香港仔
松坂屋	2	銅鑼灣*、金鐘*
三越	1	銅鑼灣*
東急	1	尖沙咀*
崇光	1	銅鑼灣*
西武	1	金鐘*
Fumei	9	沙田**、屯門**、紅磡、荃灣**、元朗**、天水圍**、藍田**、將軍澳**、馬鞍山**

註：*市中心商業區。

**新市鎮。

Fumei 的商品政策與其目標顧客有著緊密的聯繫。Fumei 的主要顧客鎖定在新市鎮的居民之中，不僅有新中產階級，還有很多居住在公共屋邨裡的工人階層（Chan 1981:41）。這裡，筆者將以屯門新市鎮的情況（低收入階層所占比率較高）為例進行說明。根據 1988 年在屯門舉行調查的 Chow 研究，他的被調查者中有 2/3 為公共屋邨的居民，其收入大都低於香港全體的平均值（Chow 1988:25）。正如 Chow 所指出，低收入並不意味著較低的購買能力。所有的新市鎮居民，在搬入新市鎮之後，除去必須支出外的可支配收入都提高了。根據 Chow 的調查，接受了他採訪的絕大多數家庭在搬入屯門之後需支付的房租變少（平均從 590.5 港幣降至 447.9 港幣，減少了 24.5%）。另外，Chow 的調查樣本中，幾乎所有的家庭，房租占家庭收入的 10% 以下，私有住宅的居民房租占收入比率也不超過 25%（同上引:28）。Fumei 的顧客，除沙田店外，大都為新市鎮中比較寬裕的工人階層。

　　Fumei 採取與目標顧客相對應的商品政策，將商品的重點放在食品、日常生活用品上。Fumei 最大的賣點在於前述的「一站式購物」方式，顧客在一個地方就可以買到所有需要的東西。此外，為了配合新市鎮工人階層的購買能力，沙田店以外的店鋪都把比較高級的日本商品所占的比率控制在 60% 至 40% 之間。1984 年，在 Fumei 沙田店開業前的記者招待會上，海樹就進行了如下的講話：

> 與在銅鑼灣地區開店的日系百貨公司相比，沙田店以較低的收入階層為目標顧客。日系百貨公司以遊客為目標，主要銷售高級商品。而我們則提供中間階層能夠買得起的商品。我們是以大眾為服務物件，而非特權階級。

　　綜上所述，Fumei 在香港不管是在選址戰略、銷售政策，還是目標顧客上，都沿襲了日本國內地區性超市的特徵。但 Fumei 在香港並不是超市，因為香港人會按照自己的判斷基準來區分超市與百貨公司。接下來就要對他們的這一判斷基準進行論述。

六、從超市到百貨公司

　　與日本一樣，香港的零售業也呈現出多樣性。但超市與百貨公司的

含義，在香港與在日本卻有所不同。香港政府統計署使用的超市定義，包含銷售食品、採取自助式銷售方式這兩個要素（Ho et al. 1994:6–7）。也就是說，在香港，超市指主要銷售食品的店鋪，而百貨公司則指除食品外，還銷售其他各種各樣商品的業者。因此，在香港，綜合性商品銷售店（GMS）不被分類為超市，而是百貨公司。

研究超市在香港的發展史有助於理解這種文化性的分類。Ho et al.（1994）將香港超市發展史分為成立期、發展期、成熟期3個階段。成立期指的是超市在香港剛開始普及的1950年代初期，這20年超市業界的發展速度非常緩慢（同上引:9）。同時，這一時期的超市幾乎均為美國企業經營，採用的也是美式經營模式。只銷售食品與一部分日常用品，採取自助式銷售方式。這種模式一直延續了20年。在這樣的背景下，日本的GMS在香港不被看作是超市。

如前文所述，Fumei在日本被分類為地區性超市。但在Fumei進入香港後，香港人採用自身的判斷基準對Fumei進行了分類。雖然Fumei的銷售形式是香港之前所沒有的，但也並不是香港人不熟悉的風格。在香港，Fumei意料之外地被看作是百貨公司。這種理解，不僅限於一般的消費者；香港的學者以及媒體工作者也將Fumei歸類為百貨公司（冼日明1987；張華樑、遊漢明1988；陸定光1987、楊建君1990）。由此，Fumei在香港毫不費力地就擺脫了帶有「便宜」含義的超市這一名稱。在香港，Fumei的購物袋擁有了與日本百貨公司手提袋同等的社會地位。

隨著店鋪數量的增加，Fumei降低了日本商品所占的比率。這在地化過程中，香港消費者很快就將Fumei看作是本地百貨公司，而不是日本百貨公司。「去日本化」對於以香港中下階層為目標顧客，以新城鎮為主要市場的Fumei來說，是理所當然的選擇。有位香港人說道：

> 當看到新城鎮中，Fumei的新店鋪銷售著便宜的商品，低收入階層的人們在那裡購物，讓我強烈的感到Fumei作為日本會社的印記在淡去，它已經成為本地的百貨公司。

對很多香港市民來說，Fumei不僅是零售商，同時也參揉了人們感情的購物空間。對於現在30幾歲的人來說，Fumei是自己第一次吃到壽司的地方，而對20幾歲的人來說，是他們曾經購買Hello Kitty商品的場

所。而對於老年人來說，那裡則是曾經有一段日子每天與朋友相約見面的地點。Fumei 對於香港人來說，是即使在海外旅行時也能輕鬆地進去逛逛的地方。因此，當 Fumei 於 1997 年宣告倒閉時，很多香港市民都有一抹傷感。

七、Fumei 總部搬遷至香港

對香港人來說，1989 年是不安、無能為力與絕望的一年。6 月 4 日的天安門事件後，香港證券市場恒生指數急降 22%，房地產價格也於一夜之間下跌 20%。這一年的 GDP 增長只有 2.5%，大大低於初期預測（Sida 1994:295）。根據民間調查機構的調查，香港的政治經濟信用度於 1989 年 7 月跌至谷底。香港 70% 的居民認為中國政府不會尊重、保障香港人權與經濟自律性的基本法律（同上引:296）。如 Hartland-Thunberg 所說，恐慌是香港最顯著的反應（Hartland-Thunberg 1990:98）。

在這種狀況下，越來越多的香港人希望離開香港。當時，申請犯罪紀錄證明檔以辦理移民申請到其他國家的數量，在 1989 年下半年增加了兩倍。另外，1989 年 9 月遷往美國的移民申請數增長了 233%（Skeldon 1990:505–506）。1990 年的實際離港人數增長為 62,000 人（Sida 1994:296）。移民者大多數為高學歷，從事專門職業的年輕中產階級，但也包括一部分低階層人群。

1989 年，對於海樹來說也是非常特別的一年。這一年他慶祝 60 歲生日。也是他的本命年蛇年。他希望自己能夠效仿一生當中不斷蛻皮以尋求改變的蛇，經由蛻皮得到重生。於是，他決定將社長一職讓位給弟弟修治。

當然，海樹的「禪讓」是有名無實的。他的願望是讓 Fumei 成為更加獨特的公司。這想法脫離了日本零售業（包括 Fumei 的員工）的一般常識，而他本人具有著將個人獨特想法付諸實踐的權力。以 1989 年天安門事件為契機，很多海外企業都開始撤離香港市場。但他卻做出了與這些企業完全相反的決定。1990 年 5 月，海樹攜家及資產（總額約合 2 億 5,000 萬港幣），還有集團總部來到了香港。他重新就任為 Fumei 集團總部會長。於 1990 年在香港設立的總部，統管著分布於 12 個國家的旗

下企業活動，推進大規模的國際項目。另外，它還管理和控制著日本國內與海外的所有員工。不用說，在日本企業當中，進行這種嘗試的只有 Fumei 一家。

八、從國際零售商到集團公司

移至香港後，海樹開始摸索如何通過收購來擴大事業的版圖。此時，香港的很多實業家由於對未來政治走向的不安，願意以較低的價格把自己的公司轉手。Fumei 綜合銷售業以外事業版圖擴展，首先從香港本土資本的餐飲公司開始。當時，想將餐飲店賣掉，然後移民海外的賣家有很多，但買家卻很少，因此，銷售價格非常合理。在海樹看來，買家不多意味著能夠以比較低的價格完成收購，而這些餐廳無論哪一家都是香港競爭激烈的餐飲界中存活下來的優良店鋪，經營效率應該不錯。如果不是政治走向的不明朗，這些店主是不會捨得賣掉自己苦心經營的餐廳的。被 Fumei 收購入旗下的餐飲公司也於 1990 年在香港證卷交易所成功上市。

海樹的擴張不僅僅是在餐飲業。他利用香港經濟界對政治環境不穩定的擔憂，進軍了多個迄今為止從未涉足的領域。1991 年，Fumei 取得了香港某皮鞋、皮包專賣公司 90% 的股份。同一時期，Fumei 還收購了蛋糕連鎖店、遊戲廳、食品製造公司。其中，食品製造公司也於 1992 年末在香港證券交易所上市。在短短兩年的時間裡，海樹在香港就建立起以百貨公司、專賣店、蛋糕店、遊戲廳、食品製造公司為主的多元化企業版圖。Fumei 本來只是一家大型零售商，但經過多元化的事業發展，逐漸向集團公司邁進。

九、Fumei 進入中國大陸——更加意想不到的結果

Fumei 集團將總部遷至香港這一事件雖然是海樹的個人決定，但這個結果超越海樹的個人意志，也具有非常重要的歷史意義。海樹及其集團往香港的搬遷，為苦於資本大量外流的香港提供了一個恢復信用的契機。正是這一原因，海樹在香港人眼中非同一般的企業家。連香港媒體也對海樹進行了熱烈的報導，並大加讚揚，使他在香港再次成為被關注

的焦點。香港政府也對他的決斷表示感謝。海樹從當時的香港總督 David Wilson 那裡得到了如下的讚揚：

> 我認為正是因為有像 Fumei 這樣將總部移至香港，集團代表本人更是親自移住香港，並將全部財產都拿到香港投資的企業，以及不斷有像 Fumei 這樣來香港投資的企業，香港的未來才變得美好。因此，我從心底感謝您。

海樹在媒體面前反覆發言說《中英聯合聲明》會按約定執行，以此強調自己移住香港的意義。他對位於灣仔的 Fumei 總部豪華辦公室，以及位於太平山的私人豪宅都感到很自豪。他的個人豪宅原本為香港上海銀行所有，是很有意義的歷史建築遺產，同步彰顯他當下的地位。另外，他為了讓香港人們知道他是香港居民，曾在媒體面前多次強調自己是香港身分證持有者。

其次，海樹也很顧及香港居民對日本軍事侵略的情感。與亞洲其他國家相比，香港社會的反日情緒相對較弱，但也還是遺留對戰爭的印象。在香港經營廣告公司的某日本經營者曾經說道：

> 中國人還記得戰爭的事。但是，身為務實主義者的他們將日本人看作是經濟方面的成功者，接受日本人成為自己的商業夥伴。香港需要日本人。他們需要向日本人學習的東西還有很多（Thome and McAuley 1992:205）。

話雖如此，香港人有時對日本人的歷史認識感到很氣憤。某位香港的企業管理者曾經憤慨地說道：「對於太平洋戰爭，日本人只記得原子彈爆炸，而不記得南京」（Thome and McAuley 1992:205）。日本政府對日軍在戰爭中的殘暴行為從未進行過正式道歉，是招致憤慨的重要原因。而海樹經常公開發表個人觀點：「回想日本在戰爭中對中國人的殘暴行為，即使是 1997 年後『Fumei』在香港的所有店鋪都被中國政府接收、國有化，我們也毫無怨言。如果真的變成那樣，就當作是對戰時日軍殘暴行為的補償吧」。

海樹的這些發言是否發自肺腑，只有他本人才知道。但海樹的這一態度使得中國政府對其懷有好感。因為，他對香港的投資行為，不僅對

間接說服香港本地人以及投資家們，相信香港擁有美好的未來有著一定的作用，更顯示出他對中國政府會履行《中英聯合聲明》約定的信任與擁護。在海樹購買香港辦公室時，《人民日報》進行了如下報導：

> 小川先生之所以將 Fumei 集團總部移至香港，不僅是看中香港是國際金融中心這一點，還因為香港擁有有利的稅收制度以及良好的經濟發展狀況。更重要的是，他堅信中國今後會發展的更好，以及《中英聯合聲明》定會有效執行。

於是，北京政府對海樹移住香港表示了正式歡迎。海樹與其部下於 1990 年 10 月訪問北京時，在人民大會堂內與當時的港澳辦公室主任姬鵬飛進行了會談。海樹在自傳中提到，姬鵬飛主任表揚他道：

> 中國政府對於 Fumei 將集團總部移至香港，集團代表本人移居香港這件事，表示高度的評價。1997 年後，中國政府會依據一國兩制方針維持香港的現有體制。從 1997 年開始，我們會對香港進行全方位支持。

海樹在到達首都國際機場時，受到了中國政府的熱烈歡迎。從機場到賓館的路上，由警車護衛，他乘坐的轎車一路未停地駛往市中心。海樹對此很是驚訝。他在自傳中如下寫道：

> 作為對零售商的接待，可以說是一個特例。我在中國受到了國賓級的待遇。訪問期間被安排住在釣魚臺國賓館，那裡是美國前總統布希、英國前首相柴契爾夫人、美國前國務卿基辛格等各國代表曾經入住過的地方。而我母親就被安排在柴契爾夫人曾經入住過的房間。

海樹與北京政府的交涉進行得很順利，從北京政府那裡得到了優惠的投資條件。很快的，於 1992 年，Fumei 與中國大陸的百貨公司以合資的方式，在上海浦東開發區修建大型購物中心。在中國大陸的零售市場中，這種大型投資較為罕見。耗資 2 億美元興建的上海店於 1995 年底正式開業。其實在上海店之前，Fumei 在中國大陸的一號店已於 1991 年 9 月在深圳沙頭角開業，而北京店也於 1992 年 12 月開業。為了能在中國大陸的零售業市場獲得更多的利益，Fumei 與中國大陸最大的投資集團合併。合併時，Fumei 國際的一部分股份也一起銷售給了該投資集團。

我們不能把 Fumei 在中國大陸市場的事業擴展看作是中國政府對在

天安門事件後移居香港的海樹的獎勵。Fumei 對中國大陸市場的投資，與中國政府希望透過引進外資來實現國內物流系統現代化的發展戰略確實很一致。但是，單從中國的國家政策方向是無法解釋中國政府為什麼會從眾多的同業中選擇 Fumei，以及海樹為何會非常決斷地在中國進行如此大規模的投資。

為尋求上述問題的答案，我們需要將目光轉向微觀層面。其實，海樹在移居香港時，對在香港的事業發展並沒有明確的計畫。海樹的妻子曾經對香港國際的前任顧問說過，當她問海樹打算在香港做什麼，海樹回答說：「去了以後再考慮這個問題」。另外，海樹最初似乎並未將中國大陸市場看作是有利潤的市場。實際上，他在接受媒體採訪時也曾說道：「中國大陸依然很窮，那裡沒有『Fumei』開展事業的餘地」。不過，他又隱約透露出他有計劃在今後的 20 年內，在中國沿海相對發達的地區開設分店。這不過是一個模糊的隨想，並沒有什麼具體的計畫。在當時，海樹並不具有在中國大陸開店所需的經營能力、知識與社會關係。

而這種狀況在筧擔任 Fumei 顧問為契機發生了改變。原為日本政府研究機構研究員的筧，在新加坡出差時，路過 Fumei 的新加坡店。在那裡，受到了完善的服務而深受感動，這使他想在退休後能夠與 Fumei 有所聯繫。隨即，寫了一封信連同自己的簡歷一起寄給了 Fumei 日本，隨後便馬上接到了面試通知。當時，對他進行面試的是 Fumei 國際的副社長。在談話中，兩人才瞭解到原來彼此都是前帝國海軍出身，談話很是投機。面試後，筧很快就加入了 Fumei 公司，並於 1990 年與海樹一同來到香港。在去香港之前，筧將當時在一家民間研究機構擔任顧問的學友中野介紹給海樹。中野是海樹進入中國大陸市場的決定性人物。1990 年，筧、海樹與中野 3 人在日本的熱海會合。當時，海樹感歎自己雖想在中國大陸市場開展事業，但缺少與高級幹部的關係。其後沒過多久，中野就為海樹引薦了深圳的某位高級幹部。1990 年 10 月，中野與海樹訪問了深圳。據中野所說，當時的歡迎會上，海樹在當地的高級幹部面前說到自己非常感謝蔣介石放棄了對日本的戰後賠償要求。海樹當時似乎並不知道蔣介石其實是中國共產黨與毛澤東主席的仇敵。從這件事看出，海樹對中國的情況很不瞭解。

話雖如此，海樹對於自己的深圳之行非常滿意。回國後不久，他就

提出希望中野能帶他訪問北京。隨後，中野介紹了某位中央政府高級幹部給海樹認識。安排了前文所述的北京之行的，正是這位幹部。

以北京之行為契機，海樹開始認真考慮在中國大陸的投資。據隨海樹一同訪問了北京的中野所說，在海樹參觀長城時，他的訪問團有上百人的警衛護駕，這使他錯以為自己身為古代的大名。對於當時的情況，海樹回憶：「四位強壯的警衛將母親從輪椅上抬下來扛在肩上，一直將母親扛到了田中角榮首相曾經登過的地方」。受到了中國政府熱烈歡迎的海樹，大膽地開始了對中國大陸市場的投資。

在海樹進軍中國市場的過程中，還有一位重要人物，那就是中野的好友王先生。王出身於一個很有影響力的家庭（所謂的太子黨），而且有著日本留學的經歷。中野因共同研究專案而與王相識。中野將王介紹給筧，筧又輾轉將王推薦給了海樹。1991年，王來到香港成為Fumei的一員。通過王的幫助，海樹成功建立與北京高官的關係。

在中國大陸的合併事業開始後，海樹那關於將Fumei發展為國際集團公司的夢想也慢慢被遺棄。據某位日本員工說，在1992年年底，海樹在公司內部宣布中國大陸今後將成為Fumei的主要目標市場。其後，海樹成立了命名為「中國室」的子公司，作為中國戰略的一環。該公司主要負責協調Fumei集團的所有中國大陸事務，並使集團的很多資本都流向中國大陸。其中，Fumei香港的一部分資產也被銷售，用於對中國大陸的投資。1994年5月，海樹為了籌集拓展中國市場所需的3億美元，決定銷售灣仔的辦公室。

可以說，海樹對中國大陸的投資，從移住香港這個人決定後產生後意想不到的結果。從過程中獲益良多的海樹，在新的企業戰略開展中也給Fumei指出未來的發展方向。

十、結論

本章討論了1980年代初期Fumei進入香港市場以及其後的發展。為了理解歷史進程背景下的社會機制，筆者將1970年代後Fumei的發展步伐分為5個重要時期。首先，1970年代初期，Fumei開始進行海外擴張。在日本全國性超市的競爭壓力下，海樹開始摸索進軍海外市場，並

果斷地決定進入巴西市場。其後又進軍新加坡市場與哥斯大黎加市場，雖然最後在巴西市場沒有成功，卻開始了 Fumei 從國內地區性超市到國際零售商的轉變。這一事例有效地修正了 Callinicos 引用的馬克思的名言：「個人可以創造歷史，但不能隨心所欲地創造歷史。他們在歷史所賦予的條件下創造歷史」（Callinicos 1987:9）。在第一時期中，蘊含著兩個重要的理論含義。首先，個人是可以創造歷史的。與其他日本地區性超市的經營者不同，海樹對於保持 Fumei 的獨立性非常執著。因此，個人並不是 Louis Althusser 所說的「忠實於結構的個人」（Callinicos 1987:10）。第二，狀況有時會制約人的行為，但有時也能助長個人的行為（具體是制約還是助長，由特定的結構所決定）。海樹的特定行為，通過某種媒介擴大為一個整體，在面對需要通過與其他公司的合併來謀求生存的危機下，海樹對於維持 Fumei 獨立性的強烈使命感被看作是一個新的全體秩序。隨後，Fumei 開始了從日本國內地區性超市到國際零售商的轉變。海樹壟斷著公司的經營權與所有權。通過活用「會社」觀念與萬有教的教義，海樹成為 Fumei 歷史的創造者。正是在這種權利構造下，海樹不顧下屬們的反對，在使命感的驅使下果敢地進軍巴西市場。其後，在日本零售業中，Fumei 依然處於邊緣性位置，以及隨後日本國內的「國際化」熱潮，都促使海樹繼續開展他的海外戰略。

第二個時期是 1984 年海樹決定在香港開設第一家店鋪的時期。在前述的權力構造下，海樹不顧部下的反對，果敢地向香港投資。他在香港的成功，其初期可說是以香港的政治不安定為媒介。他趁 1980 年代初期的經濟不景氣與人們對香港未來的不安所引發 1982 年房地產大跌，以極其低廉的價格租到了第一家店鋪的場地。香港媒體對他在香港的投資所進行的正面報導也對他的事業發展起到了積極正面作用。由此，Fumei 在 1980 年代的香港雖是新品牌，但卻在短期內構築了良好的威信。

1980 年代，Fumei 在香港所獲得的成功與香港的社會變化有著緊密聯繫。Fumei 在香港受到了新興中產階級及其後備軍的熱烈歡迎。Fumei 在香港提供了一種嶄新的購物形式，與傳統的街市、國貨公司、其他外資百貨公司形成了分眾化市場。這一新的購物形式與新興中產階級及其後備軍的需求極其吻合。而在 Fumei 購物本身也成為新興中產階級的身分象徵。1980 年代初期，受過高等教育的年輕人身分認同發生了很大變

化,這一點對考察 Fumei 在香港所獲得的成功也很重要。年輕世代從父輩(難民世代)身上繼承一些傳統價值觀念的同時,受過新式教育的影響。筆者將這一世代稱為「過渡期的一代」。他們(特別是教育水準較高的人)將自己看作是「香港人」,與父輩們存在很強烈的差異。對身分認同的變化也反映在消費行為上。當時的香港年輕人在尋求一些非西方又非中國的事物,而這一需求與 Fumei 的購物形式良好地契合在一起。特別是 Fumei 美食廣場的壽司受到了熱烈歡迎,成為年輕人作為「香港人」的身分象徵。

如上所述的第二個時期,正是 Sahlins 所說的「擁有文化意義的行為過程」(Sahlins 2000:301)。而這一行為過程所展現的是「對某事件歷史性意味的理解」(某偶然事件的決定因素與影響)受文化環境的很大影響(Sahlins 2000:301)。Fumei 做出進軍香港市場的決定,確實是因其經營者認為香港在 1980 年代的亞洲很有發展潛力。另外,Fumei 在香港所取得的成功與海樹個人勇敢的決斷與執行能力是分不開的。但是,Fumei 進入香港市場的歷史意義,很大程度上是由香港的社會文化背景來決定的。Fumei 在香港的成功,單從該公司進入香港時相關的「客觀事實」(進入香港的時機、沙田店所提供的購物形式等)是不能完全解釋的。當將這些「客觀事實」與 1980 年代香港的政治背景、新興中產階級的抬頭、年輕人間身分認同的變化等社會動態聯繫起來,才能夠真正理解 Fumei 在香港獲得成功的意義。

第三個時期是 Fumei 在香港同時展開自我再生產與自我改變的時期。如前所述,Fumei 在香港沿襲了其在日本作為地區性超市的模式(店鋪設在新市鎮、將新中產階級及其預備軍作為目標顧客、商品以食品與日常用品為中心等)。但也可以將這種商業開展看作是一種「擁有文化意義的行為過程」。雖然 Fumei 是按照日本地區性超市的經營模式來開展其在香港的經營活動,但有趣的是香港人卻按照自己的分類方法,將 Fumei 看作是百貨公司。讓 Fumei 在香港的零售業獲得了很大的威望。

第四個時期是海樹將集團總部遷至香港的時期。做出搬遷集團總部的決定是海樹個人思考「如何完成自己個人使命」的結果。他的行為受到了香港人對日本的感情以及人們對香港未來不安等社會因素的推動。Fumei 變身為一個巨大的集團公司。

最後的一個時期是第四時期的延長線。如前所述，在天安門事件後的香港，海樹巧妙地利用了香港人的政治感情，帶來了意想不到的效果，即Fumei於1990年代初投資中國大陸。由此，Fumei的中國熱不斷升溫，以香港為據點將Fumei建設為國際集團公司的夢想也被擱置了。

　　通過對上述5個時期的論述，筆者想要重新強調的一點是，「歷史」先行於結構。在本章，筆者考查了香港的社會政治背景如何促使海樹做出進入香港市場以及搬遷集團總部的決定，又如何牽動海樹個人決定的結果（在香港與中國的事業開展）。另外，筆者也討論了Fumei作為日本國內地區性超市的經營模式如何影響其在香港的經營發展。創造歷史總是伴隨著不同文化邏輯的特定條件。這些結構複雜地交織在一起，創造出了一個歷史結果，因此，僅分析單一條件是無法預測歷史事件結果的（我們可以從Fumei的發展裡程看到這一點）。這也正是Sahlins所說的事件（Event）的特徵，即「事件與其結果之間的不協調」（Sahlins 2000:304）。借用新聞記者之筆，海樹所宣傳的「Fumei的中國戰略」，說穿了也只不過是沒有事前計劃，所產生的結果。理解這些動態發展時，不可以將不同結構相互交織在一起的複雜歷史理解為是，Fumei為了追求利潤的最大化而在香港以及中國大陸開展事業的結果。因為，從經驗上來講，這些並不是事實。馬克思所說的「人可以創造歷史，但不能隨心所欲地創造歷史」這一說法還是正確的。如前文所述，Fumei在香港的事業開展沿襲了其作為日本國內地區性超市的模式，但是，香港人卻將Fumei看作是百貨公司。人不能按照自己所希望的那樣去創造歷史，並不是因為人不能創造歷史，而是因為歷史是由人與其他人互動所共同創造的（Sartre 1968[1963]:88）。

　　話雖如此，我們並不能小看個體的「歷史主體性」。首先，正如海樹的一系列個人決斷所顯示的那樣，個體並不是單純的「忠實於結構的個人」。個體的決斷通過文化背景的影響形成一個整體的秩序。人雖然是在「過去」賦予我們的狀況下創造歷史，但創造歷史的是人而不是狀況（Sartre 1968[1963]:87）。也就是說，具體的個人將不同的結構聯繫到一起，並引起意想不到的結果（Sahlins 2000:304）。如前文所述，海樹在意識到自己的到來所具有的政治影響力後，就透過各種各樣的宣傳工作強調自己來到香港的意義。在某種程度上，可以說海樹按照自己的意願創造了歷史。

從這些討論我們可以看出，歷史不僅先行於結構，並且先行於結構與個人間的相互關係。

第二部分 從文化到權力——作為媒介的經營管理

導讀

　　第二部分的兩章主要討論 Fumei 香港的經營管理。迄今為止，關於日本企業經營的研究主要著重於日本式經營的「三種神器」（終身雇用、年功序列、企業內工會），而對經營管理這一課題並未進行深入的研究。當世界經濟的權力中心開始從美國向日本轉移時，美國研究者們開始關注日本企業取得巨大成功的原因。他們大都將日本企業的成功歸因於由「獨特」日本文化支撐的日本式經營模式。而一直被視為封建的、缺乏現代性的、有缺陷的終身雇用、年功序列、企業內工會突然之間被看作是日本式經營的「三種神器」。學者們也爭相研究「三種神器」是如何使日本企業與海外競爭者相比擁有更高的生產力（Abegglen and Stalk 1985; Kaufmann 1970; Keegan 1975; Matsuda and Morohoshi 1973; Noda and Glazer 1968; Soejima 1974; Tsurumi 1977）。結果，「三種神器」成為日本式經營的既定模式，或者說成為研究日本式經營的既定框架。其後，關於這一課題的研究，不管是肯定還是修正或是否定，均是在這框架內展開。研究者們忽視了日本經營構造以外的面向。

　　迄今為止關於日本式經營的研究中存在另外一個很大的問題，即日本社會的「整體模型」（holistic model）（Sugimoto and Mouer 1989:3）。這一模型「將日本社會描述為一個統一整體」（同上引）。整體模型強調日本社會中存在的集體意識，對於意見一致與社會和諧的重視、集團歸屬意識，以及對社會統一的重視等特點。在進行跨文化比較時，這些特點不僅成為基礎，也是解讀日本社會的重要變數。這一模型主要考慮的是受社會秩序強烈規定的社會生活，以及對既成規範性前提的服從產物——日常生活行為。於是，衝突與抵抗被看作只在日本社會生活中起到微小作用的

例外。因此，這些研究對控制所產生的作用幾乎沒有進行過考察，認為個人該無條件服從於社會秩序。

這種看法的結果傾向於將個人描述為均質的。如 Mouer 和 Sugimoto 所說，所有的，或者說幾乎所有的日本人被看作擁有「相同的國民特性」（Mouer and Sugimoto 1986:44）。Mouer 和 Sugimoto 論述到：

> 將日本社會描述為幾乎沒有衝突的社會個別理論，或者說一系列理論產生出一個單純的印象。在這一印象中，日本文化中的集團歸屬意識與重視意見的一致等側面被不斷強調。日本人被看作是缺乏個性的，在社會方面與文化方面都極其均質的民族（Sugimoto and Mouer 1989:3）。

這些研究的理論前提是：集體主義、和諧、縱向社會、對集體的忠誠、重視意見的一致等，日本社會價值觀具體地體現在日本會社的經營之中。也就是說，認為日本社會的特性與日本式經營之間存在著某種一致性。從今天日本社會中的上司與部下關係中，可以看到傳統的首領—手下式關係相似的家長式領導與組織（paternalistic）關係（Bennett and Ishino 1963）。與書面溝通相比，他們更喜歡面對面的溝通；沒有隔板的辦公室設計；對領導力與責任的共用都被理解為是「和」這一日本社會價值觀的表現（Ballon 1969a; Chao and Gordon 1979; Hazama 1978）。與「家」概念類似的有重視企業內工會（Ballon 1969b）和終身雇用制度的家族主經營（Checkland 1975）及財閥（Horie 1977）。

一直以來，這樣的理論前提在海外日系企業的研究中已成為範例，認為支撐著日本式會社模型的是獨具特色的日本式價值觀，所以關於海外日系企業研究中經常討論的問題是，日本會社的經營管理模式是否可以在日本以外的文化條件下毫無衝突地轉移？關於這一問題的回答既有肯定的（Johnson and Ouchi 1974; Kraar 1975），也有否定的（Harari and Zeira 1974; Sim 1977; Tsurumi 1976），還有的則模棱兩可（Maguire and Pascale 1978）。但是，關於某些方面，這些討論顯示著一個共同的傾向，那就是忽視了會社對於日本員工以及當地員工的經營管理這一重要問題。

而這種研究擁有 3 個缺點。第一是它的還原論。不論是具體的會社經營實踐，還是會社內部的動態，大都被抽象地還原到社會價值裡去。

這種情況不是完全不存在，但將具體的經營實踐直接還原到作為其背景的社會價值是不恰當的，因為經營實踐是通過某種媒介過程（會社內的權力結構、會社所屬的行業、會社所處的社會經濟環境等）構築起來的。忽視了這些媒介過程的還原論具有極大的變動性。實際上，幾乎所有討論日本式經營的研究者都沒有對具體的經營實踐與社會價值間的媒介過程進行過例證，而將具有矛盾性的多樣經營實踐歸總到一個抽象的社會價值之下。

還原論的結果之一是對細節的捨棄。如果將作為現象的形態單純地理解為對深層現實的「翻譯」，如果沒有把日本式經營實踐的細節，以及會社的內部動態看作是對作為背景的社會價值表現就不會得到關注。這時，具體的細節就會被放到「硫酸池」（Sahlins 1976a:78）中溶解，並與抽象的、一般的價值聯繫起來。因此，專注於還原論、捨棄細節的研究者們並沒能對具體的經營實踐與會社的內部動態進行良好的說明。

第二個缺點是忽視經營管理相關的各個問題，而這並不是偶然的產物。其背景是經營管理中多元性問題的存在。經營管理有時表現為具體的經營實踐，有時則會對員工的身分認同意識形成無形的影響。關於這一點 Deetz 是這樣進行說明的：

> 如今職場中的管理很顯然具有多元性。它不僅有傳統形態的強制與權威（利用古典概念可分析）等，通過將人們的行為、感情例行程式化、規範化管理的社會技術，形成具有特定身分認同意識與利害關係的「主體」這一社會過程也包含在其中（Deetz 1994:162）。

這種經營管理並不是某一主體控制另一主體，也許因為它是無形的，超越了人類意識感知的範圍，所以也同樣超越了研究者的觀察能力。

現存對日本式經營的研究中，經營管理相關的諸多問題均被忽視，部分是由多元性造成的，部分受前述的社會規範決定社會生活以及對既成規範性服從的產物——日常生活行為的理解影響。實際上，幾乎所有的研究都假定日本員工對文化規範「自動」服從，不需要上級的管理。

最後的缺點在於，這些先行研究並沒有就近年來開展日本研究的人類學學者所提出的整體模型批判進行回答。至今也有很多關於日本社會文化的文獻，以整體模型為依據展開討論，但是來自人類學學者以及其

他領域的研究者們對整體模型的批判,在學術界內外漸漸顯示出影響力。實際上,這種批判可以追溯到民主化備受矚目的 1950 年代初期。當時,很多研究者,特別是馬克思主義者與激進的自由主義者們嘗試採用日本國內的社會不平等以及日本在世界中所處的劣勢地位等變數而非整體模型來闡述各種社會現象。但是,進入 1960 年代後,日本經濟開始迅速發展,馬克思主義者與激進自由主義者的這些嘗試則被現代化論所取代。關於日本社會的現代化論,大都將近代化看作是人類社會在一般現代化進程中井然有序的整體過程。這一理論在「承認文化相對主義原則的同時,也強調國民文化在收斂這一普遍(其結構是不平等的)觀念」(Sugimoto and Mouer 1989:3)。

進入 1970 年代後,趨勢有所轉變,出現了由所謂的衝突理論學者(conflict theorists)所引發的新挑戰。而這種挑戰與 1960 年代末所出現的學生運動、反公害運動、各種市民運動的高漲、改革派政黨的出現等一系列的日本國內政治動態相聯繫。由於當時的這一趨勢與政治有著緊密聯繫,在 1970 年代日本國內政治經濟環境發生變化時,這一趨勢也出現了急劇衰退(Sugimoto and Mouer 1989:3-4)。

進入 1980 年代後,對於整體模型的批判再次抬頭。但是,這次的中心議題並不是眼睛可以看到的衝突或者與剝削有關的政治問題,而是對教育、天皇的象徵性含義等眼睛看不到的衝突(Sugimoto and Mouer 1989:4-5)。另外,與此同時,一部分人類學學者注目於敵對關係而非集團的和諧,以此試圖挑戰中根千枝的「縱向社會論」(Kelly 1991:399)。例如,Mouer 和 Sugimoto 將公開顯示的敵對關係主要因素歸納為結構因素,即日本社會的階層分化(Mouer and Sugimoto 1986; Sugimoto and Mouer 1989)。另外,Befu 在說明互贈禮物、喝酒時的習慣、大學校園內的政治時,關注於人的個人利益交涉(transaction)(Kelly 1991:399)。

1990 年代初期,開展日本研究的人類學學者間又出現了新的動向。這次的挑戰超越了對整理模型的批判,其新穎之處在於出現了對 Moeran 所說的「日本主義」的批判。據 Moeran 的解釋,「日本主義」是指西方人按照自己的意願支配日本,為了保持對日本的優勢地位所構築的學術以及非學術觀念與制度(Moeran 1990:1-2)。Moeran 批判說很多日本

研究者在進行關於日本的論述時拒絕採用比較的視角。在 Moeran 看來，拒絕採用比較視角的一部分原因在於日本社會的「特殊性」，這種特殊性隱藏在整體模型之中。很多日本研究者也未能回答「從日本研究中所提煉的理論能對人類學整體做出怎樣的貢獻？」這一問題（同上引:4）。Moeran 認為在日本社會的研究中所得到的任何理論不可看作是絕對的。換言之，不管是怎樣的絕對主義都應該被避免（正如拒絕日本社會的單一模型）。Moeran 主張應該從較為多元化的視角出發，將強調個人與衝突的新模型與重視集團、集體意見一致的舊模型結合起來，對日本社會進行考察（同上引:6）。

重新審視既存日本式經營研究中的 3 個缺點對於理清筆者所要考察的問題很有幫助。

一、會社這一觀念

筆者認為會社這一觀念是日本式經營中最重要的部分。如第一章所述，會社這一觀念在會社、股東、經營者、員工之間的關係中，一般原則是會社相對於後三者來說，處於壓倒性的優勢地位，而這一原則應該被看作是日本企業系統最重要的特質。與此相比，終身雇用、年功序列、企業內工會等經營實踐只處於邊緣性位置。會社這一觀念在適應會社利益所形成的雇用政策，以及經營實踐中顯示出多樣性。會社在勞動力不足時，通過促進與被雇用者的長期雇用關係替代合約式的雇用方式來確保勞動力。而在情況變化時又可將長期的雇用關係切換至合約式的雇用關係。如矢部武（1995）所指出的，終身雇用在泡沫經濟破滅後已不復存在。越來越多的企業採用「自發早期退職」計畫來讓員工下崗。此外，很多會社努力通過與穩定股東的相互持股來減輕來自股東們的壓力。然而，正如第一章所提及的岡田事件，會社有時會為了其永存與繁榮，採用股東集體介入的方式來廢除管理不善的經營者。日本企業向來游走於西方式的企業體系與日本式的會社觀念之間，頻繁調整經營實踐，但會社的利益優於一切這一點卻不曾改變。

這裡有一個問題，會社是怎樣維持對股東、經營者、員工的優勢地位的呢？第二部的兩章將對 Fumei 香港內經營管理的實際情況進行考察。

二、經營管理——多元化的現象

　　第二部中的兩章將考察企業管理的多元化在 Fumei 香港中的具體表現。首先，第四章將討論 Fumei 的勞動組織結構、等級體系、工資體系、晉升體系是怎樣促進員工依存會社的社會經濟以及上司的情感；這種依存在會社這一觀念背景下又如何影響員工們的行為以及思想。此外，筆者會對 Fumei 香港日本員工與香港員工對公司依存度與兩者內部的差異進行討論。這種依存度的差異對 Fumei 香港的組織文化有著很大的影響。

　　其次，第五章將會討論二元人事制度（日本員工與香港員工處於不同的工資和晉升體系）為首的一系列制度實踐，以及各種各樣只在日本員工間進行的活動，如何對日本員工與香港員工間的權力造成結構性差異；而這些差異分別影響兩集團各自的身分認同與利益關係。表面上這種結構性差異通過民族性被「自然化」了，因此香港員工對於公司內部的不平等並未採取反抗的態度。

三、從經營管理到權力

　　經營管理的兩種局面實際上與兩種形態的權力，即強制性權力與霸權權力相對應。強制性權力是指「B 雖然不想做某件事，但 A 卻讓 B 做」（Dyrberg 1997:23）。這種權力其實是一種「A 對 B 擁有權力」的「對峙性權力」（power over），它假定 A 與 B 之間存在利益衝突。在第四章中，筆者會討論「會社人」、「擁有自然人特徵的法人」這一模型是如何在依賴體系下操作，即通過會社的勞動組織結構、等級體系、工資體系、晉升體系等給員工很大的強制力。這四個體系作為物質基礎促使員工順應「會社人」、「擁有自然人特徵的法人」這一模型。

　　另一方面，霸權權力並不是指「A 對 B 擁有權力」。霸權權力先行於所有歷史性實體（不論是個人還是集團），對歷史性實體的身分認同形成過程發揮著作用。而霸權權力對主體來說，既不是外在的也不是內在的，而是主體存在的前提，超越了歷史性實體的意識。在第五章中，筆者會論述霸權權力是怎樣在 Fumei（日本員工與香港員工間存在結構分化性差異，兩者在許可權、待遇方面有很大差異）員工的身分認同過程中發揮作用。而這種結構分化性差異通過一系列的制度性實踐被習慣

化,更通過民族性而被自然化。這種社會機制,分化日本員工與香港員工,在 Fumei 內部產生了「優秀的日本員工」,以及「能力低下的香港員工」這一主觀的身分認同,同時,也產生了擁有權力的人與無權力的人這一客觀身分認同的分化。另外,員工們也會對「優秀的日本員工」與「能力低下的香港員工」這兩種身分對號入座,並根據身分的不同來判斷自己是公司經營的核心成員還是邊緣成員。「優秀的日本員工」在公司內部擔任重要工作,他們自己也意識到自己是擔負著經營責任的核心成員。他們會在香港員工面前率先支援公司的政策,視管理香港員工為己任,並對工作全力以赴。這一過程,更加讓他們覺得日本員工優於香港員工,將日本員工對 Fumei 香港的獨裁性支配正當化。

關於在海外日系企業工作的日本員工,Ben-Ari(1994)與 Nakano(1995)的研究發現他們會比在日本時表現得更加日本(正如「日本人論」中所示)。而通過上文的比較,我對其原因有所瞭解,也可以理解為什麼從外部看來,日本員工會表現得非常注重集體與人際關係的和諧。但是,如第三部分所述,從內部考察時會發現 Fumei 香港的日本員工絕非制式均質的,而他們的關係也並不和諧。相反的,他們之間圍繞權力與晉升機會有著激烈的競爭。如 Moeran 所指的,日本人根據情況的不同有時會表現得很個人主義,而有時則會非常地注重集體(Moeran 1990:6)。

霸權權力先行於所有的衝突。若香港員工甘於「能力低下的香港員工」這一身分時,他們會認為積極與日本員工構築良好的人際關係,或者在日本員工面前進行適當的自我宣傳是合理的行為,並不覺得應該採取集體行動來顛覆結構性不平等或者證明民族性差異造成工資高低的不合理性。另一方面,日本員工在擔負「優秀的日本員工」應有的責任時,清楚知道自己能否晉升取決於日本上司而非香港員工。因此,他們會認為自己的日本上司,在個別情況下對海樹進行適當的自我宣傳是合理的行為。如此,經營管理背後所存在的霸權權力先行於所有的歷史性實體與衝突,成為日本員工與香港員工這一分化的存在條件時,經營管理本身也確實很有效率。因為,不管是對日本員工還是香港員工來說,霸權權力都是一種無形的存在。

四、權力——文化的作用

　　上述關於經營管理與權力的討論不僅在構築關於權力的普遍理論。在這裡想要指出兩點。第一，權力是多元的現象。即權力包含有強制性權力、霸權權力等多種不同的權力形態。具體採取怎樣的權力形態並不由經驗決定，而取決於具體的經營實踐狀況。第二，權力擁有文化機制（這裡特別指具體的經營實踐）作用。權力並不是具體的經營實踐所產生的動機，而被視為作用存在。因此，前者不能說明後者的特性。不同文化實踐可以產生同樣的權力作用。第四章所介紹的勞動組織結構、等級體系、工資體系、晉升體系，以及第五章所介紹的二元人事制度、只對日本員工進行的社內活動等 Fumei 香港的各種具體實踐均產生了同樣的權力結果。另一方面，同樣的具體經營實踐對擁有不同文化背景的人可產生不同的影響。勞動組織結構、等級體系、工資體系、晉升體系等具體的經營實踐，產生了 Fumei 香港日本員工與香港員工間對 Fumei 的不同依存度，因而對日本員工與香港員工產生了不同的權力作用。因此，這裡的關鍵字是文化。因為，文化才是具體的經營實踐與權力作用間的媒介。如第四章所介紹，日本員工將公司內部的晉升看作是「出世」（出人頭地），因此，非常在意自己在公司等級體系中所處的位置。但是，這只表現在擁有強烈會社觀念的日本員工之間。香港員工們並不像日本員工那樣強烈的依賴於會社，因此，會社對香港員工的強制性權力並不如日本員工強。在這種情況下，比起權力理論，文化理論顯得更為重要。因為，權力是文化的作用，具體的文化機制與權力作用間的關係由在該文化所決定。

第四章　經營支配的物質基礎

一、前言

　　研究中國大陸國有企業的 Walder 將企業的組織文化從上司與部下關係、同事間關係、員工們在特定情況下為追求個人利益所採取的戰略這 3 個方面進行了定義（Walder 1986:13）。另外，他認為企業的組織文化與員工對公司的依存有著緊密聯繫。所有的員工都在某種程度上依存於公司來滿足個別需求。依存程度根據「公司能滿足員工多大程度的需求」，以及「公司外部是否存在滿足員工需求的資源」這兩點來決定（同上引:14）。員工的個人需求從公司內部得到滿足的程度越高，公司外部可滿足員工需求的資源就越少，員工對公司的依存度也就會越高（同上引:15）。Walder 認為共產中國的社會經濟體制，以及工廠的內部組織結構促生了工人們對組織的經濟、社會依存、對共產黨與幹部的政治依存、個人對上司的依存等「組織性依存」。這種組織性依存的形式決定了中國國內國有企業工廠的組織文化。最後，Walder 認為關於公司權威相關的比較研究，有必要關注組織文化與組織性依存這兩個概念。

　　藉由 Walder 所提示出的框架，本章將對 Fumei 香港中的職務組織結構與分擔方法、等級體系、工資體系、晉升體系等進行討論，並探尋這一系列的體系是怎樣促進員工對公司的經濟、社會依存以及對上司的依存。組織性依存是 Fumei 香港管理員工的物質基礎。但是由於各種原因，香港員工與日本員工對公司的社會依存度有著明顯的不同。這種差異又給 Fumei 香港的組織文化很大的影響。

二、Fumei 香港的組織結構

Fumei 香港的組織結構從大的方面分為兩個部分，即：總部與店鋪。1992 年的組織機構圖（圖 1）顯示了總部組織結構的基本框架。基本上，股東大會對 Fumei 香港的政策決定沒有什麼影響力。此外，公司內部的監查部門也沒有獨立的許可權，而必須遵從董事們的命令。真正擁有決定權與權威的是董事會、社長以及小川會長。

Fumei 香港的董事會與日本企業典型的董事會沒有什麼區別。成員幾乎為統管著總部各部門的管理人員（部長）。也就是說，董事會的成員也是經營會議的成員。

1992 年，Fumei 香港的董事會中有 3 位外部董事，而這 3 人分別是小川會長的兩個兄弟與渡邊慎太郎。雖說他們是外部董事，但同時也是 Fumei 國際或者 Fumei 集團子公司的董事，並不是一般純粹意義上的外部董事。

總部的組織結構與其他日本企業相同（Clark 1979; Dore 1973），應該將其視作一系列擁有各自功能的部門單位，而非由個別職位組成。1992 年的組織機構圖顯示，只有社長與會長是單獨的職位。除了這兩個職位以外，就是部、課、科這 3 個大的級別劃分。

總部由管理部、食品商品部、服裝與雜貨商品部及店鋪運營部這 4 個部分構成。而這些部門則再細分為課，例如，服裝與雜貨商品部由服裝課、雜貨課及高級商品課構成。食品商品部由生鮮食品課、食品雜貨課及食品服務課這 3 個課構成。而管理部則有人事總務課及會計財務課這兩個課。另一方面，店鋪運營部不是由課組成，而是由沙田店、屯門店、紅磡店及荃灣店這四個店鋪組成（1992 年資料）。各個課之下，又再有更細的劃分。例如，人事總務課由人事科、員工教育科及總務科等數科組成。

依照這一金字塔結構，各種各樣的命令從上級到下級，即：從社長經由 4 位部長傳達給課長，再由課長傳達給各科主任，最後，由各科主任傳達給普通員工。換言之，不同級別的單位責任人之間依權力劃分等級。各單位的責任人擁有對單位內的成員分配工作的權力。除此之外，所有的員工之間又存在一種關於地位與待遇的另一個等級。

如 Clark 所指出的，與其說等級代表著權力的大小、工作的內容，不

如說反映出相對的地位（Clark 1979:106），因此處於同一等級的人有可能從事著不同內容的工作。在某一單位中，除了責任人以外，等級高的人沒有許可權分配工作給等級低的員工。這種等級觀念與香港員工不同，因而在香港員工的上司與部下間產生了摩擦。

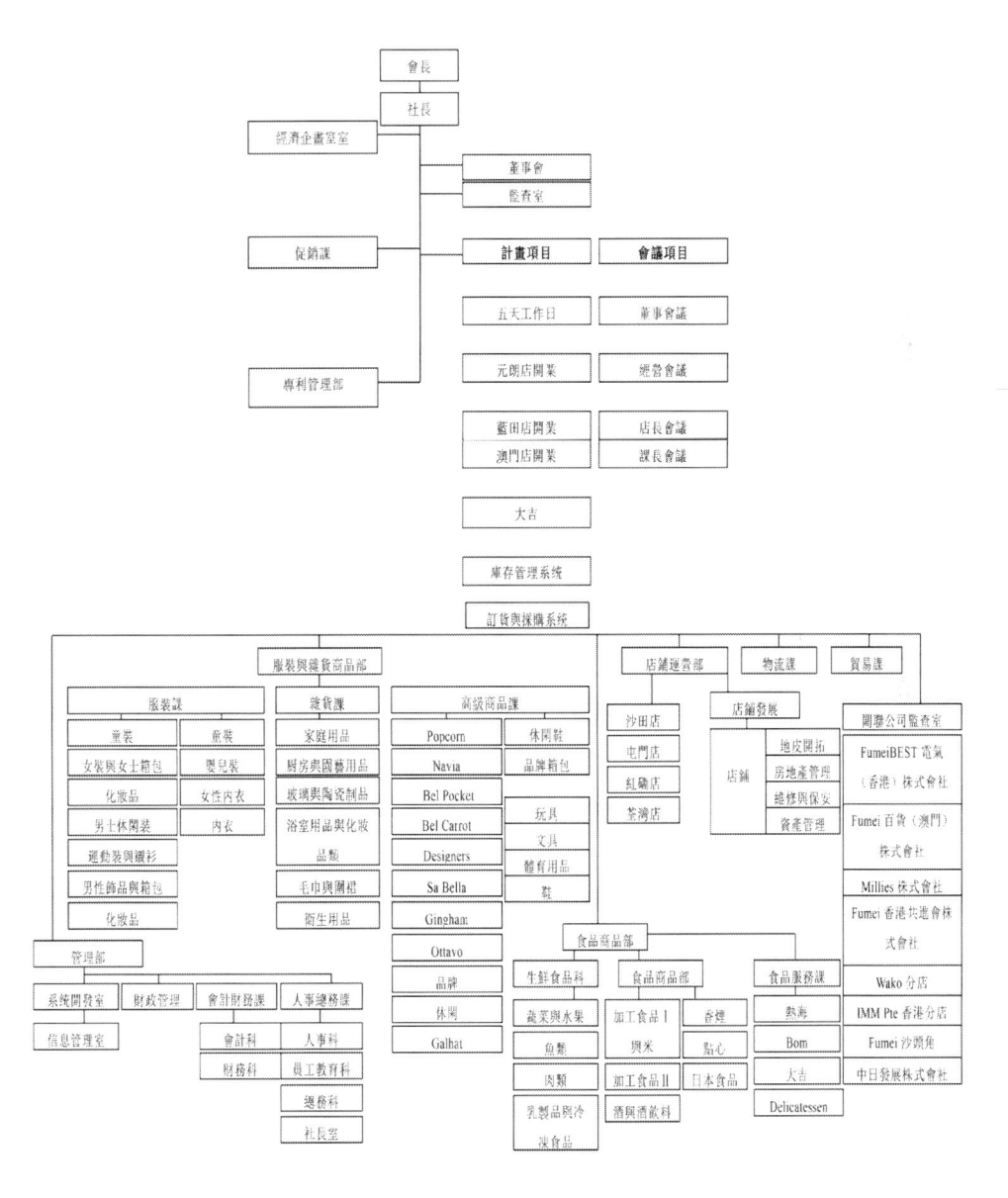

圖1　Fumei百貨（香港）公司組織機構圖

店鋪運營部對各個店鋪來說擁有著與總部同樣的份量。該部的部長通過由各店鋪店長參加的店長會議來對所有的店鋪進行管理，而各店長會被要求參加每週一次的店長會議，對部長彙報業績。

從組織機構圖來看，擁有 300 多名員工的紅磡店由 4 個等級的階層結構組成（圖 2）。紅磡店中有營業部與店鋪管理部兩個部門，各部門又細分為課。營業部由服裝課、雜貨課、食品服務課、食品課這 4 個課組成。此外，服裝課又由男裝科、女裝科及童裝科所組成。根據所銷售的商品不同，科又再細分。例如，童裝科又分為女童用品、男童用品、嬰兒用品、內衣等各個櫃檯。而這些櫃檯又分別設有專門的負責人。另外，店鋪管理部也分為幾級，分管店鋪管理、促銷、送貨及發貨、財務、出納管理、裝修及警衛等事務。

總部與店鋪之間的責任分配非常明確。總部負責公司全體的財務管理、會計、人事、促銷、企業戰略及企畫等。而店鋪則負責執行由總部所做出的決定。總部中設有的促銷課，主要負責制定公司全體的促銷計畫，對各個店鋪做出指示。

Fumei 香港的組織結構每年都有所變化。1993 年時，組織結構隨著業務發展調整。例如，1993 年初，服裝與雜貨商品部的部長被調到了日本，但公司決定不從日本派人來接替該部長的工作。公司將食品商品部的部長提升為副社長，並由該副社長負責服裝與雜貨商品部。同時，管理部部長也被任命為副社長。

在這一新的組織結構中，設立了兩個總部，即管理總部與營業管理總部，而這兩位副社長分別為這兩個總部的最高負責人。營業管理總部由服裝與雜貨商品部、食品商品部及店鋪運營部構成。而管理總部則是原有的管理部架構。換言之，原來的管理部部長雖然被晉升為副社長，但他所擁有的許可權並沒有隨職位提升。

而這一事實與 Clark 所研究的 Marumaru 公司情況非常相像。在 Clark 的事例中，Marumaru 公司讓某位科長擔任本來應該由課長助理來擔任的工作，公司在這位科長之上安插了一位「不存在的課長助理」。與此相呼應的筆者事例中，則是新的副社長之下安插了一位「不存在的部長」。

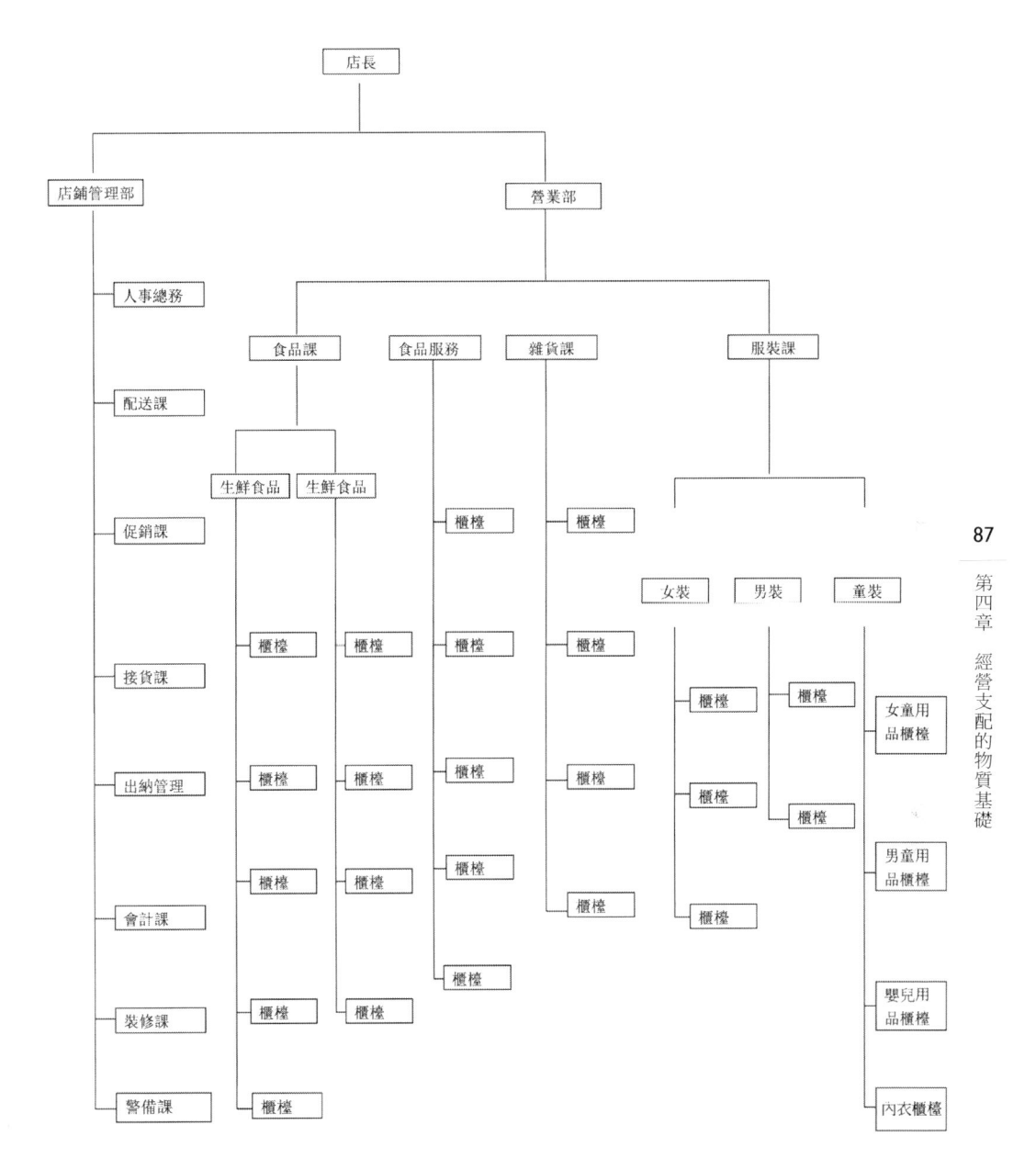

图 2　Fumei 香港紅磡店組織機構圖（1992 年）

　　如此，Fumei 香港呈現出由一系列命令系統下多樣化功能單位組成的組織結構。這一結構並不是一成不變。有時會因為人事變動而發生變化，有時則會因為新的商業布局而發生變化。

三、職務的組織結構與分擔方法

　　Fumei 香港的員工大部分都在店鋪賣場工作，因此，筆者希望透過對賣場的基本單位——櫃檯工作員工，即櫃檯工作結構來分析 Fumei 香港的職務組織與分方法。接下來的分析主要依據筆者在紅磡店服裝課的童裝櫃檯搜集到的資料。

　　童裝課由內衣、男童用品、女童用品及嬰兒用品這四個櫃檯組成。1991 年 4 月，內衣與嬰兒用品櫃檯均只有 4 名員工，而男童用品櫃檯則有 6 名員工，其中有兩人負責鞋類。女童用品櫃檯有 5 名員工，其中有兩人負責名為 Fun 的小櫃檯。

　　與其他的日系企業相同，一系列的工作任務不是下達給員工個人而是下達給整個櫃檯。工作任務包含有銷售、商品管理、櫃檯管理及員工培訓等。零售業的工作主要以銷售為中心。經營陣營每年都會設定銷售目標，店鋪的負責人會以這一資料為基礎設定各課的目標額，由各課的負責人細分為季度目標與月目標，並將目標傳達給各科的負責人。科的負責人又會對各個櫃檯設定每天的銷售目標。櫃檯中，售貨員的應對能力異常重要。售貨員為了能夠迅速而有禮的答覆顧客提出的各種問題，就必須對商品的品質、顏色、風格及尺碼等瞭若指掌。此外，售貨員還必須負責商品的陳列、宣傳用語的製作、開店前的清掃及市場調查等工作。

　　為了使櫃檯的運營能夠順利進行，售貨員須合理且適當地管理商品。從發貨商那裡收到貨物時，櫃檯的售貨員首先需要確認貨物，然後按照價格表貼售價標籤。貼好售價標籤的商品為了方便拿取，必須有條理地擺放在保管室裡。售貨員還必須控管自己所在櫃檯商品數量。這些都需要掌握相關市場知識。隨著 Fumei 香港店鋪數量增加，採購員無法掌握所有商品的資訊。採購員與售貨員之間很自然地就產生了分工。新商品的下單是採購員的工作，但對斷貨商品追加訂單則交由售貨員來負責。也就是說，售貨員在追加訂貨時必須依據每日更新的市場銷售來確定最佳的庫存量以判斷進貨量。此外，售貨員還必須每 4 個月盤點一次庫存。

　　另外，售貨員還必須負責櫃檯管理。管理業務中最重要的部分是人員管理。櫃檯主任要調整櫃檯所有人員的休假與出勤制定勤務表，還必

須確保人力不影響櫃檯運營。因為櫃檯的工作人員想要排休的日子不同，勤務表的制定是一項複雜的工作。櫃檯人員會間接或直接的告知櫃檯主任自己希望排休的日期。而櫃檯主任不可能滿足所有人的願望，優先順序的確定，以及對其他員工解釋休假安排的原因都成為一個問題。使問題更加複雜的是，櫃檯主任在制定勤務表時，往往優先滿足與自己關係較好的員工需求，而懲罰那些平常不合作的員工，藉此來提高自己的權威。因此，櫃檯主任在制定勤務表時要有高超的處世能力。

管理業務中還包含對文件的管理。櫃檯集團一般將銷售數量與銷售額作為報告的基本單位。櫃檯主任要向科主任提交詳細的月例報告。科主任與採購員依據報告把握實際的業績，根據情況採取新對策。因此，櫃檯集團中會有很多的檢查工作與文件製作。而這些工作要求具備一定的計算能力以仔細核對數字。

另外，櫃檯主任還擔負著培訓員工的責任。Fumei 香港主要依賴現場實習讓員工掌握工作要領，因此，櫃檯主任必須在新進員工身旁進行指導，使其熟悉工作流程。

（一）模糊的工作分類

櫃檯內的工作區分與其他日本職業集團相同（Aoki 1986:972, 1990a:13, 1990b: 29; 1990c:8; Itoh 1994:238），具有流動性並且模糊。員工們被分配到櫃檯時，並沒有接受具體的工作任務。他們對於櫃檯的所有業務都連帶地負有責任。據童裝課的員工所說，在接受紅磡店人事部的面試時，並不知道自己會被安排到哪個櫃檯，分配怎樣的工作。在被錄用時，由店鋪的人事課長安排到了有空缺的櫃檯。另外，人事課並沒有細分櫃檯內的工作，因此，員工需要掌握櫃檯內的所有工作。

由於對工作內容的模糊區分，讓靈活的工作調度成為可能。如對美國企業研究的例子所示，當職務內容被詳細劃分時，上司很難對部下安排超越員工職務範圍的工作。上司在職務劃分體系中，必須尊重部下的義務與權利。員工也會固守於自己的職務，不願意幫忙處理他人的工作。因為，做同事的工作就等於忽視同事的存在，有搶工作的嫌疑（Aoki 1990a:18）。

（二）靈活的任務分配

Fumei 香港的櫃檯主任們負責櫃檯內工作內容的分配，但由於人手有限，時間表的安排比較複雜；又因顧客的需求缺乏規律性，工作分配必須採取靈活的手段。

和很多日本企業（Aoki 1990a:13）一樣，Fumei 香港中並不存在填補缺勤人員的後備員工。與此相對，櫃檯主任採取臨時重新分配工作內容的方式來應對缺勤。另外，工作人員的數量通常比較固定。1992 年 7 月以後，櫃檯工作人員一周休息兩天，工作時間採取輪班的形式。因此，當有人休假或者早退時，櫃檯內的員工必須互相幫助。

另外，銷售方面的工作也很複雜，充滿了變數，並不容許嚴密的內容劃分。零售業的工作極其不規則。這種不規則與平日、週末還有季節的變動，加上百貨業界的變動、流行的變化、氣候、顧客的心情都有關。由於這種大幅度的變動，對工作內容進行嚴密劃分變得不太可能。櫃檯主任們必須在售貨員的接受範圍內靈活地分配工作。

（三）工作場所的頻繁變動

除上述的靈活性外，Fumei 香港還採取工作場所變動制度。例如，根據公司的方針，女童用品櫃檯的工作人員會在女童用品小櫃檯與女童帽（gal-hat）小櫃檯之間定期變動。通過這兩個小櫃檯人員的定期調動，售貨員能夠掌握更多的商品知識。

工作場所的變動制度不局限於櫃檯內部。櫃檯間、櫃檯與課之間，以及課與課之間的相互調動也不稀奇。在 Fumei 香港，透過負責不同內容的工作積累經驗這一點，對職業發展非常重要。從 1991 年 4 月起的 1 年間，單是紅磡店的童裝課就出現了 4 例人員相互調動。其中的 1 例是女童用品小櫃檯的人員被晉升為女裝科大櫃檯的主任，這屬於跨課調動。

其他 3 例的調動均是在同一課內進行的。1991 年 10 月，男童用品櫃檯的主任退職，女童用品櫃檯的主任兼任該職位。1992 年 4 月，內衣櫃檯的主任被調到嬰兒用品櫃檯，而嬰兒用品櫃檯原來的主任則被調到了女童櫃檯。

一般來說，從櫃檯到課的職位變動均伴隨著晉升。例如，1990 年 4

月,男裝科的櫃檯主任被安排到童裝課擔任主任。另外,1991年4月,女裝科的主任被安排到男裝科擔任主任。

(四)知識的共用及其效果

通過工作場所以及工作內容的頻繁變換,再加上模糊的工作內容劃分以及靈活的工作分配,櫃檯的工作人員不但可以勝任多種職務,還能掌握多種技能。這更進一步地帶來了Aoki所說的「知識的共用」。這裡所說的櫃檯工作人員間知識共用,是指「一個勞動者所擁有的知識超越職能範圍,職場不同地位的勞動者之間達到知識的一致」(Aoki 1990a:15)。

Koike強調,各工作團隊間的經驗知識的共用對於變化與解決問題是有益的(Koike 1987:409, 1990:189)。Koike將工作分為「通常業務」與「非通常業務」兩類。通常業務指的是「和平時一樣、反覆的單調工作。勞動者的能力可以通過掌握工作的速度以及正確度來測量」(Koike 1987:411)。但是,即使是在通常業務占據超過一半的流水線生產工廠,也會有變化與問題產生。非通常業務由應對變化與處理問題這兩部分組成(Koike 1990:186-188, 1994:42)。

在零售業的銷售中,賣場總是充滿變化的非通常業務。Fumei香港的櫃檯工作人員在對商品的處理和與顧客的應對中,總是要回覆頻繁的變化與問題。他們要處理幾千個商品,並時常確保新產品的庫存。即使是同一種商品,顏色與尺寸也有很多。售貨員為了能夠確保新產品的流通,頭腦中要隨時掌握庫存情況。對賣場的售貨員來說,隨機應變是不可缺少的能力。

很多的工作混雜在一起也要求員工進行不斷的調整。如上文所述,櫃檯的售貨員中有人缺勤時,員工間的工作就要重新進行分配。這種情況下,經驗豐富的員工比例對整體結果有很大的影響。擁有可勝任多種工作的資深員工櫃檯,在發生缺勤時,工作調整比較容易,失誤率也會比較低。

顧客也是不明確的因素之一,因為不知道顧客什麼時候會來。例如,當女童用品櫃檯的員工都在接待顧客時,有可能會有新的顧客到來。在顧客較多的週末,這種情況比較容易出現。此時,對女童用品櫃檯商品比較熟悉的其他櫃檯員工如果正好空閒的話,就可以及時幫忙應對。

另外一個非通常業務是對問題的處理，特別是對顧客的投訴。對於顧客的投訴，公司需要迅速應對。不然，不滿會在顧客的朋友間傳開，還會成為偶發新聞事件。對零售業來說，形象至關重要，如果形象低落將很難重振。因此，迅速處理顧客的投訴，儘快採取措施非常重要。這種能力包括避免不必要的衝突，公司是否應該承擔責任的判斷。熟知投訴的各種情況，採取恰當的處理措施需要經驗。而且，當責任在公司一方時，售貨員則不得不馬上聽取顧客的抱怨。

另外，售貨員還要判斷投訴發生的原因，努力防止再發。迅速找到原因並正確地防止再發，就可以將投訴對企業形象造成的打擊降到最低。要解決問題，就需要產品以及櫃檯業務全體的相關知識。

Koike 將應對狀況變化解決問題所需的知識稱為「知能知識」（intellectual knowledge）（Koike 1987:409, 1994:42）。以對日本工廠的調查為基礎，他指出日本企業開始獲取收益是在員工們擁有了恰當的知能知識時。工作中肯定會有非通常業務，而對它們的處理是無法用操作指南來傳授的。Koike 認為讓負責生產的勞動者既掌握通常業務又掌握非通常業務的綜合管理體系，比由勞動者掌握通常業務，而將非通常業務交由技術人員或監督人員、專家的分工體系更有效率。綜合管理體系中，有更多的員工可以處理非通常業務。在遇到問題時，員工與顧客不需要等專家或運營責任人到來。另外，綜合管理系統中，員工的工作熱情會得到提高（Koike 1987:413, 1990:189, 1994:45–46）。因此，設備投資相同的情況下，對「非通常業務」處理方式的不同將顯示出差距。按照 Koike 的結論，知能知識是「支撐現代日本大企業高效率的基礎」（Koike 1990:186）。另外，隨著機械化、電腦化的發展，知能知識顯得越來越重要（Koike 1990:188; 1994:48）。

考慮到零售業中非通常業務占據比例較高，售貨員熟悉多個櫃檯的業務，掌握知能知識，對 Fumei 香港提高效益有利。但是，這一系統要想很好地運作，就需要給員工動機，並刺激其願意學習自己範圍以外的業務，接受工作地點的頻繁變動，共用自己所有的知識。接下來將會論述香港員工為何較日本員工不喜歡被調動到其他部門、以及香港員工為何較日本員工不重視公司內部職務的理由。很明顯，單是依靠晉升的刺激是無法促進香港員工主動去掌握多種技能的。

由前文所述的工作分配方式獲得的知能知識，各個企業有所不同（Aoki 1984:6, 1990b:42; Koike 1990:191）。各企業特有的知識對勞動力市場的整體特徵也會有一定的影響力。例如，Aoki 指出，勞動力市場的性質與企業的資訊系統特色之間有著密切的關聯。在美國，由於工作被詳細地分工以及標準化，各職業都存在外部勞動市場，員工在企業間更換工作比較容易（Aoki 1986:981, 1992:151）。在說明美國的人事管理是非集中化的同時，Aoki 指出：

> 美國的企業 A 在企業框架中重視平等，其結果是員工的移動性很高，員工為了尋求更好的工作條件而跳槽……明確的分工使得職位階層明確，職業的明確分類使得企業內外形成標準化的勞動市場，促進了員工在企業間的移動（Aoki 1990a:52）。

　　與此相對的，對工作的模糊分類以及靈活的工作分配會促進企業特有技能的培養，但這些技能未必可用於其他企業。也就是說，這些技能不能由個人帶到其他場域，這阻礙標準化勞動市場的形成，同時亦阻礙了日本員工的職場移動。因此，當中年的求職者到職業介紹所，被問及自己可以做怎樣的工作時，「可以勝任部長的工作」這樣的回答也是有可能出現的。換言之，這管理體系促進了員工盡可能在同一企業工作。

　　正因為同樣的原因，Fumei 香港日本員工轉換工作是一件比較困難的事。而另一方面，Fumei 香港的香港員工卻是由於在 Fumei 積累的技能屬於 Fumei 特有的技能，因此，這些技能在勞動市場中價值較低，從而剝奪了香港員工在香港的勞動力市場中的跳槽機會，也比較難換工作。店鋪發展課的某位高級經理的事例就很好地證明了這一點。該高級經理以優異的成績從香港工業學院的海運技術學科畢業後，在 1984 年進入 Fumei 香港，分配到裝修科。入社一個月後被調動到警備科，之後又在公司內部經歷了多次職位調動，1988 年被調動到人事總務課，1991 年被調動到了店鋪發展課。與其他香港員工相比，他的晉升速度很快。1986 年被升為經理助理，1987 年被晉升為經理。1992 年時，他更進一步被晉升為店鋪發展課的高級經理，榮列公司內職位最高的 4 位香港員工之一，並被視為公司內第一位中國董事的候選人。但他並沒有滿足於這種快速的晉升。據他所說，過去 8 年在公司內部擔任了各種各

樣的工作，但是由於類型工作期間都不長（裝修4年、人事2年、店鋪發展2年），自己的專業技能在外部勞動市場並不會得到很高的評價。結果，他未能在其他公司找到相同職位的工作。採訪調查時，他的結論是在存夠足夠的資金發展自己的事業前，自己應該會一直留在目前的公司工作。

通過上述考察可以看到，Fumei香港的職務分配系統縮減了員工被其他公司雇用的機會。但與香港員工相比，日本員工面臨更多的「損失」。首先是「威信效果」以及伴隨著中途換工作的高成本，讓日本員工換工作變得困難。日本的雇主對於錄用中途跳槽的人比較遲疑，其放棄前一份工作可能是源於工作能力無法勝任，又或有過瀆職的行為。因為這種「威信效果」，即使想要換工作，結果也只能找到比原來公司職位低、發展空間較小的工作（Aoki 1990a:77）。

例如在Fumei，對於中途進入公司的員工，如果前一份工作也是從事零售業，就容易得到9成的信任。如果是從其他行業跳槽過來，那其信用度就只有70%。因此，中途辭職離開公司會受到損失這一事實也強化了日本員工對公司的依存度。

另一方面，香港並不存在類似於「威信效果」之類的情況，換工作並不會造成其他產業地就業機會減少等負面效果。更重要的是，如果在之前的工作中獲得的技能能夠得到新雇主高度評價，對員工一方也比較有利。

而與此相對的，Fumei香港的日本員工大都不會說英語也不會說廣東話，無法在香港這一開放的勞動力市場獲得跳槽機會。

四、Fumei香港中日本員工的等級體系

由於到會社外部就職的機會較少，日本員工出於對自身事業發展的考慮，就必須依存於Fumei。對於希望能夠出人頭地的員工來說，成為董事或者更高的職位是有限選項中最高的目標。職位體系既是引發員工間競爭的誘因，同時也是競爭的焦點。

（一）正社員的等級體系

如表11所示，日本正社員的等級體系分為管理職／專門職、監督職／

專門職、指導職及一般職這4個職種。而這4個職種又會被劃分為3到4個等級。1為最高。例如，管理職又分為E1、E2、E3、E4，而專門職又分為P1、P2、P3、P4這4個等級。指導職與一般職分別有3個等級。與此相對的，專任職有8個等級，R8相當於J1。

所有的等級當中又劃分為級別。管理職／專門職的各個等級的級別被定為51，監督職／專門職的各個等級的級別被定為36，指導職的各等級的級別被定為26，而一般職的各等級的級別則為21。

這一等級體系具有以下幾個特徵。首先，所有的員工都被同一等級體系所管理。實際上，不僅是Fumei日本，Fumei集團旗下的所有日本員工都被按照這一等級體系來管理。

另外一個特徵是，會社內部的晉升體系。與其他的日本會社相同，Fumei香港的大部分日本員工都從集團內部選拔。例如，在1991年時，在Fumei香港工作的28位日本員工中，有24人是從學校畢業後就進入Fumei，並一直在Fumei工作。

表11　1992年Fumei日本正社員的等級體系

職位種類	等級 綜合	等級 專門	等級 專任	級別
管理／專門	E1	P1		51
	E2	P2		51
	E3	P3		51
	E4	P4		51
監督／專門	M1	S1	R1	36
	M2	S2	R2	36
	M3	S3	R3	36
	M4	S4	R4	36
指導	L1	L1	R5	26
	L2	L2	R6	26
	L3	L3	R7	26
一般	J1	J1	R8	21
	J2	J2	J2	21
	J3	J3	J3	21

這 28 人中只有 4 人有在其他公司工作的經歷。但是，這 4 位有工作經歷的員工在被錄用時，與畢業新生們處於同樣的級別。例如，這 4 人中有 1 人在大學畢業後進入了 UNY，一年後跳槽來到 Fumei，入社時的等級為 J3。1991 年，他被調到香港子公司時的等級為 E4。

最後，不同等級的日本員工有時做著同樣內容的工作。例如，1992 年時，Fumei 香港 4 個部門的負責人等級並不相同。管理部門與服裝與雜貨商品部的部長為 E2，而其他部門的部長由等級為 E3 的人擔任。總之，職位的等級未必與工作的職能有直接聯繫。

更具體地說，Fumei 的職位組織結構與分配方法，並不是像一般所想像的那樣擁有嚴格的階層，至少在業務的決定權這一點上是比較寬鬆的。話雖如此，Fumei 處於不同等級的員工間卻不是平等的。Fumei 中還是有強烈的上下等級觀念。

Aoki 將階層所具有的職能與等級的職能進行了區分。「階層的職能中，每一等級都有其特定的訊息處理和做決定的權力，而在後者中（等級的階層），等級只關乎於工資與地位」（Aoki 1992:152-153）。Itoh 在贊成 Aoki 的分類的同時，指出階層的等級具有垂直的一面與水準的一面。前者與職位聯繫在一起，而後者則屬於級別的一面。在這一體系中，晉升未必意味著決定權的增加與工作內容的變化（Itoh 1994:236）。

（二）在社會中所期望的等級

Fumei 正是使用了上文所述的階層與等級體系。職位在「擁有自然人特徵的法人」世界中，決定各自社會地位的高低。職位越高自然地位也就越高（Aoki 1990a:55）。處於 M4 位置上的 Fumei 員工地位比處於 L1 的員工地位高。社長在員工當中擁有最高的地位，因此，社長這一職位對很多員工來說是職業發展的終極目標。

與職位聯繫在一起的強弱關係對公司內部員工的日常生活中有著廣泛的影響。員工外出吃午飯時，上司也發揮著重要作用。例如，筆者經常與店長、服裝課經理助理、食品服務課的高級主管人員一起外出吃午飯。通常，午飯的時間與地點均由店長決定。他會告訴自己手下的經理助理午飯的地點以及想同誰一起用餐，然後獨自一人先到就餐地點，由經理助理邀請筆者等人一起出發去用餐地點。用哪種中國式的點心，以

及談話的話題等均由店長決定。我們只是坐在那裡，追隨著店長感興趣的話題。有時，對某一個話題的討論正進行到興高采烈的時候，店長會突然轉換話題，於是我們也會順著店長，附和著他的談話。當然最後也是由店長來買單。

職位系統在日本商界擁有非常重要的意義。例如，Fumei 的部長在訪問顧客與銀行時，會用職位來稱呼。在拜訪其他會社時，也期望能夠由與自己同樣職位的人員接待。但是，如 Clark 所指出，職位間的相應關係由行業內該企業的地位以及該企業在日本整體產業界所處的位置決定。因此，同樣是部長，在拜訪比自己公司有名的企業時，對方有可能會派課長或者職位更低的人來接待。相對地，當拜訪小企業時，也有可能得到對方董事接待（Clark 1979:106）。

職位系統也適用於員工的家人。與員工間的社會地位以及上下關係由公司內部的職位高低來決定相同，家人的社會地位也由該員工工作的公司的名望決定。換言之，職位在公司內外均具有重要意義，因此員工會圍繞職位展開競爭。

（三）「出世」競爭

在希望取得成功的員工之間，職位的競爭異常激烈。日語的「出世」原意為離開俗世入佛門。到 19 世紀後半期，「出世」演變為「在現世取得成功」這一現代含義（Smith 1960:102）。在現代日本，企業中的「出世」就意味著成為董事或者取得更高的職位。日本會社中的職位體系是受文化影響的，具有社會流動性的線路，「出世」即意味著在企業內部的職位競爭中戰勝他人。

簡而言之，所有員工都在同一等級體系之內，各個會社員工間的競爭根據內部晉升體系的不同而有所不同。員工的社會地位由其所在的會社地位，以及會社中所處的等級決定。另外，員工希望在會社內「出世」的意願非常強烈。在這樣的背景之下，員工們積極地參與著 Mastumoto 所說的「登山競賽」。

> 對於日本人來說，人生猶如登山。有的人因為能力和運氣的關係可以到達山頂。但大多數的人，其會社人生將在半山腰結束。日本人在決定好自己所要攀登的山之後，就會一直攀登下去。不會考慮工作的內容（Matsumoto 1991:229）。

以山頂為目標的競爭異常激烈（Akio 1992:155）。對所有員工來說，每次的晉升都會伴隨著工資的上漲。晉升的速度慢就意味著自己會落後與自己同期進入公司的人。其次，入會社的時間與職位的上下密切相關，稍微偏離軌道就會很顯眼。因此，當被自己晚幾個月入社的人追趕上，或者超過自己時，會感到難以忍受的恥辱。而接下來 Fumei 香港某位日本員工的例子也說明了這一點。

該日本員工於 1983 年從日本的一所名校 T 大學畢業，進入 Fumei。1988 年 9 月，他與其他三位日本男性員工一同調職到 Fumei 香港。1992 年，他的職位比於 1991 年來到香港的自己同期的人要低。另外，他的後輩當中，有些人與他職位相同，或者比他職位更高。他的同事大都畢業於與 T 大學相比不太有名的學校，其中更有高中文憑的人。他對於自己畢業於名校這一點很自豪。因此，對於只有高中文憑的同事升到比他更高的職位感到無比憤怒。據某位日本女員工說，1992 年 6 月的某個星期六，該日本員工向人事總務課課長提出抗議，並在人事總務課課長以及其他日本員工面前留下了眼淚。由此可以看出他的憤怒非同小可。結果，人事總務課課長對他的升職請求表示理解，並向董事會提出了申請。

從這一事例可以看出員工間的「出世」欲望非常強烈。由於「出世」的夢想只能在會社的內部實現，因此，日本員工對會社的依賴關係當然很高。

五、Fumei 香港當地員工的等級體系

Fumei 香港當地員工的等級體系除沒有綜合職、專門職及一般職的劃分之外，其他則與日本員工的完全相同。香港員工的等級體系與日本員工相同，分為管理職、事務職、監督職及普通員工這四個職種。如表 12 所示，普通員工在社內等級又具體分為 90、80、70、60。監督職分為 50、40、30，而事務職位劃分為 22 到 15。管理職則是從 13 到 10。1993 年時，管理職裡又增加了 9 這一級別。

與 Fumei 日本的等級體系不同，Fumei 香港員工的等級體系在等級當中不設有級別。與此相對的，所有的香港員工被劃分為高級員工與初級員工。22 等級以下為高級員工，30 等級以上為初級員工。

香港員工的等級體系與日本職員的等級體系擁有相同的特徵。首先，相同等級的人有時負責的工作不同。表13所示的管理部、商品部及店鋪運營部的3個不同部門的員工，如前文所述，是在同一等級體系的管理之下。例如，管理部等級19的主管人員（executive officer）與商品部的高級採購員、店鋪運營部的高級FIC（floor-in-charge）擁有同等的職權。其次，大部分的高級員工都是從社內晉升的。1993年時，Fumei香港有172名高級員工；其中有108名（63%）是從初級員工提升上來的。其他64名在雇用之初即為高級員工，也都是從高級員工的最低職位起步。另外，他們當中有17人是作為等級22的畢業新生幹部候選錄用的，隨後被升級為等級21。再者，這64名職員中有13人是在1984年沙田店開業時進入公司的。其中有一人於1984年作為採購員進入公司，1987年被晉升為屯門店服裝科的助理經理。兩年後，他在經歷了該店副店長的職位之後，成為店長。1993年4月，他作為商品部的高級經理被調任到總部。其他的33人則是在Fumei香港在擴大業務時招進公司的。

最後，不同等級的香港員工有時卻擔任著同樣的工作。例如，紅磡店童裝科的四個櫃檯主任分別由等級不同的四個人擔任。1992年6月，男童用品櫃檯以及內衣櫃檯的櫃檯主任的等級均為40，而女童用品櫃檯的櫃檯主任則是由等級為50的職員擔任；嬰兒用品櫃檯的櫃檯主任等級卻為80。

香港員工的等級體系與日本員工的等級體系很相似，但是香港員工對Fumei香港的依賴度與日本員工相比較低。這與Fumei香港在晉升方面優先考慮日本員工，無法顧及香港員工的競爭需求有關。另外，職位體系在香港員工看來並不是一個很重要的問題。本來香港人之間就不存在序列概念。在他們看來，序列由職能決定，等級的高低應該與特定的資訊處理與決策能力相聯繫。但是，如前所述，在Fumei香港，如果成為某一工作單位的負責人則擁有給其他職員分配工作的許可權，除此以外的晉升並不伴隨決策許可權的增加。另外，由於處於不同等級的人會擔任同樣的工作，瞭解到這些情況的香港員工會認為等級的升遷並不是真正的升遷，因此並不積極。他們認為公司是在利用這些晉升體系欺騙他們，想辦法阻止員工離職。

表 12　1992～1993 年 Fumei 香港員工的等級體系

職位種類	等級
管理	9
	10
	11
	12
	13
事務	15
	17
	18
	19
	20
	21
	22
監督	30
	40
	50
一般	60
	70
	80
	90

表 13　1992 年 Fumei 香港員工的等級以及職位名稱

等級	商品部	管理部	店鋪運營部
10	行政經理	行政經理	店長
11	經理	經理	店長
12	經理	經理	店長
13	經理助理	經理助理	店長助理
15	執行採購員	首席執行官	行政 FIC
17	首席採購員	高級執行官	首席 FIC
19	高級採購員	執行官	高級 FIC
20	採購員	執行官助理	FIC
21	採購員助理	執行官助理	FIC 助理
22	實習期員工		

註：FIC 為賣場管理員。

更糟糕的是，香港員工認為，如果與上司擔任同樣的工作內容，並且在業務處理上擁有相同的許可權，那就更沒有理由尊敬上司。因此，香港的高級員工單靠在公司內部的等級地位沒有辦法管理自己的部下，只能透過其他手段。其中，最有效的手段就是努力加強與日本員工的關係，得到日本員工的幫助。這一手段被頻繁使用的結果是進一步加強了公司內部日本員工作為日本人這一點的重要性。

另一手段則根源於公司內部採用的實習制度。在實習制度中，前輩員工給予後輩員工指導性意見與建議，並通過一些非正式的方法傳授技能。由於知識的傳遞交流是透過非正式的管道及方式進行，因此作為後輩的售貨員便必須仰賴能傳授技能的前輩。正是這種力量驅動部門內部政治關係的基本構造。由於櫃檯主任是唯一一個傳授技能的人，因此在櫃檯內部櫃檯主任對於售貨員擁有很大的權力。櫃檯主任大都擁有豐富的經驗與知識，並且很勤奮。櫃檯主任依據櫃檯售貨員對自己工作的配合程度，以傳授技能作為獎勵，並通過這一構造來維持自己在櫃檯內部的權力。但是，這一做法卻同時抑制了前輩員工向後輩的技能傳授，使知識的共用很難實現，也降低了公司的經營效率。

更重要的是，香港人與日本員工「出世」觀念不同的成功觀。香港社會被稱為是創業者的社會，擁有以下特徵。首先，香港人非常重視實際利益（Yu 1997:50）。Michael 在 1960 年代末對亞洲各城市的比較研究中，對工作的魅力以及意義進行了調查。根據其研究結果，當問及自己工作最吸引之處，選擇「收入」這一回答的香港人的比率要高於曼谷、馬來西亞、新加坡與臺北。根據 Michel 的解釋，在當時的香港，名譽、工作的意義等非金錢性質的回報與工資相比處於次要地位。香港人對於工作的這種態度，在 1970 年代初期所發表版對從事 3 種不同職業的人考察研究中也得到證實（England 1989:46）。另外，在 1980 年代初期，對香港人的職業選擇理由進行了調查的 Yu 也指出，約有 60% 的被調查者將「高工資」作為首要的擇業理由（Yu 1997:50）。Rafferty 於 1991 年進行的研究中，得出「香港比世界的任何地方都熱心於賺錢」這一結論（同上引）。換句話說，對於香港人而言，比起職位、工作內容，從工作上所獲得的喜悅，與高工資有著更加緊密的聯繫。因此，單是憑藉職位等級的晉升是無法刺激或驅使員工努力開展各種工作。

如很多研究者指出的那樣，香港、臺灣（謝國雄 1989；Gates 1979; Harrell 1985; 1992; Stites 1985; Wong 1986, 1988）以及華僑社會（Basu 1991）中，有很強烈的創業傾向。調查者們共同指出，中國人認為自己創業擁有很大的意義。對於這一點的最極端的表現是「即使是只有二分利的花生生意，自己當老闆的感覺也是好的」（England 1989:41）。正是因為這樣的原因，在香港新公司設立率比被稱為創業者社會的美國高。根據 Yu 的研究，1992 年，香港的每一萬人的公司數量以及新公司成立數要遠高於美國（Yu 1997:53）。

在這樣的一個企業家社會中，與在公司內的晉升相比，很多的香港人將擁有自己的事業作為夢想。由於成功是要在公司外實現的，香港員工在為實現自己的目標奮鬥時，並不像日本員工那樣依賴於 Fumei 香港。

六、Fumei 香港日本員工的工資體系

Fumei 香港日本員工的工資體系是根據日本總部的工資體系制定，這在《就業規則》中有詳細介紹。根據《就業規則》，日本員工的工資體系由基本工資、獎金、退職金及其他組成。

（一）基本工資

基本工資占據了日本員工每月工資的大部分。至於實際的比率，根據所供職的公司不同，內部職務等級不同而有差距。據 Ballon 的研究表明，日本企業的基本工資特徵是「每隔一定的期限（一般為 12 個月）會自動上漲」（Ballon 1985:14）。另外，具體的上漲幅度，每年由公司與工會協議決定。

Fumei 香港日本員工的基本工資依據該員工所處的等級決定，與工作內容並沒有聯繫。位於 M4 的採購員，與處於同一等級的研修員工的基本工資相同。在這種意義上，Fumei 香港的人事制度與日本企業的標準人事制度一致（Itoh 1994:235）。

大部分的日系企業，根據基本工資來計算其他部分的工資（Abegglen 1958:48; Ballon 1985:11）。而 Fumei 香港的工資也是採用這一做法。

（二）每月的補貼

Fumei 香港的日本員工除了基本工資以外，還有家屬補貼、子女教育補貼、職位補貼及住房補貼等。日本總部的員工也有同樣名義的補貼，但是派遣到海外的員工補貼要更高。

家屬補貼是依據等級與外派同行子女數量來決定。妻子同行的海外派遣員工還會得到相當於基本工資 30% 的家屬補貼。對於同行的第一子女會支付相當於基本工資 10% 的補貼，每增加一人補貼增加 5%。由於家屬補貼的緣故，有時候部下的月工資要高於上司。例如，1992 年，有位有 4 個孩子的日本員工（等級為 E3）的工資為 46,246 港幣，而擁有 3 個小孩的他的上司的工資卻是 45,301 港幣。

另外，如有子女在就學中，每個就學的子女還會得到相當於基本工資 10% 的子女教育補貼。1992 年時，有位員工的小孩就讀於香港日本人小學，他每月都有 2,123 港幣的子女教育補貼。

職務補貼是與工作相關的補貼中比較常見的一種（Ballon 1985:24）。這一補貼是面向 Fumei 集團旗下董事的。1993 年，Fumei 香港的董事每月的職務補貼為 2,400 港幣。

Fumei 香港對日本員工還提供公司宿舍或者住房補貼。已婚的派遣員工可以選擇公司宿舍或者自己出租公寓。後者的金額由公司依據員工所處的等級決定。例如，1991 年的新人事制度執行之前，等級 4 以下的員工的住房補貼為 16,000 港幣，等級為 8 的員工的住房補貼為 24,000 港幣。根據等級不同而不同的住房補貼很明顯地體現了社會地位的差異。等級越高的人會覺得自己享受著與職務相襯的住房。而另一方面，單身的員工一般被要求居住在公司的宿舍。

在房地產價格異常高的香港，上述的住房補貼擁有重要的意義。尤其是對那些在日本購買了房屋還處於還貸期間的員工，或者正在為購買自己的住房努力儲蓄的員工來說，能由公司支付自己在香港房租的住房補貼具有非常重要的意義。另外，Fumei 香港還為員工提供擁有保修服務的傢俱。

在 Fumei 日本總部，7 月會有夏季獎金，12 月則有冬季獎金。這兩個獎金加起來差不多相當於基本月薪的五倍。Fumei 香港的日本員工也

有這兩項獎金，計算方法與日本總部類似。獎金是以日圓支付，由公司直接匯入每位員工的日本銀行帳戶。例如，某位日本女員工在 1992 年拿到了 386,060 日圓的夏季獎金與 579,090 日圓的冬季獎金。獎金具體是按照如果她在日本工作應該拿到的基本工資水準（193,030 日圓）計算得出。

除此之外，Fumei 香港的日本員工還享有退職金、由公司支付其在香港的個人所得稅、醫療費用（包括住院費）。員工還享有購物優惠等福利。根據 Ballon 和 Inohara 的介紹，大概有 90% 的日本企業給員工支付退職金（Ballon and Inohara 1976:1）。Fumei 香港的日本員工即使是在香港離開公司，也會得到與其等級相應的退職金。

退職金的計算方法如下：以基本金額（A）、工作年數指標（B）、退職理由指標（C），以及等級指標（D）為基礎計算得出。1992 年時的基本金額為 1,400 萬日圓。工作年數指標，工作一年為 1/35 × 100%，在 Fumei 工作滿 35 年的人可以得到 1%。退職理由指標主要是指員工是以個人原因離職還是因公司方面的原因離職。由公司理由離職具體指員工因退休而離職（60 歲）、由公司的命令員工被派遣到關聯會社工作、員工晉升為董事，還有就是被稱為「自願早期退職」（主動提前退職）實際上是解雇，其中也包括死亡或者因傷無法繼續工作。退職如果為公司方面的原因，其退職理由指標則為 1%；如果不是，退職理由指標依據工作年數指標有所不同。等級指標依據員工退職時的等級來設定。依據如上的計算方法，1992 年時，員工所能拿到的退職金的最高金額為 1,400 萬日圓左右。

另一方面，員工若主動辭職，在退職金方面會有很大的經濟損失。由於辭職，員工所能領取的企業年金（企業退休金）金額會減少很多。由員工主動辭職伴隨的高成本，對入社後的員工有一種統制功能（Aoki 1990a:77）。

此外，Fumei 香港全額支付日本員工在香港所需支付的所得稅。這制度得到了員工們高度評價。因為，一年的稅金相當於員工 3.8 倍的月工資。

再者，公司還全額支付日本員工及其家屬的醫療費（包括住院費）。所有的日本員工及其家屬每年還有一次（大約在 2 月或 3 月）免費的體檢。1992 年，一個成年人的基本體檢費用為 2,000 港幣，小孩為 1,000 港幣。而超過基本體檢項目的費用公司會支付 50%。

日本員工還會給配發可在公司所有店鋪購買任何商品10%的優惠券。員工優惠券的使用前提是每個月不超過2,500港幣。不過，日本員工如果向店長或人事總務科提出申請可以得到超過這一規定限度的許可。一般來說，這種申請都會被自動受理。

員工的基本工資以及各種補貼與自己所處的等級密切相關。家人補貼則是由是否結婚及有幾個小孩所決定。但是，由於工資的總額是由資本工資來計算，因此，與等級也有著密切的關係。其他條件如果，職等上升的話，基本工資也會相應上漲。基本工資高的話，得到的家人補貼等也會增加。另外，子女教育補貼、職務補貼及住房補貼也都是依據基本工資計算的。退休金的金額也是由基本工資計算得出的。

總之，工資體系是等級體系的具體體現。公司很大程度上滿足著員工金錢所需。Fumei香港負擔著日本員工在日本的生活費用。公司提供的各種補貼基本上可以滿足日本員工家人的經濟需求。員工們等於享受著相當於基本工資55%的家人補貼、40%的子女教育補貼及72%的住房補貼。公司同時還提供和支付相當於月薪五倍的獎金與3.8倍的全年個人所得稅。另外，員工在退職時還會得到1,400萬日圓的退職金。

會社通過各種方式來滿足著日本員工家庭各方面經濟需求。但另一方面，日本員工也沒有會社以外的收入。由於日本員工們的太太均不工作，她們對於家庭收入完全沒有貢獻。因此，日本員工每個月的工資是家庭的主要經濟來源。也因此，日本員工對會社的依存度很高。

七、Fumei 香港當地員工的工資體系

Fumei 香港當地員工的工資體系分為4部分。即：基本工資、補貼、獎金和名為雙倍工資（每月基本工資的兩倍）的年終獎金，以及其他。基本工資由員工所處的等級所決定。員工的工資與其工作內容無關這一基本原則也適用於香港員工。例如，等級為90的售貨員與等級為90的廚房助理的基本工資相同。

基本工資每年都會有所增加。但具體的漲幅由Fumei 香港的經營管理層綜合考慮通貨膨脹率、公司的財政狀況以及同業間的平均工資上漲幅度等因素單方面決定。

如果日本員工依據香港員工的工資體系來拿工資的話，1992年時全體都會在等級13以上。然而，當時處於等級13以上的香港員工只有19人（占全體香港員工的1%）。換言之，99%的香港員工比日本員工的工資低。

補貼由職務補貼、獎勵、專門技術補貼、節假日出勤補貼、餐補、交通補貼、遠距離通勤補貼、住房補貼及特別補貼構成（表14）。所有的員工都會有交通補貼與餐補，遠距離通勤補貼則只有總部和紅磡店的員工才有，以此來補償去位於地理位置較為不便的工作地點上班的通勤時間成本。但是，這樣的補貼金額很有限。

其他的補貼則被分為高級員工與初級員工兩大類。前者主要是職務補貼，具體由所處等級與工作類型來決定。公司並不提供香港員工家屬補貼或子女教育補貼。1992年，1980名香港員工中，只有19人有住房補貼，而這19人領取的住房補貼也只有800港幣到1,000港幣不等。

初級員工有一些其他名目的小額補貼。獎勵旨在減少缺勤及督促員工遵守時間。假期出勤補貼則確保了週末與法定休假日繁忙時節的勞動力。但這些補貼均屬於特別獎勵，與日本員工的情況不同，公司並不自動支付。特別補貼是面向等級為90到30的員工，以補償他們因為特殊工作內容所承受（例如，肉類、鮮魚櫃檯的銷售工作）肉體上的疼痛。但是，這種補貼金額也非常有限。

除基本工資外，香港員工在快到農曆新年時會得到雙倍工資或者獎金。雙倍工資是香港法律規定的，只要結束了實習期的所有香港員工都會得到雙倍工資（當然，具體金額由等級決定）。

與雙倍工資不同，獎金的計算方法由公司決定。1992年時，香港員工得到的最高額獎金為基本工資的1.5倍。與雙倍工資加在一起就是基本工資的3.5倍。但這一金額只是日本員工獎金的一半。不僅如此，香港員工的獎金與日本員工不同，會依據對其工作的評價來決定。

另外，香港員工與日本員工相同，也可在公司內的店鋪以10%的優惠購物。每月的優惠額度，等級10至22為2,500港幣，等級30至50為2,000港幣，等級60至90為1,500港幣。但是，與日本員工不同，香港員工的超額優惠購物金額申請，並不一定會得到許可。

關於醫療保險，香港員工在接受公司的醫生治療時，初級員工需支

表14 1992／1993年度 Fumei 香港當地員工工資表

職位種類	等級		基本工資	職務補貼（主管）			特別補貼（特別部門）					補貼				遠距離通勤補貼		住宅補貼	合計(min)	合計(max)
				主管	採購員	FIC	店長	SM收銀服務	食品服務	SM1(魚肉)	SM2冷凍乳製品	SM3(日用品)	專業技術補貼	獎勵	節日出勤	餐補	交通補貼	總部	紅磡店			
	09		23,000	4,000	--	--	--	--	--	--	--	--	--	--	--	300	100	150	--	1,000	28,400	30,050
管理	10	店長	21,000	3,000	--	--	1,000	--	--	--	--	--	--	--	--	300	100	150	--	1,000	25,400	28,050
	11	店長	19,000	2,000	--	--	1,000	--	--	--	--	--	--	--	--	300	100	150	--	1,000	22,400	23,550
	12	店長	16,000	1,100	--	--	1,000	--	--	--	--	--	--	--	--	300	100	150	--	900	18,400	19,550
	13		13,400	1,000	--	--	--	--	--	--	--	--	--	--	--	300	100	150	--	800	15,600	15,750
	15	採購員／FIC	11,000	800	200	200	--	--	--	--	--	--	--	--	--	300	100	150	--	--	12,200	12,550
	17	採購員／FIC	9,900	800	200	200	--	--	--	--	--	--	--	--	--	300	100	150	--	--	11,100	11,450
	18		8,000	600	--	--	--	--	--	--	--	--	500	--	--	300	100	150	--	--	9,000	9,650
事務	19	採購員／FIC	8,800	700	200	200	--	--	--	--	--	--	--	--	--	300	100	150	--	--	9,900	10,250
	20	採購員／FIC	8,000	600	200	200	--	--	--	--	--	--	--	--	--	300	100	150	--	--	9,000	9,350
	21	採購員／FIC	7,300	500	200	200	--	--	--	--	--	--	--	--	--	300	100	150	--	--	8,200	8,650
	22	FIC	6,700	400	--	200	--	--	--	--	--	--	--	--	--	300	100	150	--	--	7,500	7,950
監督	30	特別部門	5,800	--	--	--	--	--	300	300	200	150	500	350	300	300	100	150	100	--	6,350	7,600
	40	特別部門	5,200	--	--	--	--	--	300	300	200	150	500	350	300	300	100	150	100	--	5,950	7,200
	50	特別部門	4,540	--	--	--	--	100	300	300	200	150	500	350	300	300	100	150	100	--	5,290	6,540
一般	60	特別部門	4,350	--	--	--	--	100	300	300	200	150	500	350	300	300	100	150	100	--	5,100	6,350
	70	特別部門	4,150	--	--	--	--	100	300	300	200	150	500	350	300	300	100	150	100	--	4,900	6,150
	80	特別部門	4,050	--	--	--	--	--	300	300	200	150	--	350	300	300	100	150	100	--	4,800	5,550
	90	特別部門	3,950	--	--	--	--	--	300	300	200	150	--	350	300	300	100	150	100	--	4,700	5,450

註：專門技術補貼的支付物件為維修部門的所有等級的員工以及藝術家、設計師、攝影師等職位的所有等級的員工。

付 25 港幣，高級員工則需支付 20 港幣。雖然是很小的金額，但是與免費接受身體檢查的日本員工（及其家人）相比，還是有著很大的差異。

香港員工的醫療補貼中不包含入院費、手術費以及家人的醫療費。還需要自己支付相當於月收入 1.5 倍的個人所得稅。

從結果來看，Fumei 香港的日本員工與香港員工的工資體系有著很大的區別。不管是給付範圍還是金額，公司滿足日本員工的經濟需求更多一些。另一方面，香港員工與日本員工不同，擁有很多公司以外的收入。根據筆者於 1992 年的調查，香港高級員工在公司以外的收入主要是配偶的勞動收入。53 名被調查者中，25 人已婚。其中，女性 13 人，男性 12 人。這 13 名女性員工全體，以及 12 名男性員工中的 8 人的配偶在工作。另外，8 名女性員工、6 名男性員工回答說自己的收入占家庭總收入的一半以下。

第二，不管是日本員工還是香港員工，其工資薪酬均與等級息息相關。基本工資、職務補貼、住宅補貼、雙倍工資以及員工優惠等都是依據等級與基本工資計算得出的。加班費與獎金的計算也同樣如此。

八、Fumei 香港日本員工的晉升體系

接下來筆者將從員工對上司的依賴程度，也就是 Walder 所說的「員工為滿足自身的需求對上司的依賴程度」（Walder 1986:20）來進行分析。根據 Walder 的分析，此依賴程度取決於兩個因素。第一，上司是否擁有部下的生殺晉升大權；第二，這種權力是否是被大家認同的，或是由官僚制的規定所支撐（同上引）。

接下來的兩個小節將關注上司在部下的升職審核中所發揮的作用，來考察部下對上司的個人依存度。據筆者的觀察，在 Fumei 香港，不存在任何抑制上司自由行使決策權的壓力，Fumei 香港日本員工的晉升與否由董事決定，而香港員工能夠晉升很大程度上則取決於自己的日本上司。

與其他日本企業相同，Fumei 內部的晉升、調職、下崗及解雇等人事決定均由人事課來統一管理。人事課對所有日本員工（在日本國內外工作的所有日本人）晉升進行考核。這一考核分為上司的評價、筆試及面試 3 個部分。

考核的第一階段主要是員工的業績、表現及個人的資質這 3 個方面。在考核中，上司需要對被考核者做出評價。此時，個人的協調性、自製力及業績等都通過形式化、標準化的計算方法來測量。各個方面都會被評分，合計的總分即為考核所得分數。得分最高為 S，其後是 A、B、C，而最低分為 D。在等級中，晉升所需的標準年數、最短年數等則是由公司與組合（工會）達成一致協議。若在考核中取得高分，就可以縮短晉升所需的時間（表 15）。而晉升所需的具體分數根據員工原本所處的等級不同而有所不同。例如，等級為 L1 的員工，如果在 3 部分的考核中均得到 A，那麼即使在 L1 這一位置上只工作過 1 年，也算達到晉升所要求的最低標準。而等級為 M2 的員工，根據規定必須得到 S 才可以晉升。就算工作一年考核各項均得 A，也是不能晉升的。

（一）筆試與小論文

　　考核的第二部為筆試或者小論文的撰寫，而具體根據資格晉升（例如，從 L3 到 L2 的同一級別內的晉升）與跨級別晉升（從 L 級別到 M 級別的晉升）有所不同。

表 15　Fumei 日本內的晉升標準速度

等級	最短年限	標準年數	標準年齡
E1　P1	無規定	無規定	54
E2　P2	無規定	4	50
E3　P3	無規定	4	46
E4　P4	無規定	4	42
M1　S1　R1	1	3	39
M2　S2　R2	1	3	36
M3　S3　R3	1	3	33
M4　S4　R4	1	3	30
L1　R5	1	2	28
L2　R6	1	2	26
L3　R7	1	2	24
J1　R8	1	2	22
J2	1	2	20
J3	1	2	18

在資格晉升中，候選人被要求根據公司指定的題目撰寫小論文。例如，「請論述想要實現公司新年號雜誌中討論過的幾項目標，具體應該採取怎樣的措施？」而在跨級別晉升中，候選人需要參加依據小川會長的著作為基礎的筆試。也就是說，想要通過筆試得到晉升，候選人需要熟讀會長的著作。通過這種方法公司可以考查員工對公司的忠誠度（至少表面上）。

筆試與小論文由 Fumei 日本的人事課給予評分，將結果分為上、中、下。而得到「上」的人即通過了在考核的第二階段中的考試。

（二）面試

通過了前兩個階段的考核之後，還有面試等著各位候選人。L2、R6 及其以下等級的員工要接受課長的面試。E3、P3 及其以下等級的員工要接受部長的面試，而 E2、R2 級別的員工則要接受社長的面試。

面試結束後，面試官將會根據要求將結果提交給各相關部門。對於等級較低的員工晉升由人事總務課課長決定，中間等級的員工晉升則需要經營會議討論，而高等級的員工的晉升則由董事會決定。

這種形式化、標準化的考核手續某種程度上限定了上司在晉升過程中的許可權，但上司對部下的晉升擁有非常重要的決定權（特別是在考核的第一階段與第三階段）。Fumei 香港將日本員工與香港員工的考核流程簡化，重視董事的考核。根據筆者對日本員工的採訪得知，日本員工的晉升候選人只要通過第一階段與第二階段的考核，董事會議就會以他們的筆試或小論文的成績，為依據制訂最後入選名單。董事會議可以說是一個黑匣子，沒有人知道晉升是怎樣被決定的。筆試或小論文的成績在某種程度上限制了董事的自由決策，但董事們還是擁有很大的權力。

董事們在作決定時，有時可以忽略考核結果。例如，據某位日本員工說，1992 年，Fumei 日本的人事課長以某位晉升候選人在考核的第二階段中的業績不合格為理由，否決了他的晉升。但是，Fumei 香港的董事們則不顧總部的決定晉升了該員工。

本來是形式化、標準化的考核手續，有時在個別的考核中並不被執行。因此，晉升由官僚制度變成了個人決定。日本員工的晉升很大程度上依存於董事們的個人支持。而這些董事們的晉升則仰賴於他們的上

司──社長。由此，小川海樹站在這一權力金字塔的頂端，具有對公司所有員工（從社長到初級員工）晉升相關的最終決定權。結果是，對公司的忠誠度及其背後的根本原理（即會社的存續與繁榮優先於各員工的利益這一原理）與對某一個人的忠誠度混雜在一起。董事們在等級體系之中，提拔忠於自己的部下時，董事與部下間的關係帶有後援人與依賴者的色彩。

九、Fumei 香港當地員工的晉升體系

關於香港員工晉升的人事決定，社長與董事們較為看重總部的課長與店長的推薦，而這種推薦以候選人名單的形式呈現。公司內部並沒有正式的候選人晉升流程規定以及推選候選人的評價基準。因此，總部的課長與店長對於晉升手續以及評價基準擁有很大的選擇權。雖說董事對於香港員工的晉升有絕對的權力，但總部的課長與店長對於晉升初選也擁有很大的影響力。

Fumei 香港將香港員工分為四組，即：等級 15 及其以上、等級 22 至 15、等級 30 和等級 90 至 40。關於第一組的晉升，董事會擁有唯一決策權。由於決策沒有形式化、標準化的手續，具有很大的彈性。董事可以自由決定評價基準，因此，在其位置之下的員工沒有人知道實際的評價基準如何。董事們的決定反應了個人的封閉性思想。

對於第二、第三組的香港員工的晉升，雖由董事們做出最終決定，但候選人名單則由人事總務課課長準備；而這裡的選擇基準由總務課長個人定奪。1992 年，人事總務科督促總部的課長、店長對自己的部下進行推薦，但並沒有告知推薦的標準是什麼。在列推薦名單時，有幾位店長與自己店中的課長進行商量。但更多情況是，店長、總部的課長會根據自己的意願來決定。因此，店長與總部的課長各自擁有一套自己的評價標準。

制定出的候選人名單會提交由人事總務課所召集的經營會議。經營會議敲定的最後名單要提交給董事會。從初級員工到高級員工的晉升會在課長與店長等出席的會議中討論。據曾經參加過人事決定討論會議的某位香港員工回憶，會議的前半部分主要用來討論關於第三組員工的人

事決定。人事總務課課長首先要求出席會議的所有人員對所列的晉升名單進行說明。被列出的理由,大都較為主觀。例如,促銷課課長在推薦自己的秘書時列出:該秘書長年累月在他的部門服務,經驗豐富。如果這次還不能得到晉升的話,她說要辭職。促銷課課長並沒有客觀說明要晉升該秘書的理由,只是反覆強調不想讓該秘書辭職;而為了不讓該秘書辭職,他已經口頭約定這次肯定會晉升她。有意思的是,對於這樣主觀的理由,卻沒有人提出質疑,也沒有人要求該課長進行更進一步的說明,晉升順利被批准。實際上,在當天的會議中,所有的晉升推薦都一致通過。

在對第三組香港員工晉升的討論結束後,當天與會成員又會對第二組的候選人晉升進行投票。由於並不是所有出席者都認識候選人,並對其有所瞭解,所以首先會由人事總務課的秘書分發附有照片的候選人個人材料。出席者被要求在紙上記錄下他們所反對晉升的號碼。如果遇到5人以上的反對票,那候選人就不能被晉升。

實際上,在當天的會議中,有幾個人的晉升被否決了。例如,服裝與雜貨商品部的部長推薦了3個人,其中兩人的晉升都被否決。據某位與會人員說,與會議的前半部分不同,由於投票為匿名的,對候選人的意見也就比較直率。與此相對的,在前半部分的會議中,面對面地否決同事推薦的候選人總是有所忌憚。

看起來這樣的會議在某種程度上抑制了不公平待遇的主觀發生性。但是這種會議並不是明文規定必須召開的。1992年,新任人事總務課課長上任後,隨即終止了關於晉升的投票會議。他在1993年與1994年要求總部的課長和店長向他提交候選人名單,然後由他向董事會直接提交最後名單,做最後的確認。據負責輸入候選人名單,以及最終確定晉升人員名單的香港員工所說,一般情況下,董事會不會做任何更動而是直接批准。由此,在新任的人事總務課課長之下,總部的課長和店長們對部下在公司內的晉升有很大的提名權。

人事總務課課長還負責制定第四組香港員工的候選人名單。他擁有按照自己標準來制定名單的許可權。1992年,人事總務課課長賦予店長們提交店鋪最終晉升名單的完全決定權。而店長則賦予店鋪中的課長們很大的自由決策權來制定候選人名單。

例如，屯門店的服裝課課長將確定初級員工晉升候選人名單的任務，作為其部下科主任的工作內容之一，並督促科主任制定相關的評價標準。根據筆者的採訪調查，男裝科主任最注重的基準之一為工作年數，但比起工作年數，其他科主任更注重能力。屯門店的服裝課課長先從科主任那裡拿到晉升候選人的名單，然後召開會議來確認提交的最終名單。

紅磡店的服裝課課長則採取了不同的方法。在1992年，他想提升20幾位員工（童裝科10人、男裝科6人、女裝科6人）。但是根據該課的預算，當年他只能從73名員工中提升11人。他花了三天時間反覆閱讀名單來考慮可以去掉的人。最終，他提升了童裝科的5人、男裝科的2人與女裝科的4人。在過程中，他認為即使是科主任們制定的候選人名單，結果應該和自己設定的一樣。因此在制定候選人名單時，他從未徵求過部下科主任們的意見，便將自己制定的名單提交給由店長召開的經營會議。接到名單後，店長又依據課長的推薦進行甄選，以制定出向上級提交的最終名單。這個過程，店長對課長制定的名單極大的信賴，又將名單提交給董事們來做最後的確認。公司對前面提到的經營會議，也沒有明確的相關規定，因此店長可以指定出席人員。例如，1992年的紅磡店經營會議中，主管該店經營的副店長並沒有參加。原因是店長不喜歡副店長，於是由人事課課長頂替副店長參加會議。

由此可看出，Fumei香港的董事們雖然擁有對香港員工人事變動的最終決定權，但他們給予人事總務課課長極大的信任與任命權。而人事總務課課長在候選人名單的制定中得到了店長與課長的協助，所以店長與課長對人事任命就擁有影響力（該權力並未受到制度上的制約），他們對香港員工（特別是等級為15以下的員工）的人事變動擁有極大的決定權。因此，希望得到晉升的香港員工，對自己的直屬上司產生很大的依賴性。

在這裡要再次強調的的是，幾乎所有的課長和店長均為日本人。在1992年時，4位店長中有3人為日本人，而12位店鋪課長中有9人為日本人。其次，10位在總部工作的課長中，有5人為日本人。不僅如此，在總部工作的5名由香港人擔任課長的上司均為日本人（對於晉升之類的人事變動，前者經常需要與後者協商）。因此，與其說香港員工能否晉升依賴於課長及店長，不如說實際上是依賴於日本人的決策。香港員

工的晉升中，日本員工起著決定性的作用。在公司內產生了日本人的身分帶來較高社會地位的現象（至少就經驗來看），而這一點在筆者的調查中也得到了印證。在筆者的調查中，有 75% 的回覆認為，與日本員工保持關係在晉升中非常重要。另外，有 92.3% 的回答者認為日本員工對自己是否擁有良好的印象在晉升中最為關鍵。因此，導致支配者與服從者之間出現不平等的原因就歸結到了兩集團各自所固有的民族性差異上。

十、結論

在本章中，筆者論述了 Fumei 內的職務組織架構與分擔、等級體系、工資體系及晉升體系是怎樣引起員工對公司的社會依存、經濟依存，以及對上司的個人依存。這些體系對日本員工與香港員工均有很深的影響。與香港員工相比，日本員工對公司的社會經濟依存度更高，但香港員工的晉升又必須透過日本員工的提名。這種依存結構正是 Fumei 經營支配的物質基礎。

在員工們的社會經濟依存背景之下，會社讓員工們順應於「會社人」或者「擁有自然人特徵的法人」這一模式，並根據順應度的不同進行獎懲。換言之，當會社與員工們的社會經濟依存狀態俱有高度關聯性時，它會透過賦予員工地位、職業發展，以及調節經濟方面的恩惠等手段，來隨心所欲地控制員工。

第五章　經驗與身分認同的政治以及經營管理

一、前言

在本書的第一章中，筆者論述了在日本社會中，會社是一種圖騰，日本人依據所屬的會社不同而被分類。在這種圖騰主義之下，是否是會社的正式員工具有非常重要的意義。在 Fumei 日本，正社員與準社員之間的差距也反映在工資和晉升體系中。而這種圖騰主義，在 Fumei 香港也可以清楚看到。Fumei 香港將員工明確地劃分為日本員工和香港員工。如第四章中所示，Fumei 香港採用二元人事制度。在該制度下，日本員工和香港員工被置入不同的等級、工資及晉升體系之下。本章將考察二元人事制度所擁有的文化含義，以其對 Fumei 香港的經營管理所給予的影響。筆者認為，二元人事制度可被視為是界定日本員工，以及香港員工的個人身分認同、利益關係和經驗制度方面的實踐。筆者會論述員工的身分認同、利益關係以及經驗怎樣通過其他制度被習慣化，以及如何通過民族性的不同而被自然化。

二、海外日系企業的二元人事制度

如第四章所述，在 Fumei 香港，日本員工與香港員工被置身於不同的等級、工資及晉升體系中。這並不是 Fumei 香港特有的現象，而是海外日系企業普遍存在的現象（Kidahashi 1987; March 1992; Sumihara 1992; White and Trevor 1983）。例如，March 指出，海外的日系企業員

工被分為日本員工與當地員工這兩個範疇，前者處於較高地位（March 1992:88）。這種二元制度主要反映在工作的安定程度、待遇及晉升機會等方面（同上引:122）。White 和 Trevor 認為倫敦市內的兩家日本銀行，以及一家日系貿易公司採用著二元人事制度。在該制度下，與當地員工相比，日本員工在各方面都得到了優待。他們同時認為這種二元人事制度是倫敦日系企業的普遍現象（White and Trevor 1983:97）。

　　二元人事制度表現出日本員工與當地員工在工資，及人事方面的不平等。另外，二元人事制度規範置身於不同等級、工資及晉升體系的日本員工，以及當地員工的個人身分認同、利益關係與經驗制度的具體實踐。制度方面的實踐根據 Deetz 的廣義定義，包括「建築物、技術、特定的社會組織機構以及語言等方面的實踐」（Deetz 1992:126）。由於日本員工與當地員工處於不同的等級、工資及晉升體系，讓他們之間形成固定的位置關係，看問題的方法以及意向都不盡相同。由此，日本員工與當地員工的不同就成為一個原本就存在的既成事實。而這種不同與等級、工資及晉升的形式等密切相關。與當地員工相比，日本員工被優待並享有很大的權力。當然，這種位置關係在 Fumei 香港的政治關係中，並不是唯一。依據能力的不同來決定員工的薪酬也不是沒有可能。但是，由於前述具有任意性的位置關係通過歡迎會、送別會、忘年會及新年會等一系列的制度實踐而被習慣化（仿佛這是唯一可能的位置關係），進而排除了其他的可能性。

三、習慣化

（一）歡迎會與送別會

　　Fumei 香港的人事總務課會為剛剛來到香港的日本員工，或者在香港任期結束快要返回日本的員工舉行歡迎會與送別會。會場一般為隸屬於 Fumei 集團旗下的餐廳。這種場合勢必傳達了一些促進員工團結的訊息。歡迎會時，首先是社長的發言。而這一發言面向剛從日本來到香港的日本員工，強調日本員工才真正擔負著公司經營責任，而香港員工只是協助日本員工的工作，不具有經營上的責任。送別會時，社長則會慰勞馬上就要回國的員工，祝願他們歸國後的工作順利。社長的發言結束

後大家會乾杯。正如 Ben-Ari（1993）所指出的，這種乾杯旨在表現員工間團結的儀式。有趣的是，在聚會開始前，人事總務課的負責人會非常細緻地提前決定座席的順序，將社長與歸國的員工或者新入社的員工安排在同一席位，另外，分散董事席位安排，讓他們每人坐在不同的桌子。而這種安排進一步加強了日本員工間家人般的氛圍。但是，香港員工不管是高級員工還是初級員工均沒有機會參加這樣的聚會。

（二）忘年會與新年會

忘年會與新年會也是營造日本員工間像家人般氛圍的良好機會。社長就像家族中的家長準備這些聚會。例如，1991 年末，Fumei 社長於九龍半島中心地區的韓國餐廳舉辦了忘年會，日本員工全體出席。忘年會從每位員工的發言開始。大家的發言結束後，韓國酒被端上桌來，年輕員工們都變得很放鬆。他們喝了酒之後暫時忘記公司內部的上下關係，以對待自己同期入社的員工態度與上司對話。據參加這次忘年會的某位日本員工所說，某位年輕員工走到自己的直屬上司面前乾杯之後，開始訴說起自己對上司的不滿。訴說完不滿之後，竟想要動手打上司，後來由其他員工制止才沒有引起事端。這一年輕員工的行為雖然違背社會規範，但日本員工可以通過這種行為，撕去日常生活中的面子與社會假面，說出自己的心裡話。而這正是 Ben-Ari（1993:10）所說的「社會全裸狀態」（social nudity）。Ben-Ari（同上引:11–12）認為通過這種「社會全裸狀態」可以喚起日本員工間的一體感與團結意識。忘年會結束時，除了需要付帳的社長以外，所有的日本人都爛醉如泥。

新的一年的迎新年會更是有家的感覺。1992 年的新年會是在社長家中舉行的。在 Fumei 香港美食廣場工作的日本員工帶來壽司，女員工為聚餐做準備。處於較高職位的員工負責準備遊戲，而社長則負擔食物的費用。另外，社長還會要求員工發表新年的抱負，並對他們的展望給予鼓勵。據某位女員工說，「『Fumei』是一個大家庭，而我們（日本員工）是兄弟姐妹。這種一家人的氛圍，在送別會、忘年會及新年會時格外強烈」。

（三）個人的社會生活

從員工們的個人社會活動可以看出 Fumei 香港的日本員工與香港員

工的分化。Fumei 香港的日本員工結束工作後，經常會一起去日本餐廳吃飯。吃完飯後，還有所謂的「二次會」，即集體去日式的卡拉 OK 廳唱歌或去酒吧喝酒。但是，在筆者以研究為目的進入 Fumei 香港工作的這兩年間，很少看到香港員工參與這種下班後的聚會。筆者認為有幾個原因。首先，日本人的生活方式與香港人的生活方式有明顯的不同。對香港人來說，與其喝酒，倒不如一起吃飯。另外，而且對他們來說日本菜太貴，很難負擔頻繁地去日本餐廳吃飯。第二，日式的卡拉 OK 與酒吧也是香港員工負擔不起的高級消費活動，且這些娛樂基本上都是男性導向，Fumei 香港員工大都為女性，不太願意參加這種二次會。最後，還有語言上的隔閡。

由此可見，正式的會社活動以及員工的個人社會生活中，日本員工與香港員工都被明顯地區別開來。因此，兩者關係之間的變動性被忽略，從而排除了其他位置關係的可能性。日本員工不知不覺中將自己看作是「優秀的日本員工」。而這就是前述一系列制度僵化所帶來習慣化的結果。有位日本女員工如是說：

> 我於 1991 年調職到總部負責銷售工作。表面上，我有一個中國上司，但我認為我比她的許可權大。因為我能參加只有日本人出席的會議，比中國上司更快地得到內部資訊。另外，我還可以參加公司組織的社交活動，但中國上司卻不能參加。因此，在 Fumei 香港，比起職位，身為日本人這一點更為重要。

這樣的位置關係，很明顯具有政治意味。日本員工與香港員工之間的區別是絕對的，其他可能的位置關係都被排除了。香港員工即使是處於高級員工的位置，也不能參加 Fumei 香港的一些重要會議，而這些會議是發布人事變動及公司經營方針等重要情況的場合。根據筆者對日本員工的採訪，1991 年 11 月的只限日本員工參加的會議中，Fumei 香港的社長就公司不太理想的上半年的業績發表了講話。他列舉公司新開店鋪的業績不良、費用增加及香港零售業不振等理由，但也補充業界中也有銷售額逆勢增加二到三成的企業，暗示了 Fumei 香港的競爭力低下。最後，他講到他相信人具有無限的可能性，期待在下半年 28 位日本員工能夠更加努力。在該會議中，社長還公布了 1992 年的人事變動。當時，社長要求日本員工對人事變動進行保密，不要告訴香港員工。

在只有日本員工參加的會議中，可說社長提供了兩種資訊。第一，「只面向日本員工的資訊」。Fumei 香港的經營不善就是一個很好的例子，只有日本人得知這點。第二，「優先讓日本員工知道的資訊」。新人事變動就是一例。日本員工於 1991 年 11 月就知道人事變動的資訊，而香港員工直到 1992 年 4 月才得到相關資訊。對資訊接觸的不均衡，使得香港員工在獲得資訊方面必須依賴日本上司。後者對前者所具有的權威性也通過這種依賴被不斷強化。換言之，由於對資訊接觸的不均衡，使日本員工與香港員工之間的不平等情況變得更嚴重。

四、自然化

最重要的是，前述的「優秀日本員工」這一位置，通過日本人這一民族性被自然化，而看作是理所當然。正如 Comaroff 夫婦所指出的，民族性不是人的本質，而是特定歷史下的產物：

> 當結構性不平等的集團同置於單一的政治經濟情境中，由支配者一方決定被支配者集團的社會及經濟界限，在不公平的分工下後者被置於依賴性的立場時，民族性就會成為一種自我意識。支配者與被支配者雙方在集團內形成相對照的存在，為了使物質、政治以及社會權利方面的不平等分配正當化，作為集團的成員這一權利會被用來作為原因進行說明。但是，當結構性的不平等被自然化，這種不平等被認為是來源於該集團特有的性質，對不平等的正當化才是完美的。因此，該集團的社會文化差異被視作是不平等的根源。也就是我們所說的民族身分認同。簡單說，民族性是結構性不平等在文化方面的表像（Comaroff and Comaroff 1992:55–56）。

與此相同，Fumei 香港的日本員工與香港員工間的二元人事制度也通過民族性而被正當化。但是，兩者的民族意識不同。對於作為支配者的日本員工來說，他們的民族意識採取防衛的方式，將他們對 Fumei 香港的支配正當化。這一意識形態是沒有任何科學依據的文化偏見或對香港員工的否定，而是將香港員工從 Fumei 香港的支配權中直接排除出來。

例如，據 Fumei 香港的某位女員工說，她來到香港一年左右，日本店長對她說，「把香港員工當作機器，像機器一樣使用他們」。另外，

當她在香港工作滿兩年被調到總部工作時，某位在公司擔任重要職位的日本人對她說，「將香港員工看作狗，像狗一樣訓練他們就好了」。

Fumei 香港的日本員工認為，因為香港人懶散、沒有責任感、很快就辭職以及不向部下教授知識，所以才不讓他們管理公司。通過這種偏見使他們對公司支配權的壟斷正當化。

另外，被支配者的香港員工也對日本員工進行否定，對他們持有輕蔑的看法。他們將日本員工稱為「蘿蔔頭」。10 年前，筆者一位日本人類學學者朋友，為了調查而長期居住在新界的農村裡。當他穿紅色衣服就會被村民叫做「紅蘿蔔」，穿綠色衣服就會被村民叫做「青蘿蔔」。而 Fumei 香港的香港員工則將日本員工稱之為「咖仔」（小日本）或者「白癡仔」，又或者「死仆街」（去死），對他們採取輕蔑的態度。如此，日本員工與香港員工的民族自我意識伴隨著對「集體性的自我認同」與「集體性的否定他人」。我們傾向認為這是人的本性，但在很多情況下其本質是反映對不均衡關係內所包含的緊張（Comaroff and Comaroff 1992:53）。

這種狀況被自然化後，日本員工優於香港員工這一位置關係就成為唯一可能。優秀是日本人本來就具有的性質這一信念成為廣泛的共識。在這一信念被共用的背景下，員工們根據自己是日本人還是香港人這一身分的不同，可知道自己被置於公司權力的內部還是外部。

因此，Fumei 香港的高級管理人員也不停地強調日本員工與香港員工的區別。他們多次說到香港員工的能力低或不值得信賴，因此無法向他們讓渡公司的管理許可權。日本員工的作用在於，對公司的重要事項作出決定，對香港員工進行管理使他們能夠有效地執行決定。因此，香港員工只要聽從日本員工的命令進行工作就好。日本員工向香港員工委以決定權是不可能的事情。某位日本員工是這樣說的：

> 香港員工傾向誇大自己的能力。當他們說能夠將銷售額提高 100% 的時候，你要理解為 30%。而日本人說到自己的能力都是很保守的。當我們說能夠將銷售額提高 50% 時，實際卻擁有可以提高 100% 的能力。因此，我們無法信任香港員工。還是應該由日本員工對公司的支配權進行壟斷。

由於無法信任香港員工，日本員工們認為應該由日本員工來支配

Fumei 香港。某位店鋪的日本員工發現店裡的高價商品被盜竊時，不是直接向香港負責的副店長彙報，而是向正在休假中的日本店長彙報。筆者向該日本員工詢問這麼做的原因時，他回答說日本店長才是真正的上司。

在這種狀況下，日本員工們努力表現為「優秀的日本員工」。理所當然地認為自己身為日本員工才能在公司負責重要工作，是擔負著經營責任的中心成員。日本員工越是遵守公司的規則，面對香港員工就越是感到一種責任感，也更加團結。也就是說，他們正在親身實踐日本論中典型日本人的形象。

另一方面，香港員工很自然地接受日本員工處於高一級地位這一現實的同時，不僅認為日本員工擁有特權是理所當然的事情，還接受這是一種必然。他們並沒有想要團結一致對抗日本員工來消除這種結構性的不平等。此外，也沒有想要努力暴露民族性指標具有任意性這一點。相反的，積極地謀求事業發展的香港員工努力與日本員工構築一種保護人與被保護人的關係。通過「自我宣傳」向日本人表明自己可以像日本員工一樣能幹，以此來摸索地位提高的路徑。關於這兩個戰略，第八章中會有詳細敘述。

綜上所述，Fumei 香港的員工依據民族性而被一分為二。由少數的日本員工構成優勢地位集團，壟斷著公司的重要職位；而與此相對的，多數派的香港員工則甘於較低的地位。

五、經營管理與霸權

如前文所述，日本員工與香港員工的身分認同、利害關係及經驗是通過一系列制度性的實踐而形成。兩者之間在工資、權力及機會等方面都存在著很大的差距。這一系列的制度性實踐可以說是 Deetz 所說「安靜的反覆的模仿行為」，而這一系列反覆行為「其本身是出於某種目的，卻擁有維持正常的、沒有矛盾的經驗與社會關係的功能」（Deetz 1994:194）。換言之，會社的經營管理只讓日本員工參與，而排除香港員工的這一位置關係，通過一系列反覆的行為被習慣化。另外，這一位置關係通過民族性而被自然化，從而隱藏了現有的不平等權力構造的任意

性,並排除了除此以外的其他權力構造的可能性。由此,「優秀的日本員工」這一位置成為絕對以及將不平等正當化的一種工具。日本員工與香港員工均將這種狀況看作是理所當然的。

由此,作為個體的日本員工很自然地努力表現為「優秀的日本員工」。他們本身也將自己看作是在公司負責重要工作,擔負經營責任的核心成員。更在香港員工面前表現得率先支持公司的政策,對香港員工的管理擁有責任,對工作全力以赴。總之,在這種文化性格中,他們將日本人論中的典型形象——為公司盡忠,富有責任感,以及勤勉看作是理所當然的事情。因此,他們認為日本員工比香港員工更加優秀,並將日本員工對 Fumei 香港的獨裁性支配正當化。

當然,並不是所有的日本員工都是稱職的「優秀的日本員工」。有一次,有位年輕日本男員工在飲酒場合與筆者有如下的對話:

> 我到底該怎樣做才能指導香港員工呢？我既不太會說廣東話,也不太會說英語。並且不瞭解香港的零售業情況。香港員工應該比我更瞭解。香港員工中有很多人工作能力都很強。我即使再怎麼努力也比不上他們。但是由於我是日本人所以在公司中擁有一個好職位。我對自己說在香港員工面前必須表現得聰明而又有能力,對此我一直很努力。由於這個原因,精神總是很緊張,晚上總是睡不著。

另一方面,香港員工則如在第三部分中所講述的,甘心處於不利的位置,努力與日本員工保持好關係,不斷地表現自己來謀求職位的上升。香港員工們與其說是在謀求社內金字塔體系中的地位提高,不如說他們是在人際關係方面進行競爭。而這種趨勢在結構方面帶來了兩個結果。首先,具有諷刺性的是這種趨勢使得日本員工的優勢地位得到了再提高。因為,在這一過程中「日本員工是優秀的」這一觀念被得到了再次確認。不管是成功還是失敗,日本員工的優勢地位都得到了再生產——當未能與日本員工構築良好的關係時,香港員工大都將原因歸結於自己一方,認為自己未能與日本員工進行良好的溝通,或者說自己未能取信日本員工。因此,香港員工為了個人利益而努力與日本員工構築良好關係,在日本員工面前努力表現自己等行為都為「優秀的日本員工」這一觀念的再生產作出了貢獻。由民族性的不同所形成的構造性不平等被兩個集團

認為是理所當然的,「優秀的日本員工」這一印象則被不斷地再生產。結果是,香港員工意想不到地為構造性不平等的永續做著貢獻,就像參加了一場永遠都不可能贏的遊戲。

第二,香港員工並沒有想過要開展自己的遊戲。他們非常自然地認為日本員工是優秀的,對這種觀念進行挑戰也沒有意義。因此,他們選擇服從公司的命令或者從公司辭職以外的可能性,即選擇依照自己的想法來改變公司內的不平等構造這一選項是不可能的。

通過上述對經營管理的討論,筆者所說的霸權權力的存在已非常清晰。如本章中的論述,霸權權力存在於身分認同的形成過程之中,並先行於所有的歷史性實體(agent)(不論是個人還是集團)。不過,不能因為這種霸權權力先行於所有的創造者,就將其看作是來自於歷史性實體或者結構。這種霸權意識的存在超越了每個員工以及調查者的意識。另外,霸權權力也先行於各種衝突。因為,霸權權力構築了日本員工與香港員工的利害關係(有時是衝突)。當某位香港員工接受「能力低下的香港員工」這一現狀時,他們會認為努力與日本員工建立良好的關係,以及在日本員工面前適當的表現自己是合理的行為,而不會想要集體推翻結構上的不平等。另一方面,當日本員工擔任起「優秀的日本員工」這一責任時,他們知道自己今後的發展與香港員工無關,而是取決於自己日本上司的看法。因此,對自己的上司,或者說在海樹面前進行適當的自我表現是合理的行為。更進一步,霸權權力在身分意識的形成過程中也發揮作用。而這種霸權權力相對於實體而言,既不是外在的也不是內在的,而是實體存在的條件。綜上所述,當存在於經營管理背後的霸權權力先行於所有的歷史性實體與衝突,成為「日本員工」、「香港員工」這一範疇劃分的存在條件時,經營管理也就變得非常有效率。不管是經營管理還是其背後存在的霸權權力都是不可忽視的。

六、文化與權力

第二部的兩章中,筆者對 Fumei 香港多元化的經營管理與結果——多元化的權力進行了記述。筆者藉由民族誌的記述方法,論述了權力是如何受文化影響。第四章中,筆者對 Fumei 的職務組織結構、等級體系、

工資體系、晉升體系、員工對公司的社會及經濟方面的依存及個人對上司的依存進行論述。而這種依存結構正是 Fumei 經營管理的物質基礎。此基礎上，會社使員工們順從於「會社人」與「具有自然人特徵的法人」這模型，並根據其順從的程度給予獎勵或懲罰。具體的實踐在 Fumei 香港對其員工所行使的強制力物質基礎。而這種強制力也是文化構造作用的結果。

在本章中，筆者從日本員工與香港員工如圖騰般的二元人事制度討論出發，考察一系列的制度如何將日本員工與香港員工間的差異習慣化，促進了兩集團身分認同與利害關係的形成；同時這些差異又怎樣通過民族性被自然化。由於差異被自然化形成慣性，香港員工接受公司的不平等構造而未採取任何反抗的態度。另一方面，日本員工對自己作為公司核心成員的意識非常強烈，被安排的工作全力以赴。而上述的文化機制的結果則是霸權權力的形成。

因此，單是使用權力這一要素是無法解釋清楚日本式職務的組織結構、等級體系、工資體系、晉升體系及二元人事制度等。因為，權力與其說是原因，不如說是作用。如第二部的兩章所看到的，職務的組織結構、等級體系、工資體系、晉升體系及二元人事制度等文化機制招來了權力。權力這一要素不能牽制具體的經營實踐，但文化可以規範權力。更進一步說，如第四章所示，同樣的文化機制可以對不同文化背景下的人們帶來不同的結果。由於香港的勞動市場、香港人對於出人頭地與成功的觀念、香港普通家庭的經濟狀況等因素的影響，香港員工對於會社的社會、經濟方面的依存度不及日本員工強。香港員工對於會社通過等級體系所施加的強制力，與日本員工有著不同的理解，並採取不同的策略。結果，「出世」等於在公司內部等級體系的攀升這一點只適用於日本員工。換言之，文化機制所發揮的作用以文化為媒介，並受文化規範。因此，我們應該避免將權力設定為普遍的概念。因為，權力既然由文化規範，它就屬於一種依存狀態。

七、日本的會社與經營實踐

Fumei 香港的經營實踐具體特徵究竟該如何歸因？如第一章所述，

會社、股東、經營者、員工間的關係背後一般原則是，會社相對於後面的三者都處於絕對優先地位。在這一原則之下，職務的組織結構、等級體系、工資體系及晉升體系等才會相互協調發揮作用，而這 4 個體系也有機地結合在一起。根據近年關於日本企業的研究，等級體系以及與之有著密切關係的工資體系影響著職務體系的組織結構。例如，Koike 的研究，歐美企業中所存在的根據工作內容決定工資（payment-by-job）的體系，與根據業績決定工資（payment-by-result）組合起來的工資體系無法促進員工積極積累經驗。與此相對的等級體系（如 Fumei 香港中所存在的）給予經驗積累以一定的報酬（Koike 1994:51, 63）。另外，Aoki 指出「工資體系（工資依據等級而非工作內容決定）、社內晉升、退職金制度等有效促進員工們積極獲得各種各樣的技能」（Aoki 1990a:50）。

此外，日本式的職務組織結構需要給予上司以人事決定權之類的考核制度。在美國，從 1930 年代起，以鋼鐵行業為首開始引入擁有固定流程的勞動考核手續，關於工資的設定以及晉升的決定都制定了詳細的基準，從而對經營者一方的獨斷專行給予了一定的約束（Aoki 1990a:17）。與此相對的日本並沒有設定擁有具體基準的制度化勞動考核手續。當然，一方面也是因為無法考核的非通常業務太多。如 Koike 所指出，日本的考核都依賴上司的判斷。上司也是通過公司內的晉升才上升到較高的位置，因此熟知部下的工作內容，所以可以很快地對部下的「知能知識」水準給予判斷（Koike 1994:52）。當然，對上司的這種依賴有時也容易引發裙帶關係、特殊照顧及欺負等（Aoki 1990a:56; Koike 1994:56）。話雖如此，如 Aoki 與 Koike 所指出，如果會社設定客觀的勞動評價制度（Koike 1994:56-7），對擁有不滿的員工設定參考標準（Aoki 1990a:56）的話，實現公平而又有效的考核制度也不是無法實現的事。

當然，這 4 個體系之間的關係，是在會社這一觀念下形成的。例如，職務的組織結構以會社可以隨意安排員工的工作內容（不管員工是否同意）為前提。關於這一點，從日本員工與香港員工對於工作地點的不同反應就可以感受得到。對於「會社人」這一模型（即員工的全身心都屬於會社這一想法），香港員工並不能理解。某位香港採購員曾經有過如下的抱怨：「公司沒跟我商量就將我調到了促銷課。在人事變動的通知下來之前，我對這一變動一無所知」。但該採購員最終也未向公司進行

直接的抗議，而是採用了辭職的手段來對公司表示無聲的抗議——她在人事變動的幾個月後向公司提出了辭呈。當時，她是這麼對筆者說的：

> 我很喜歡採購員的工作。公司憑什麼有權力不經商量就將我調職到促銷課？我只想做採購員的工作，所以，只能辭職。雖然不能和同事們見面了有一點可惜。

與香港員工的這種反應相對照，日本員工從來沒有想過自己可以和公司進行對抗（當然在心裡還是希望公司在作出人事決定時能夠考慮自己的情況）。筆者曾經問過一位日本員工，「如果你是那位採購員的話，會怎麼做？」他回答道，「因為是公司的決定，只能接受」。

八、家與會社——傳統的創造性

從某種意味上來說，日本會社的觀念可以說是日本傳統家制度的現代版。當然也有很多研究者對傳統家制度與現代會社組織之間的關聯性持否定態度。

> 我們一般認為作為經營活動核心的家概念一直存續到今天。但是，現今的企業在構造上的分化以及在功能方面的專業化等很難與傳統家族為核心的經營活動聯繫起來。如很多研究成果所指出，現今的日本企業所進行的經營實踐在制度方面與前代沒有任何聯繫。當然意識形態方面的連續性是存在的。但是，有意識地將家族的印象與現代企業聯繫起來的趨勢大概是進入二十世紀之後的新動向（Fruin 1992:67）。

當然，對於結構上的分化以及功能方面的專業化等，筆者並沒有想要進行家與會社的比較，也不打算否定將會社看作是家的這一意識形態是一種新事物。但是，當對家的特質以及家、村落及幕藩體制之間的關係進行考察時，總會不由自主地注意到家制度與會社在結構上的類似性。

在理解日本社會時，家制度所具有的重要性自然不言而喻。關於這一點，迄今為止有很多社會學學者、人類學學者及民俗學學者展開了生動的討論。在這些討論中，又以有賀與喜多野的爭論為代表形成兩種相對立的觀點。首先，在喜多野看來家是純粹由血緣構成的親族組織。與此相對的，有賀認為喜多野的見解存在缺陷，沒有血緣關係的僕人等也

是家裡的非正式成員。在有賀看來，家是由共同生活以及經濟方面的諸多因素所決定的法人集團。這兩種主張對其後的家族論的展開產生了很大的影響。

1991年，長穀川提出了與這兩種意見不同的第三種看法（筆者更傾向於他的看法）。長穀川以長野縣一個叫本間的村落裡「人別帳」（製作於1663年）為依據，再現了17世紀日本農村村落的社會結構，認為家是同時具有權利與義務的單位。這裡提到的「人別帳」是領主控制農民的工具，所有農民的戶籍都登記在其中。長穀川所研究的本間村「人別帳」顯示，本間村是一個由9個家，91人組成的村落社區。

> 「一軒前の家」是村落社會的基本單位，而那91位村民分別是9個「一軒前の家」的成員。他認為在近世村落社會中，所有的村民都必須隸屬於一個「一軒前の家」，享有一些基本的權利，也必須負上一定的義務，否則村民根本無法在村落社會裡生存。因此長谷川認為「一軒前の家」意味着某種在村落社會中權利和義務的單位（長谷川善計1991:71）。

「一軒前の家」之長被看作是家的代表，擁有「本百姓」的地位。17世紀的日本農民的身分制度包含了「本百姓」和「名子」兩種身分。擁有「本百姓」身分的農民，與作為「名子」的農民之間最關鍵的差異在於前者擁有「屋敷地」，而後者則沒有。因此，「本百姓」在「檢地帳」中被列為「屋敷地」的持有人。長穀川認為「屋敷地」應該被理解為封建領主，與「本百姓」建立的主僕關係的權力媒介。封建領主通過承認「本百姓」對「屋敷地」的擁有權而賦予「本百姓」在村落社會的一些主要權利，例如利用村落的山林或者水利的權利，及參加村落管理組織的權利等等。另一個方面，「本百姓」通過接受由領主賜予的「屋敷地」而承認自己作為封建領主的僕人的身分，對封建領主有一定的義務，其中包括每年向封建領主提供免費的勞役及地稅。

與此相對，「名子」並不擁有「屋敷地」。「名子」的年貢通過「本百姓」繳納給領主。因此，「名子」在理論上對封建領主沒有任何的義務與責任。但是，「名子」同時也沒有使用村落資源及參與村落社會管理的政治權利。「名子」要向「本百姓」租用「屋敷地」，才能使用村

落社會的資源。因此,「屋敷地」也是維持「本百姓」與「名子」主僕關係的權力媒介。

如上所述,對於農民來說「屋敷地」意味著權利與義務。「屋敷地」是權利與義務集合(被稱為「百姓株」)的象徵。而「百姓株」同時也被稱為「屋敷株」。因此,「本百姓」通過所有「屋敷地」而成為「百姓株」的所有者。如果「名子」擁有購買「百姓株」的經濟實力,也是可以變身為「本百姓」。反之,如果「本百姓」變賣自己所有的「屋敷地」,就會失去作為「本百姓」的地位,隨即降為「名子」。

「一軒前の家」不單包括了「本百姓」及其家庭成員,而且更包括了「名子」的家庭成員,而「名子」可能是「本百姓」的親戚,也可能是完全沒有血緣關係的人。在長谷川研究的舊本間村,「名子」往往不是與「本百姓」一起生活的;而每一個「名子」及其家庭成員組成經濟獨立的家戶。長谷川強調,「名子」的家戶並不能稱為「一軒前の家」,他們只是九戶「本百姓」的「一軒前の家」之成員(長谷川善計 1991:72)。也就是說,「一軒前の家」可以包括幾個不同的家戶,而每個家戶都是一個獨立的經濟共同體。因此,長谷川認為「一軒前の家」不能理解為血緣組織或者是經濟共同體(同上引)。相反的,「一軒前の家」應該理解為「本百姓」的權利與義務的單位。它與當今現代社會中的「株」(股票)相類似。

如上所述,家既然擁有「株」的性質,家的繼承就並不絕對是在親族關係中進行。由非親族來繼承「一軒前の家」是可能的(長谷川善計 1991:78–82)。更進一步說,擁有「株」性質的「一軒前の家」是可以買賣的。

在我們考察現代日本會社觀念時,「一軒前の家」的思想究竟擁有怎樣的含義呢?首先,與「一軒前の家」是村落的基本單位相對應的,會社是 Clark 所說的產業業社會(the society of industry)的基本單位(Clark 1979:50)。

第二,家與會社在具有獨立自主性的同時,其永存被看作是第一要義。村落是「一軒前の家」的上級單位,作為上級單位的村落擁有控制「一軒前の家」的權利。村落的代表「莊屋」所擔負的第一個責任即確保各個「一軒前の家」的存續以及健康發展。因此,「莊屋」對於家株

的新增、買賣、繼承及廢除等都非常謹慎小心。但「一軒前の家」同時也是獨立的。領主承認家的獨立自主，並為家的存續做出努力。領主通過採取各種規制手段來防止「莊屋」從個人利害關係出發的越權行為。規制手段之一則是「年寄制度」。「年寄」在對「莊屋」的行為進行監視的同時，還肩負著聽取村落成員意見的責任。「年寄」的作用在於維護並促進全村的利益（Befu 1968:303）。因此，「莊屋」不能隨心所欲地干涉「一軒前の家」的事務。

由此，「一軒前の家」保持了它的高度獨立與自主性。但是，「一軒前の家」的至上命題依然是存續。關於這一點，對會社也是適用的。如第一章中所述，會社在穩定股東制度下，在股東的影響力面前保持著一定的自由。但是，當會社的存續受到威脅時，肩負責任的經營者就會被排除在經營管理體系之外（三越的岡田事件）。

第三，家與會社都是由擁有不同地位的人構成。「一軒前の家」由「本百姓」與「名子」這兩個範疇構成。兩者雖然都是「一軒前の家」的成員，但在地位方面卻存在着很大的差異。「本百姓」是「一軒前の家」的代表，擁有參加村落集會的權力以及對公共資源的使用權。與此相對的，「名子」雖然對「一軒前の家」的經濟有着很大的貢獻，卻並不是「一軒前の家」的代表，對家中各種問題沒有發言權。「名子」只有成為「一軒前の家」的成員，才能利用村落資源。因此，他們必須總是服從「本百姓」的權威。而「本百姓」則可對「名子」個人生活的各個方面（如結婚與財產繼承等）進行干涉。「名子」可以說幾乎沒有個人自由（長谷川善計 1991:86-87）。

不用說，「本百姓」對於「名子」的權威並不是出於個人的領導魅力，而是來自於「一軒前の家」的力量。作為家的代表，「本百姓」對於家成員的權威並不來自於統帥力，而是其所處的地位（Nakane 1967:18-20）。因此，家成員對於「本百姓」的忠誠並不來自於對「本百姓」個人的忠誠，而是來自於對「本百姓」背後家的忠誠。

嚴格意義上講，「本百姓」並不擁有自己的財產。財產，至少在名義上屬於家，而不屬於個人（Nakane 1967:4）。從這層意義上來講，「本百姓」只不過是在看管家的財產。因此，「本百姓」不可以根據個人的意願變賣本應由子孫繼承的財產。這是家產觀念最基本的前提。也適用

於家風、家屋、家業及家憲等方面。這些都是強化家優先於成員的因素。家業、家產、家屋及祖先等都不是「本百姓」的個人財產，而屬於作為整體的家。因此，對於「本百姓」的讚賞或批評究其根本也不是面向其個人的，而是面向家全體的（Dore 1958:100）。

　　同樣的邏輯也適用於會社之中。會社中存在經營者與員工這兩個範疇。經營者擁有會社的支配權，而員工則接受經營者的管理。不過，經營者的地位與權力與其說是因為他的能力，不如說是因為他代表著會社。

　　第四，不管是對家還是會社，最為優先考慮的是家或會社的永存與繁榮。「本百姓」作為家的代表，必須守衛家的利益；而家的利益在「一軒前の家」與其代表的關係之中被強調，約束其代表的行為。家制度擁有讓家的代表（即家長）對家的永存與繁榮進行奮鬥的文化機制。例如，在富裕的家庭之中設有監督家長行為的機制。有關家裡的重要事宜，須由親族中的年長者們所構成的親族會議決定。另外，家長表現出無能的一面時，或者家長的行為危害了家的存續時，親族們可以強制其隱居。當家長判斷自己所有的親生兒子均無支撐其家業的能力時，他可以將自己的親生兒子逐出家門，迎進有為的養子。將親生兒子逐出家門與養子制度確保了家擁有維持其永續與繁榮所需要的經營者。

　　上述的情況在會社中也是如此。經營者首先必須最優先考慮會社的利益，不然，他會因為股東的介入而被廢除。當經營者判斷自己的親生兒子不足以勝任繼承者的位子時，會將其兒子排除在會社的經營之外（如海樹長子的例子）。

　　第五，家中的「名子」由家所有，而會社中的員工則由會社所有。如前文所述，「名子」為了獲得村落相關的諸多權利，可以從「本百姓」那裡租借「屋敷地」，從而成為「一軒前の家」的成員。「名子」與「本百姓」未必存在血緣關係，但之所以會成為「一軒前の家」的成員，是因為他們同屬於一個家。「名子」是家的財產。由於家的存續與繁榮關乎「名子」及其家人的生存，因此，他們樂於為了家的利益而犧牲自己的利益（同時也期待通過這種自我犧牲，家人可以得到回報）。而同樣的情況在會社這一脈絡中也可以找到，其代表是為了會社而犧牲自己的家這一想法。與「名子」具有相似性質的員工，與其說受雇於會社，不如說屬於會社。他們被期待為了會社的利益全力以赴地工作。

第六，不管是家還是會社，其成員的社會地位均由家所處的地位、以及會社所處的地位所決定。如前文所述，「本百姓」與「名子」均需隸屬於某個家。不屬於任何家的人，其存在是得不到社會承認的。換言之，他們在作為個人存在之前，必須是某個「一軒前の家」的成員。所有的農民都隸屬於某個家，他們的地位也就由家的地位所決定。因此，出身於「名子」家庭的人不被看作是村落的正式成員。他們只有從屬於某個「本百姓」才能夠成為「一軒前の家」的一員。另一方面，代表「一軒前の家」的「本百姓」是村落的正式成員。他們的社會地位在得到領主承認的同時，也必須發誓對領主恭順。不過，領主與「本百姓」的主從關係，以及「本百姓」與「名子」的主從關係，並不是個人性質的，而是以家為媒介（長穀川 1991）。這一點也適用於會社。經營者與員工的社會地位由會社所處的地位所決定。

最後，家的家長與會社的經營者分別由家與會社所有。如前文所述，在日本傳統的家制度中，按照道德標準家的永存與繁榮應該被看作是優先考慮的。如養子制度所顯示，家長的父系血緣系統連續性有時會為了家的存續而犧牲（Bachnik 1983; Befu 1962:38）。也就是說，家長歸家所有。家長與「本百姓」與「名子」相同，均為家的財產。而這一點對會社也適用。經營者與員工一樣，必須將會社的永存與繁榮放在最優先的位置。

當然，通過對家與會社在構造方面類似性的比較，筆者並不是想要強調會社即是家，或者會社是家的延伸。很明顯，會社與家之間有著重要的差異。例如，在會社，所有的成員對會社的永存與繁榮的重視程度並不完全相同。第三部將會講述到 Fumei 香港的日本員工對會社權威採取了不同的應對戰略。有的人為了個人的野心，會對會社的權威採取迎合的態度；而有些人則堅持自己的生活態度，對會社權威採取了對抗的態度。也就是說，對會社觀念不屈服的員工也存在生存的空間。另外，在會社，並不是所有的成員都會無意識的為了會社的利益而犧牲自己的利益。如果他們無意識地為了會社利益而犧牲自己的利益，也就不需要社內的經營管理了。實際上，從第四章與本章的討論我們可以看到，在 Fumei 香港，企業內部的經營管理是不可缺少的。

在此基礎上，筆者認為會社是傳統的家（家的永存與繁榮優先於所

代表的利益）在適應新時代要求的現代調整版。這傳統的家的重要要素，決定現代會社含義與特徵的歷史不變物（historical invariant）。也正是 Sahlins 所說的「傳統的創造性」（inventiveness of tradition）的展現（Sahlins 1999:408）。

九、結論

　　關於「傳統的創造性」的討論含有對重視實際利益因素的文化解釋批判。這裡所說的傳統，並不是出於對自己利益的考慮而創造的，因此它不能從實際利益出發的角度來進行解釋。說它是對同時代的文化機制賦予含義與特徵的歷史不變物倒更為貼切。因此，在理解同時代的文化動態時，我們必須小心處理文化的傳統。

第三部分 文化與個人

導讀

　　在第二部分的兩章中，筆者討論了在 Fumei 香港內部，各種經營實踐活動是如何促使不同性質的權力產生，以及權力作為經營控制力如何發揮影響。筆者更強調對具體經營實踐有所影響的權力，並無法解釋經營實踐活動的性質。筆者注意到「會社」這一觀念（及其背後傳統的「家」的歷史永恆性），並從中發現了經營實踐活動性質的起源。不過，筆者無意否定歷史性實體（agency）的存在意義，也無意將這種會社觀念看做 Kroeber（Alfred Louis Kroeber）和 White（Leslie A. White）所說的「超機體」（super-organic）意義上的、或者是福柯所說的「話語」意義上的文化決定論的另一種形態（Sahlins 1999:409–410）。在文化與慣例（practice）的關係這一命題上，筆者是立足於 Sahlins 所提出的論述。人的行為被文化秩序化，但同時也被個人規定。Sahlins 所做的類比便清楚地說明了這一點如下：

> 五個法郎的價值是由可交換的其他完全不同的東西（如麵包和牛奶等），以及與同貨幣的其他單位貨幣（如一個法郎、十個法郎等）的對比所決定的。通過這種關係，五個法郎的意義就被社會所規定。但是，對「我」個人來說，五個法郎的價值並不具有普遍性與抽象意義。對「我」來說，它是具有特定利益或者實益價值的存在。「我」是用它來買牛奶和麵包，還是贈送他人，還是存進銀行，完全要看我個人的情況或目的而定。當交換行為被個體執行時，概念上的價值便具有了目的性價值。這種價值與傳統性價值不同（Sahlins 1985:150）。

　　人的行為被文化秩序化，所以一個法郎不能與一百日圓交換，完全是因為交換比率不對的緣故。用一張普通的 A4 白紙去餐館交換一頓飯也

是不可能的事情。如果嘗試這麼做，可能會被送進牢房或精神病院。在資本主義社會，無論一個法郎或者一張 A4 白紙對個人來說有多麼重要的意義，所有人都必須按照相同的交換比率，並且以金錢為媒介進行交換。換言之，我們無法將傳統性的價值還原為目的性的價值，將文化還原到個人。但是，同樣的一個法郎在不同人的生活中有著不同的利益和實益價值。為了一個法郎，貧窮的農民可能採取與大富翁截然不同的行動。也就是說，一個法郎的傳統性價值，是無法規定在個人層面上的實際價值。因為，其實際價值是由個人的生活經驗所決定。總之，個人行為背後的文化（或政治）秩序這一強大因素無法完全決定行為者的個性（Sahlins 1999:409）。如第六章所論述的，我們不能將 Fumei 香港的日本員工看作是面對公司經營控制力的被動犧牲者，或者是 Comaroff 夫婦所說的「僅僅是會說話的構造」。相反地，他們根據自己在公司內等級體系中的地位、性別、年齡及婚姻狀況等要素分屬於幾個集團。這些要素所帶來的結果是，不同集團的成員對公司或者其他員工表現出不同的行為特徵。一部分日本員工對公司的權威唯命是從，而另一部分人則採取反抗態度，甚至有人做出損害公司權威的行為。正是這種不同的戰略、行為特徵和人際關係的整體決定了公司內日本員工的生活形態。

　　本地員工亦是如此。在第八章中筆者提到，Fumei 香港的香港員工大致可以分為兩個集團，即積極的員工和消極的員工。筆者在論述中也提及香港員工這種內部分化的重要性，以及這種分化與教育、婚姻狀況、工作經歷，以及員工在家庭生命週期中所處的階段等因素之間的密切關係。總而言之，人的行為受個人規定的同時，也被文化秩序化。

　　這種受個人規定的行為通常會對文化結構產生巨大的影響。在第六章中，筆者敘述了一位女性日本員工向她的上司提出搬出員工宿舍要求的過程，最終成功地搬出了宿舍，但是，員工宿舍作為公司控制員工生活的工具這層意義也由此被否定了。該事例證明，人的行為能夠使文化結構發生改變。

　　這種文化結構的改變，在兩種文化相互碰撞時也會發生。如第七章所述，香港被認為是創業者的社會。人們對開創自己的事業異常執著。有人形容說「即使是只有二分利的花生生意，自己當老闆的感覺也是好的」（England 1989:4）。這種創業精神給 Fumei 香港公司的部分日本員

工帶來了巨大的衝擊。他們透過與香港員工的友情交流，或是與廣大香港社會的互動，意識到公司內部的晉升並非一切，而創辦自己的事業也是一個可行的選項。他們的這種意識被香港的法律框架（對創業者非常有利），以及他們在香港所構建的社會關係網進一步強化。諸多因素互相交織在一起，產生了一個現象，即一部分日本員工在公司工作的同時，也在外開始了自己的事業。結果，這些員工在經濟上、社會上對公司的依賴度不斷減弱，也越來越不順從公司的控制。於是，公司和日本員工之間的關係開始變化。此時，日本員工已不再被公司所「擁有」，而只是被公司「雇用」。

雖然文化結構的形態發生了變化，但文化結構本身卻被再生產。上文提到的日本女性員工行為改變了員工宿舍的意義，但她的行為同時也使公司內部的權力結構得到強化，並使女性員工的角色得以再生產。因為，她所採取的行為依據是公司內部的權力結構與性別角色分配。在公司內部，「女性不如男性」這一認識被重新證實。如第七章所述，香港員工並沒有採取直接的集體行動，來努力打破公司內部香港員工與日本員工的不平等。相反，他們努力與他們的日本上司建立良好關係，或者努力在他們的上司面前表現自己。諷刺的是，他們的這種行為產生了意想不到的效果，那就是使「優秀的日本員工」這一概念得到再生產。這種「優秀的日本員工」形象再生產，即是香港員工為謀求個人利益討好日本上司、表現自己的結果。因此，再生產與變化未必完全相反。

上述觀點並非筆者獨創，大部分是出自 Sahlins 的論述（Sahlins 1976a, 1976b, 1981, 1985, 1999, 2000）。但是，在此筆者想要對 Sahlins 的人類學補充一點。那就是，由於被個人所規定的行為又被社會所秩序化，因此需要對其進行社會學的分析。如第六章所述，日本員工對待公司的行為特徵、他或她採取的戰略，在很大程度上取決於個人在公司內的職位與對公司的依賴度。對公司採取反抗態度的均為單身員工，沒有一位已婚員工。其中也有一些人因結婚經濟負擔加重，而一改之前的反抗姿態，變身為在上司面前積極表現自己的進取型員工。也就是說，受個人規定的行為並非沒有一定的模式，其乃具有社會性與系統性。

筆者與 Sahlins 的人類學觀點相近，並非出於自身的喜好，而在於中國社會和日本社會在存在論意義上的性質。如第六章和第七章所述，日

本員工之間的「首領－手下」關係，和香港員工的「大哥／大姐－阿女」關係，「本身有著獨立的意義」。因為，這種關係本身不可能存在於各種物質條件之內。相反，由於這種關係界定了各種物質條件的秩序，因此，這種關係對各種物質條件處於優先領導地位（Sahlins 1976a:9）。不論「首領－手下」關係還是「大哥／大姐－阿女」關係，都表現了一種普遍化的結構，無法將它們單獨還原到經濟層面或者社會層面上。不是日本員工或香港員工的個人利益產生了「首領－手下」關係，或「大哥／大姐－阿女」關係，而是後者影響了前者。不錯，日本員工對上司的忠誠和上司對下屬的個人庇護動機都是出自其個人利益，但是下屬作為「手下」向上司表示忠誠、上司作為「首領」關照下屬，在本質上卻並非起因於個人利益。實際上，「首領－手下」關係和「大哥／大姐－阿女」關係這種結構，僅依靠「工具主義」的觀點是無法解釋的，而需要動用重視文化要素的 Sahlins 人類學理論框架來展開分析。

第六章　Fumei 香港公司內日本員工之間的關係

一、前言

　　在第四章中，我們已經瞭解到，Fumei 香港公司的日本員工為了與香港員工有所區別，在後者面前盡量地團結一致。那麼，日本員工彼此間的關係是否一切如意呢？他們之間雖然存在團結與協調，但對立與不和諧也不少。若要追溯這種狀況的根源，得回溯到小川家族對公司管理的壟斷。

　　如前文所述，小川家族在 Fumei 公司中一直掌握著主宰權。整個家族，尤其是長子海樹擁有最終的決策權。但是，此人性格善變，在決定重要的人事調動或是公司發展方針時，一旦有其他事件轉移他的注意力，他就會馬上改變主意。每次的決定背道而馳或互相矛盾的情況也屢見不鮮。

　　在這種不穩定的狀態下，想要晉升的員工就必須嘗試各種可能。雖然日本員工在年功序列制度下只要不辭職就會自然地晉升，從制度面來看雖是如此，但對個人來說，晉升未必有保證，對自己將來晉升幅度的預測也很難掌握（Ben-Ari 1994:7-8）。因此，Fumei 香港公司的日本員工比香港員工更加依賴公司，也比香港員工更加熱心於公司內的「登山競賽」。

　　Andrew G. Walder 曾考察過中國工人對國有企業的道德與政治權威所做出的反應。他將工人們的競爭劃分為「積極競爭型」和「消極防衛型」，並指出這其中「利益計算」發揮著強大的作用，以及「兩種類型在分析上的重要區別」（Walder 1986:158）。在此，筆者也想仿效 Walder，將

Fumei 香港的日本人所表現出來的形態劃分為反抗型、積極型與消極型 3 種。消極型員工即最低限度地遵守公司規範，而積極型員工是盡可能遵守公司規範的模範員工。反抗型員工就是那些無視，甚至挑戰公司規範與命令的員工。3 種類型的人，現實中會採取怎樣的行為取決於：（一）該員工在公司內的等級體系中所處的位置；（二）該員工所處的職場環境和其性格；（三）該員工對公司依賴度的高低（這一點受性別、年齡、所屬內部組別、婚姻狀況和生育孩子數量所影響）。從這些方面可發現，日本員工在公司內部並不是一塊不可切割的鐵板。

二、Fumei 香港公司的日本員工

1992 年，Fumei 香港有 28 名日本員工。如表 16 所示，28 名日本員工有以下 4 個特徵。第一，在來香港工作之前有海外工作經歷的員工只有 4 名，為數甚少。即便是這 4 人，海外工作經歷也不長，最長的僅 7 年。也就是說，這 28 名日本員工幾乎沒有管理外國員工的經驗。

第二，28 名日本員工中，大多數（20 人）在香港居住的時間不滿 5 年。而且，其中 12 人來港不足 3 年。因此，他們對香港瞭解也不深。

第三，通常，日本企業極少派遣女員工到海外的子公司。Fumei 公司雖派遣了兩名女員工到香港分公司，但這並不意味著該公司重用女員工。

最後，Fumei 香港的日本員工英語水準欠佳。能用英語與香港員工溝通的日本員工只有 3 人。在 Fumei，由於受到「人際溝通中最重要的不是語言而是心」這一萬有教教義的影響，在挑選海外工作員工時，沒有將對語言的掌握能力作為重要的篩選標準。因此，28 名日本員工中，能說香港語言廣東話的，只有 1 名以前曾經在香港的大學接受過兩年語言培訓的男性員工。而除了兩名女員工，其他日本員工都沒有要學習廣東話的想法。

另外，Fumei 香港的日本員工不會說英語，還是因為 Fumei 在日本只是一家地區性超市（請參考第一章）。Fumei 作為一家弱小的地區性超市，在日本的企業社會中地位一直不高，難以招到一流大學畢業的精英人才。當然，一流大學的畢業生也未必一定具備高超的經營能力和較

高的英語水準。但是，一般而言，一流大學和非一流大學的畢業生能力還是存在一定的差距。

如上所述，Fumei香港公司的日本員工幾乎沒有海外工作的經歷，對香港也不甚瞭解。而且他們大部分人不具備與香港員工溝通所需的語言能力。

三、日本員工的集團分化

28名日本員工根據不同的標準可劃分為不同的小組。第一個標準是在公司內部的地位。一般認為，管理幹部和一般員工應該分屬於不同的兩個小組。但理所當然，Fumei香港公司的管理幹部飯田、栗原、西脅、山本及門口等同屬一個小組。只是，他們在Fumei香港內部的等級體系中處於不同的位置。

飯田在來香港之前就已是董事。1989年，飯田作為當時Fumei香港公司社長的繼任者調到香港。一年後，當小川會長在香港新天地成立Fumei國際時，他又被任命為該公司的董事（同時兼任Fumei香港的社長）。栗原、西脅、山本及門口等人，則在被調到香港時得到了晉升。與其他日本公司相同，Fumei公司「也有同樣的晉升模式，即在日本時為科長調往海外後會被晉升為課長，日本時為課長，在調往海外後則會被晉升為部長」（Ben-Ari 1994:9）。這種晉升，意味著晉升者被委以更加重大的責任和重要的任務。在管理上姑且不談，如果組織內沒有相應的等級變化，就無法稱之為晉升。也就是說，在日本公司中，「真正」的晉升應該伴隨著等級的變化。

從表16可知，只有飯田一人被任命為董事。因此，在日本員工看來，飯田與4位高管（部長）之間存在區別。4位部長與其他員工處於同一等級體系內，也不過是這一體系中的管理職位罷了。不過，一旦他們升任為董事，這個等級體系就與他們無關了。

普通員工首先可以根據性別分為兩個小組。關於女性員工的待遇和她們工作週期的規定，與男性員工大不相同，這一點值得注意。如後所述，Fumei香港的女性員工對於公司的權威，採取了與男員工截然不同的應對方式。

表 16　Fumei 香港公司日本員工的個人資料

職位	年齡	性別	等級	來港年份	婚姻狀況	學歷	海外經歷	外語水平
社長（飯田）	50	M	無	1989	已婚	高中	7 年	無
部長（栗原）	45	M	E2	1984	已婚	大學	無	無
部長（西脅）	45	M	E2	1987	已婚	大學	無	無
部長（山本）	44	M	E3	1985	已婚	大學	無	無
部長（門口）	43	M	E3	1985	已婚	大學	無	英語
一般員工	42	M	E4	1990	已婚	大學	無	無
一般員工	41	M	E4	1987	已婚	大學	無	無
一般員工	40	M	E4	1984	已婚	大學	無	英語／中文
一般員工	38	M	E4	1991	已婚	大學	無	無
一般員工	38	M	M1	1987	已婚	大學	無	無
一般員工	38	M	M1	1989	已婚	大學	1 年	無
一般員工	37	M	M1	1991	已婚	大學	無	無
一般員工	35	M	E4	1985	已婚	大學	1 年	無
一般員工	31	M	L1	1991	已婚	大學	無	無
一般員工	31	M	E4	1991	已婚	大學	無	無
一般員工	30	M	L2	1991	已婚	大學	無	無
一般員工	41	M	M1	1990	單身	大學	無	無
一般員工	33	M	M2	1988	單身	大學	無	無
一般員工	32	M	L1	1988	單身	大學	無	英語
一般員工	31	M	L2	1988	單身	大學	無	無
一般員工	31	M	L1	1989	單身	大學	無	無
一般員工	29	M	L1	1989	單身	高中	無	無
一般員工	29	M	L1	1991	單身	大學	無	無
一般員工	29	M	L2	1988	單身	大學	無	無
一般員工	28	M	L3	1991	單身	大學	無	語
一般員工	26	M	L3	1991	單身	大學	無	英語
一般員工	25	F	L3	1990	單身	大學	無	語／中文
一般員工	25	F	L3	1990	單身	大學	無	語／中文

　　男性員工可劃分為剛才提到的 4 位部長與其他員工。4 位部長雖然不是董事，但是離董事之位只有一步之遙，彼此之間的競爭十分激烈，使得整個公司被政治化。對於一般男性員工來說，在經濟上是否依賴公司是一個重要的劃分標準。因為，經濟上對公司的依賴度決定了他對公司

採取的行為戰略。而這個依賴度又與是否結婚有小孩密切相關，因為已婚者比未婚者更加依賴公司（Cole 1971:158）。公司內的單身員工還有一個組織，叫做「單身族之會」。

如上所述，日本員工可分為男性員工和女性員工兩個小組，男性員工又分為飯田社長、4個部長、已婚與未婚的普通男員工4個小組。

接下來，筆者將對分屬於4個小組的日本男性員工在Fumei香港公司的權力關係中，為了爭奪晉升機會，根據具體情況所選擇的行為開展考察。

四、游離於公司內部經營管理之外的飯田社長

一般而言，日本公董事都是由社長或會長直接任命部下擔任。飯田社長在升任社長時也全仰賴小川提攜。在他看來，自己的存在價值完全由小川海樹會長決定。因此，飯田雖然是Fumei香港公司的社長，卻將大部分時間花在Fumei國際的事務上，因為那裡才是他向小川會長展現自己才能的好舞臺。關於這點，有一個日本女員工回憶說：

> 當時，我邀請飯田社長到一個項目委員會來給委員們做一個演講，以鼓舞士氣。但是，離會議開始只有幾個小時的時候，他的秘書突然說他無法出席，理由是小川會長要飯田社長去陪一個日本朋友打高爾夫。我當時真的很生氣；他肯定還想升職，才只為自己的將來操心，而無視公司的利益與士氣。我覺得這樣是不對的。

類似的不滿，不止她一人，很多日本員工都對飯田頗有微詞，在筆者面前抱怨說他沒有盡到社長的職責。如前所述，根據日本會社的觀念，社長的職責就是代表會社與其他會社協商，為會社的永存與繁榮做貢獻。社員會用這樣的標準來評價社長，在會社永續這一最重要的前提下，即便是一般員工，知道社長不努力工作，也可以提出批評。

這種一般員工的不滿，在表面上難免會損害飯田在公司內的評價，給他的前程帶來不好的影響。據某個日本女員工說，他為了讓下屬們知道自己無時無刻都為了Fumei香港的全體利益努力工作，常常強調說：「我在處理『Fumei』國際的工作時，並不認為自己應該對沒有處理本公司的事務感到愧疚，因為，我經常為本公司的利益與小川會長力爭。

我明明知道與會長的意見相左，對自己沒有好處，但是我還是努力為『Fumei』香港爭取利益。」但是，據該女員工反映，飯田的這番話幾乎沒人相信：

> 在小川會長獨攬大權的情況下，飯田社長與會長據理力爭這種事是不可能發生的。而且，聽說，公司還沒有向飯田支付他升任董事時應該支付的退職金。如果這是事實，那飯田就更加不能夠跟會長鬧翻。

雖然如此，為了對自己一直不關心公司事務做出彌補，當有一些積極的員工向自己做出提案時，即使提案本身不被其他幹部接受，飯田也會表示支持。關於這一點，上述的日本員工這樣說：

> 在吃飯的時候，飯田社長經常聽我發牢騷。我也覺得那是向社長提意見的良機。我幾次向他提議開展管理體制的改革。而他每次都只是說「那試一下吧」，卻沒有表現出興趣想要聽取詳細內容。一開始，我還以為，這個提案得到了在零售業界有三十多年經驗的社長贊同，應該可行；但是，計畫真正付諸實施後，出現了很多問題，不得不加以重新考慮。我漸漸明白，飯田社長贊成我的提案，只是為了讓我高興而已。我已經不再相信他，也不會向他徵求意見。

就這樣，飯田在公司只是一個象徵性的人物。會對飯田在工作上進行提案的員工銷聲匿跡，他用於處理 Fumei 香港事務的時間也越來越少。這樣，Fumei 香港的經營管理權，就成了前述 4 位部長的爭奪對象。

五、四位部長：栗原、西脅、山本及門口

Fumei 香港的 4 位部長栗原、西脅、山本及門口，既不是 Fumei 日本也不是「Fumei」國際的董事，他們都處於 E2 或 E3 等級，在 1992 年被提名為 Fumei 日本或 Fumei 國際的董事候選人。在他們被任命為 Fumei 香港的部長前，有 3 位前任部長。1989 年，這 3 個前任部長被調回日本，而當時正值 Fumei 國際成立的的籌備階段，小川會長正在物色人才。他們 3 人對 Fumei 香港做出的貢獻得到認可，其中一人被任命為 Fumei 香港的副社長，另外一人被任命為 Fumei 香港的董事，於 1990 年與小川會長一起回到香港。剩下的一人則被任命為 Fumei 日本的董事。

栗原、西脅、山木和門口4人所期待的晉升是跟他們的前任一樣，升任Fumei日本或者Fumei國際的董事。但是，他們在組織的等級體系中能否順利往上爬，仍然是未知數。為了晉升他們使出渾身解數，互相爭鬥。

（一）栗原

如表16所示，栗原與西脅處於同一等級，比山本和門口等級高。栗原與西脅同齡，又同年進公司，但是栗原（1984年來港）在Fumei香港的工作年數比西脅要早3年。而且，栗原執掌著被認為在日本企業中一般來說最有權力的管理部。因此，在公司內部管理這一點上，其餘3人難以跟栗原匹敵。

雖然比起其他3人栗原處於優勢地位，但是他對晉升也表現出積極的態度。栗原的直屬上司是飯田，按道理他應該在飯田面前表現得畢恭畢敬。但是，他也很明白統帥整個Fumei集團的是小川會長，因此一直在等候機會，像飯田一樣為小川會長和Fumei國際工作。由於他掌管公司財務的要職，得到了一個很好的機會。

栗原曾深入參與1988年Fumei香港在港上市的操作。而且，還參與操作姊妹公司的上市，於是頻頻被通知參加Fumei集團旗下其他企業的上市工作研討會議。

在Fumei香港公司內部，栗原一般只關心管理部的事情，尤其他在Fumei國際花費了很多精力之後，對其他部門的事情愈加無暇顧及。雖然如此，他似乎認為，自己掌握公司內部的財務裁量權，光憑這點就足夠控制公司的內部事務了。

除此之外，他對下屬的感情和私人生活幾乎不聞不問。1992年，他的直屬日本部下包括人事總務課課長、會計財務課經理助理、同課的執行長、電腦課經理及員工教育部門執行長。如果栗原想要建立派系，這些人理當是最合適的栗原派成員。但實際上，他幾乎不邀請下屬去吃晚餐或其他活動，甚至連午餐也沒有一起吃過。他與下屬的關係完全是工作性質的非私人關係。這種方式，在非日本企業是理所當然，但從一般日本公司的角度來說，他卻不是個好的領袖。在日本，「首領－手下」的社會制度歷史悠久。這種制度在封建時代末期大幅度發展，到現代化的初期階段達到巔峰（Ishino 1953:698–699）。首領對手下多方關照，

另一方面要求手下絕對地服從。反過來，手下可以得到首領庇護。從這種意識出發，對下屬的個人煩惱漠不關心，更不打算給下屬特別個人庇護的栗原，不被視為一個好領袖，甚至根本就不被視為一個首領。關於這點，可以舉出一個有意思的例子。1992年年末，栗原吩咐當時的人事總務課課長準備管理部日本員工的忘年會，但是這個忘年會最終沒開成，因為除了被吩咐的課長外，沒人願意參加。

栗原與其他人不相往來的性格，還反映在辦公室的布局上。4個部長之中，只有他一個人擁有獨立的辦公室，其他3人都在本部的大辦公室裡辦公，明顯與其他員工距離較近。栗原被下屬孤立，是因為他無法理解下屬的情況，無法掌握他們在公司內部處於何種位置。栗原屢屢推出不具可行性的新規定，招致員工們的反感。1991年，栗原命令人事總務課長通知該部所有員工，要求他們在工作時間內一律不得休息。對此，課長反駁這個規則無法實行，會引起眾怒。但栗原毫不理睬，命令該課長依令執行。不出課長所料，員工們的工作熱情一落千丈。除此之外，栗原還命令員工，要求他們無論何事都要向自己彙報。據某個日本員工反映說，關於此事人事總務課長是如此評論的：

> 栗原這個人，喜歡下屬什麼事情都向他彙報。在栗原明確表示自己希望凡事彙報之前，我一直是什麼都彙報。比如說，上周，我連週三跟員工一塊兒去吃午飯了這種事情都跟他說了，結果他似乎生氣了，讓我以後這種事情就不要彙報了。

但是，並非所有的下屬都像這個課長一樣願意忍受。比如說，有個課長助理就屢次越過栗原直接向飯田社長彙報。關於越級彙報，他如此說：

> 高管裡有幾個人，頭腦僵化得跟老頭似的。他們讓我什麼事情都彙報。可是，他們自己總有做不完的事情，對下屬也是一點兒忙都幫不上。不管我彙報什麼，他們總是無法當機立斷。有時候，你得一等再等，才能等到他們做出最後決定。所以，緊要的事情我就直接向飯田社長彙報。但是，那些老頭總是給我製造障礙。

其他員工也有著和課長助理相同的不滿，絕大多數的日本員工都對栗原很感冒。而栗原呢，也似乎不在意自己的負面名聲，因為這他並不認為與這些員工的人際關係對自己的升遷有多大影響。

（二）西脅——默默無聞的存在

西脅在 4 個部長中排名第二，卻最沒有影響力。實際上，大部分日本員工都認為，他缺乏管理服裝與雜貨商品部的能力。他所在的部門，總是庫存積壓，整個部門的盈利一直很低，總是被飯田社長批評。而西脅本人，不僅無法交出好成績，據傳聞甚至無意改善這種狀況。有員工如此評價他：

> 西脅總是在辦公桌前坐上一整天，什麼也不做。也很少檢查店內情況。只是呆在辦公室，點根煙，讀讀報告。要說他做了什麼事，那就是把採購員叫到面前，訓斥一頓。他就只會幹這個。我們管他叫保全，因為他就像公寓門口的保全似的，什麼也不做，笑著看著人來人往。

他的日本下屬和香港下屬中都沒人尊敬他，因為他從不願承擔部門損失的責任，總是讓下屬當替罪羊。例如，在 1991 年 7 月高級員工全體會議就要舉行的時候，因為自己部門虧損嚴重，他對是否參加會議頗為躊躇。最後，將發言稿交給一個下屬，讓這個下屬在會議上替他讀稿子。稿中內容表示，這次本部門的虧損是由最近調入本部的採購員過錯引起的。自然，那些被點名的採購員們無不憤慨，其他的高管也不喜歡此人。有個香港的員工說：

> 西脅、山本和門口同在一個辦公室工作。門口較常與西脅說話，但他也經常只是坐在自己的座位上，大聲跟他說話。有時候西脅聽不見門口的話，就會走到門口那那邊。但是門口並不會過去找西脅。而門口有事要找山本時，也會走到山本那邊，但山本也像門口一樣對待西脅。

從與人交往的情形來看，西脅也知道自己不受歡迎，被人敬而遠之。午飯和晚飯也經常是一個人吃，下班之後也很少與其他員工交往。在忘年會這樣由公司舉辦的活動中，他總是沉默寡言。總之他在日本員工中幾乎被忽略。最後，在 1993 年他申請回日本，得到批准被調回。

（三）門口——獨行俠

與西脅不同，人們都認為門口非常能幹。進入 Fumei 公司之後，他先後獲得在 Fumei 日本的店鋪運營部和商品部工作的機會，1985 年被調到 Fumei 香港的商品部。最初的 3 年，他在商品部工作，之後擔任

Fumei 香港旗艦店沙田店的店長。一年後，他便進入了 Fumei 香港的高管階層，於 1991 年調到店鋪管理部擔任部長。

門口這個人，充滿自信，頗為能幹。他是唯一一個不需要翻譯而能夠直接用英語與香港員工開會的高管。當上店鋪管理部的統帥之後，不論是賣場的樓層布置、商品的組合，還是宣傳戰略的制定，各方面都能大顯身手，是新店擴張中不可或缺的人物。

由於能力突出，他也得到了相應的尊敬，誰都給他足夠的臉面。但是，他個性非常清高，既不讓部下巴結自己，也不去討好上司。他是一個獨行俠似的人物。儘管他不去逢迎阿諛上司，最後還是被提拔到了上海。

（四）山本——好上司

栗原和西脅不受歡迎，門口則個性清高。在這種背景下，許多日本員工為了謀求自己的保護傘，便跟山本接近。一開始，由於一些原因，山本的地位並不足以跟栗原競爭。首先，栗原是山本的前輩，比山本早幾年進入公司。在山本還在 E3 等級的時候，栗原就已經位居 E2 等級，而且，栗原擔任管理部部長，比起山本來占有絕對的優勢。這意味著山本跟栗原不一樣，他幾乎沒有接近小川會長的機會。儘管如此，為了博取更大的前程，山本以自己的聲望和領導力為武器，向栗原發起挑戰。

與栗原不同，山本被日本員工認為是個好領袖。除非是有必須陪同的公司客戶，他幾乎每天晚上都邀請自己的下屬一起吃晚飯，以此來增進彼此的感情。晚飯過後，固定會去一家酒吧，在那裡給手下們出出主意或者為他們排憂解難。在這種工作之外的場合，下屬們都將他們對公司、或者對其他管理層幹部的不滿向首領山本傾訴。而且，山本每年還會親自籌辦忘年會，邀請日本員工們參加。

山本還為下屬的私人事情出主意。比如，有個男員工 A，在日本的家鄉有一個交往多年的未婚妻。他多次要求他的未婚妻來香港，但是她卻不願在海外生活。另一方面，人事課卻不願意讓這個男員工回日本。可是，他的未婚妻卻向他施壓，說自己已經快 30，不能再等了。據某日本女員工說，A 在酒吧跟山本吐露衷情之後，山本承諾說自己一定會替他說情，讓他早日回到日本；甚至還說自己會給他在日本的未婚妻寫信，

說服她來香港的。果然不久後，A 的未婚妻就與朋友一起來到香港。山本請他們吃晚餐，並勸她跟 A 結婚，來香港居住。

由於山本對下屬十分關照，許多日本員工都聚集到他周圍，形成「首領－手下」關係。他傾聽這些手下的煩惱，並幫助他們解決。而這些手下們也對山本忠心耿耿。這逐漸形成的關係雖然是一種非正式的關係，卻很有團結力。

山本為了讓手下能夠晉升，下了許多工夫。他知道自己沒有最終人事的決定權，卻也明白，通過自己的疏通，讓手下占據重要的位置還是有可能的。比如說，出任店長和店長助理這樣的職位，雖然工資和等級並沒有變化，但意味著更大的責任，更有機會被委以重任，這對於想在公司裡高升的人來說還是很有意義的。關於這點，有個日本員工是這樣說明的：

> 1992 年我升任藍田店的店長助理，因為等級沒變，所以工資也沒漲。但是，我覺得這是一個積累各種經驗的好機會。因為，長遠來看，經驗的增加會帶來利益，將來就會有真正的晉升。

山本對員工關懷備至，這對那些毫無海外工作經歷的日本員工來說彌足珍貴。比如，上面提到的 A 員工，當山本承諾為他說情，以便讓他回日本工作的時候，以及幫助他說服他的未婚妻跟他結婚的時候，他內心倍感踏實。再者，山本私底下的幫助，對那些在其他幹部那碰了冷釘子的員工來說，也是十分重要的。比如有個日本員工就說，「要不是山本的幫忙，我想自己不會在西脅底下工作那麼久」。

因為這些緣故，許多日本員工都願意跟山本接近。他們認為，山本是唯一能夠幫自己晉升的有力上司，更是一個對手下關懷備至的領導者。

據山本自稱，他的派系包括 10 名日本男性員工。他們都曾經是，或者現在是山本曾擔任首任店長的某店鋪員工。

山本調任食品商品部的部長後，便將他的一個直屬部下和此人周圍的人收歸旗下。通過這個下屬，該下屬的 3 個好友也加入派系。

1991 年的時候，這 3 個員工在雜貨與服裝商品部工作，是西脅的直屬部下。西脅並沒有善待他們，最終他們也加入了山本派系。

不僅山本本人，他的手下也都自認是山本派。比如，山本派有一個人在1994年與一個香港女員工結婚。但是直到結婚前，他才告知山本派其他成員這個消息。獲悉這一消息的另一山本派成員用一種生氣的口吻說道：

> 我是昨天才知道他結婚的事，而且是香港員工告訴我的。他不先通知我們，卻先告訴香港員工，這是不對的。我們都在同一個上司底下做事，像結婚這種大事，應該先通知我們才對。他這個人總是跟小孩似的，幹的事都不像大人。

從這一點可以看出，山本派成員們對自己結成了派系這一點是有自覺性的。

1993年山本升任Fumei香港的副社長，使得他與手下們的這種非正式關係網更加重要。據某日本女性員工說，山本能夠高升，是因為他在不久前被任命為公司主辦的文化活動負責人時，得到與小川會長接近的機會。山本抓住了這次絕好良機，坐上副社長的位置。

對於曾是自己後輩的山本急起直追，尤其是山本與自己同時被任命為副社長，使得栗原感到危機四伏。於是栗原改變了戰略，以前只是確保自己在管理部的影響力，而現在則努力擴大自己在整個公司的影響力。

比如說，有一次，栗原未跟其他部長商量，委託日本的某諮詢公司對公司的商品戰略、店鋪管理和資訊系統進行調研。該諮詢公司派了兩名工作人員到香港，用了三周時間製作一份分析報告。在諮詢公司的工作人員發布分析報告和提出建議的會議上，栗原向與會者派發了一份事先準備好並命名為「商情分析」的書面材料。有一個參加該會議的日本員工向筆者介紹了這次會議：

> 這次會議分為四個進程，每個進程都有不同的員工參加。第一個進程的參會人員為日本員工；第二個進程是該部的課長和擔任店長助理的香港員工；第三個進程是雜貨與服裝商品部的香港採購員和各科主任；第四個進程是食品商品部的香港採購員和各科主任。栗原要求每個進程的所有參會人員在會議後寫出自己的意見並提交給他。

耐人尋味的是，雖然這個調查專案是針對公司的商品銷售和管理體系，

但是直接負責這兩個部門的山本和門口都沒有參加會議。從他們的缺席來看，山本完全被排除在這個項目之外。

但是，被排除在這個項目之外不只是山本和門口。大部分的日本員工在會議前，也沒有被告知專案的詳細內容，只是被通知參加會議。因此，他們大多對此感到憤怒。特別是山本的手下們更是憤慨萬分，他們在會議後一如既往地工作，毫不合作，好像這個專案並不存在似的，甚至還抵抗項目的執行。而對栗原來說，山本派系占據了各部門的重要位置，若沒有他們的合作，想要將這個專案付諸實行是不可能的。於是，栗原的項目虎頭蛇尾，慢慢地被拋諸腦後。

顯然，栗原是想利用這個項目，向飯田社長顯示自己為公司的發展殫精竭慮。同時，他還想借這個專案，凸顯山本部門的問題，以達到打擊山本的目的。但是，這個如意算盤沒打響。山本悉心經營的非正式人際關係網，有效地防守住栗原的進攻。

從上述例子可以看出，山本的威信和領導力來自於他善於當一個領導者。他會傾聽手下的牢騷，為他們的個人生活或者工作問題出謀劃策，給他們私人性的保護。因此，他不僅被視為一個有實力的領導者，也被認為是個「好上司」。這種正面的評價使山本博得了很高的社內威望，使許多日本員工都十分希望成為他的「手下」。身為手下的員工，對山本更是忠心不二，而這種忠心使山本抵擋住了栗原的進攻。

山本得到手下們的高度忠誠，但是他之所以積極經營這種「首領－手下」的關係，還是出於自身利益的打算。下面的例子就很好地說明了這一點。員工 B 原本不是山本的「手下」，山本基本上也不跟他一起吃晚飯，但是 1992 年 9 月前後，山本開始邀請 B 一起吃晚飯。他知道自己的手下 C 與 B 是同年進公司的同期關係，便透過 C 邀請 B 加入山本派成員的晚餐。這些成員與 B 一起去了某家日本料理店。山本豪爽地拿出 2,000 港元（約 30,000 日圓），請大家飽餐了一頓。據 B 說，在飯桌上，山本並未對自己有什麼特別的表示，但在飯後去唱卡拉 OK 時，他對 B 說：

> 不管店長對你說什麼，你都不要放棄。你要想方設法、盡你所能讓他們理解你的想法。我支持你。

原來山本知道 B 的提案被某個店長否決了，想鼓勵鼓勵他。當時，B 的

直屬上司栗原對 B 的提案連看都沒看一眼，所以山本的這番鼓勵讓 B 感激涕零。

3 個月後，B 在澳門店與山本再次碰面。山本邀請 B 一起回香港，並且不惜變更返港渡輪的船次，與 B 同船返港。在渡輪上，他邀請 B 一起吃飯，當 B 說自己已與朋友有約，他便讓 B 推掉。這次吃飯時，山本向 B 詳細介紹了自己派系的情況。為了顯示自己是如何對手下關懷備至的，山本舉了幾個例子。比如說，自己是如何替一個就要回國的手下說情，讓他得到一個好的調動機會。又比如說，上一年有好幾個手下是如何通過自己的疏通活動當上店長的。顯然，這番話的用意，就是想告訴 B，只要加入了我山本派，你就前途無憂了。

為了讓 B 相信自己，山本甚至向 B 提及了「自己不喜歡門口」這樣的敏感話題。這是在暗示 B，他已經是自己派系中的一員了。

後來，B 發現，山本的真正目標並不是自己，而是當時的人事總務課課長 D。D 在 1992 年接替某山本派成員，擔任人事總務課的課長。這意味著山本不能在栗原的部門內隨心所欲地安插自己看中的人了。因此，山本急切地想將 D 拉到自己的旗下。D 曾在 Fumei 日本的人事課工作過 15 年，擁有強大的關係網。如果能夠利用 D 的關係網，山本就可以為自己的手下大開方便之門。但是，D 拒絕了山本的邀請。於是收買失敗的山本開始了對 D 的攻擊。據 B 說，山本曾說 D 遠遠不如前任的人事總務課課長。山本的矛頭甚至指向了 D 的妻子。

一開始，B 並不明白為何山本會如此攻擊 D，但不久之後，B 發覺，山本一直在利用自己關照的人來控制著整間公司。管理部、店鋪運營部，還有雜貨與服裝商品部都有山本的手下。

山本派的人在各個部門都占據關鍵的職位，負責執行各部門首要的決定。他們在執行山本敵對部門所下的決定時，有時會團結抵制該決定，甚至還會暗中做些變更。當然，在山本派成員中，最重要的正是處在人事總務課課長位置的人。據 B 的解釋，通過與人事總務課課長的密切關係，山本可以迅速獲知關於栗原的重要情報，還可以隨心所欲地反抗栗原。正因為這點，他才對 D 的拒絕大為氣憤。為了改善狀況，山本便將 B 拉入旗下，以確保關於栗原的情報源。

姑且不論關於 B 的事情，許多日本員工接近山本是因為希望得到山本的關照（特別是能夠幫助自己晉升）。當然，單憑這種個人利益，是無法解釋他們為什麼想要更高的職位以及為什麼只要成為山本的手下就能如願以償。這裡要再一次提到「會社」的觀念。如第一章所提到的，「出世」意味著不斷的晉升，當上公司的高管，甚至社長、會長等。這種成功觀很大程度上決定了山本及其手下的個人利益表現形式。Fumei 香港的所有日本員工人事升遷都在海樹的掌握之中。不論栗原還是山本都認為在海樹面前表現自己能夠在這種「出世」競爭中笑到最後的最佳手段。如前所述，山本為了對抗擔任管理部部長並在公司內部擁有強大權力基礎的栗原，著力經營與日本員工的「首領－手下」關係，得到了手下們的效忠。可以說，他的這種行為，恐怕只有在日本式的管理文化中才有意義。因此，山本對權力、聲望和領導力的渴求，通過他給手下們私人性質的關照、傾聽他們的煩惱等行為而得以實現。對手下們來說同樣如此。他們通過對山本的竭盡忠誠，使自己對升遷和權力的渴求得以實現。總而言之，正如 Sahlins 所說，「個人的行為被文化所規定」（Sahlins 2000:281）。

　　在此無法否認的前提是，最先有現實利益的需求，然後才從其中產生了「首領－手下」關係。「首領－手下」關係是一種「全方位」的關係，它規範了首領和手下們在企業經營的語境與私人生活中的行為。對手下來說，首領不單是在公司裡的上司，也是給予私人關照、能夠與之商量個人問題的人，甚至可以是能夠休戚與共的朋友。下面的例子就如實說明這點。

　　山本派的 E 和 F 關係十分要好，特地住到同一個地區。他們曾在某店一起共事，E 曾擔任第二任店長，F 則為第三任。F 非常敬重 E，大小事情都找 E 商量。據 E 的秘書說，F 調到總公司之後，F 仍然每天至少給 E 打 10 次電話，不論是私人的事情還是工作的事情都跟 E 商量。同時，據根據 E 的香港翻譯說，F 認為 E 既是老師也是夥伴。毋庸置疑，他們之間的關係，並不是完全的夥伴關係，但也不是完全的利益關係。可說是二者的混合體。這一點從一個日本女員工提供的事例也可看出。1987 年，山本被任命為某店的首任店長，與同時當上店長的 E 和店長助理的 F 開展籌備工作。當時，他們特意在店鋪附近合租了一個公寓。E 和 F 都

是為了晉升而取悅山本,雖說如此,他們兩人都不認為山本只是自己晉升的梯子。對他們來說,山本既是自己的上司,也是夥伴。比如,臨近店鋪開張的一天,山本要陪同接待一個重要客戶,但是他另有個抽不開身的工作。他本想推掉,但是客戶那邊要求他無論如何都得參加,他只好答應了下來,然後將工作託付給 E 和 F。山本與客戶吃完飯之後,又到一家酒吧接著喝酒。在那裡他碰到了 E 和 F。山本談完事情,將客戶送走後,將兩人叫來劈頭蓋臉地訓斥了一頓,原因是兩人放下自己所託付的工作出來喝酒,這是一種不負責的行為,山本豈能原諒。訓斥完之後,山本怒氣沖沖地扔下兩人先回去了。被扔下的兩人這才明白事情非同小可,回去之後向山本道歉,甚至要提交辭職書。據 F 說,自己既然已經壞了規矩,那麼就枉為一名公司員工,而且也不知道今後應如何以下屬的身分來面對山本。但是,山本見二人悔過之心懇切,就原諒了他們。從此,二人對山本的敬重之情,更甚以往。

從這些例子可以看出,「首領－手下」關係無法完全還原到追求利益的心理動機。就山本和其手下的關係來說,實用主義的因素和個人感情的因素錯綜複雜地纏繞在一起。對山本與許多日本員工來說,在其「首領－手下」關係中,利益動機的因素和個人感情的因素同時存在。山本與日本員工的「首領－手下」關係不是基於利益動機而生成的,相反,實利的作用反倒是「首領－手下」關係的一種效果。

不管怎樣,對於許多日本員工來說,作為「首領－手下」關係的文化效果,跟山本接近,對自己的晉升是一種最穩妥的辦法。自從飯田對 Fumei 香港的事務不費心神以來,一般員工對飯田並不抱希望。另一方面,栗原和門口雖然有實力讓下屬晉升,卻無意建立派系。至於西脅,他甚至不具備建立派系、讓下屬晉升的能力。因此,對日本員工來說,成為山本派的一員,是晉升的主要途徑。所以山本派的成員,基本上都可認為是積極型的員工。

六、積極型員工

E 與山本交往時間最長,是他最忠誠的手下。如前所述,1987 年 E 與 F 一起被調到某店,成為山本的部下。他們 3 人,在該店開張前的忙亂期間,同住一個公寓,可謂關係十分緊密。其後,E 被調動到栗原部下

工作，即使是這樣，當碰到重要事情的時候他還是會跟山本商量。而且，E 還將很多日本員工拉入山本派，對山本派的團結一致可說是功不可沒。

E 在日本員工和香港員工中都頗受好評。首先，他從 1984 年以來就長期待在香港，對公司的情況和香港的社會氛圍都非常熟悉。因此，新來的日本員工基本上都會拜訪 E，請教管理香港員工的方法以及香港在地的情況。第二點原因是他的英語非常流利，能無需翻譯就與香港員工交流的日本員工寥寥可數，他也是其中一位。第三個原因（這個原因與前兩點有關）是他主動積極地理解香港員工的問題，並尋求改善的對策。他承認公司內部有各種各樣的問題並積極地採取行動。最開始以實習員工的身分招進香港的大學畢業生的也是他。這點讓許多資深的香港員工對他期望頗大，並且願意向他直言指出公司的問題。實際上，山本對香港員工能夠有所影響，全靠 E 的作用。當時，許多人認為 E 將是山本的繼任者。

G 與 E 關係頗為親近。G 為單身，他在單身員工中所發揮的作用，堪比 E 在已婚員工中發揮的作用。他成為山本的直屬部下是在 1990 年，當時他被調到食品商品部，自那以後，他就跟山本關係密切起來。與 E 相同，他也將很多員工拉入山本派。比如 H，他在 1991 年從某店調到公司本部的時候，與 G 同住一棟宿舍，兩人很快就意氣相投。調到本部以後，H 在西脅那裡工作，他經常把對西脅的牢騷跟 G 一一傾訴。之後，G 勸 H 跟山本商議。於是不久以後他們就跟山本一起出入酒吧了。就這樣，H 也成為了山本派的一員。

對 G 來說，跟山本的良好關係，對他的職業前途大有助益。入職後第 10 年他就已經位列 M2 等級，而與他同年入職的某位山本派成員尚處於 L1 等級。兩者的差距在 1993 年 G 晉升到 E4 等級時候更加拉大。這個時候 G 的等級已經與早他 4～10 年入職的員工相同。從 G 與同屬山本派的另一成員的差距可以看出，雖然同屬山本派，但是不是每個人都能夠出人頭地。G 能夠早日出頭，是因為他凡事都比別人積極的緣故。

七、山本派的邊緣成員

在一般被認為是積極型員工的山本派成員之中，也有像 K 這樣升職欲望較弱的人。與 E 和 G 相比，K 對山本派的認同度較低。他於 1985 年

到香港工作，一開始在某店鋪的美食廣場工作，兩年後調到另一家店鋪，成為山本、E及F的下屬。這次調動促使他成為山本派的一員。但是，就像許多日本員工對他的評價一樣，他與一般的日本員工頗不同。他是那種自認，也公認的「新人類」。比如說，他跟一個香港女員工結婚。與其他日本員工不一樣，他在年中的中元節休假時也不回國，而是跟妻子一起去歐洲旅遊。他是那種重視家庭甚於工作的人。所以，當1994年他的第一個孩子出生後，他就不再與其他山本派成員一同喝酒，每天一下班就直奔家門。用某個日本員工的話來說，就是「比起公司的成長，K更加關心自己孩子的成長」。他在擔任某店店長期間，為了家裡的事情，屢次周日不來上班，某部長發覺此事後大發雷霆。據其秘書說，當時部長大聲怒吼：「有哪個店長周日不來上班的？！」由於這些原因，山本派的其他成員都對K評價不高，並與其保持距離。

儘管其他成員與其保持距離，但K還是在山本派待了下去。這是因為K認為一旦有什麼事情，自己還需要山本這個靠山。K的這種戰略，如他自己所言，就是巧妙地平衡山本派的利益和自己的需求。據某個日本員工說，他曾這樣說過：

> 只要是山本和E提議的喝酒或其他下班後的活動，我從不缺席。但是，當我想陪陪老婆或有時需要照顧孩子的時候，有其他成員邀請我的話，我是不會去的。

如上所述，K並非山本派的鐵杆成員，但是他仍然希望得到山本的保護，一直與山本派保持往來。

八、消極型員工

儘管如此，在日本員工中，也不乏有覺得人際關係的維持所費不菲，並不希望加入山本派的人。實際上，男性日本員工中的一半都不屬於山本派。如果加入山本派，那麼下班後就得跟其他成員一起吃喝玩樂。而且更麻煩的是，這樣做有可能會惹怒其他部長。比如說，1992年當E正在進行新店鋪開張的籌備工作時，某部長就命令會計財務課的負責人，讓他處處對E的要求不合作。新店開張之後，這個部長還不斷給E出難題。

由於這些原因，一些希望平安無事的日本員工，他們自我保護的第一條便是與山本派的核心成員保持一定的距離。但是，他們也沒有攻擊山本派的能力。一旦他們有這樣的企圖，就會為自己帶來大麻煩。因此，在這種形勢下要做得四平八穩，最需要的就是精細的打算和明智的判斷。

　　而其中，M為了避免捲入公司內部爭鬥所採取的方法頗為特別。M的父親在經營一家超市，他是長子，父母希望他將來繼承家業。他對筆者說，自己進入Fumei公司的目的，是來學習一些必要的生意技巧，以便將來繼承家業。也就說，他並沒有打算在公司一直幹到退休，而是等父母一退休，他就辭職回家繼承家業。因此，他對公司裡的爭鬥毫無興趣。

　　1991年，M被調到香港。他被安排到一家店鋪內的美食廣場擔任高級執行官。1992年，他被當時的人事總務課課長調到另一家店鋪。一年後，他又被調到總部的食品商品部，成為山本的直屬部下。但是他沒有加入山本派，其最大原因是他無意在公司裡晉升。

　　如此，遠離公司內部爭鬥的M，便將他的閒置時間都用於運動、戶外活動和音樂。筆者在Fumei香港做田野調查的時候，曾經與M和N在同一棟宿舍生活過約兩個月。N和筆者的週末，都是如此安排的：N一般在11點左右起床，和筆者一起吃早餐。然後，N會跟筆者一起去銀行取錢，接著坐地鐵去大丸。N在大丸大量採購日本的食品和漫畫。在大丸吃完午飯後，我們一起回宿舍待到傍晚，然後N再出門，獨自去參加山本派成員的酒局。

　　與N不同，M週末經常去參加戶外活動。早上9點起床後，就去附近的游泳池游泳，之後吃完午飯回宿舍，然後又出去跟一個香港員工打網球。晚上就擺弄樂器，自彈自唱。他還是香港日本人潛水俱樂部的會員。到了潛水的季節，每隔一周就去潛水。

　　當然，M並非完全不與其他員工交往。但是，對他來說，工作之餘的時間，就是自己娛樂和休閒的時間。因此，對於公司內部的交往，他會積極地參加那些他願意參加的主題，不論跟誰一起。因此他給了周圍的人這樣一個印象：一個對派系毫無興趣的人。

　　好處是，由於他興趣廣泛，周圍的人都認為他是一個像孩子般、天

真爛漫的人。這種印象使得他能夠自處於公司內部複雜的人際關係之外，雖然與上司談不上相處融洽，但至少得以保持一種安全的距離。這就是M式的自我保護法。

九、反抗型員工

日本員工R於1989年大學畢業後進入Fumei公司，1991年調到Fumei香港公司擔任會計財務課。當時他還是單身，與同事Q同住員工宿舍的一個套間。周圍的人認為他擁有反抗型性格。首先，他不願意為公司犧牲自己的時間。總是一到下班時間就立即回家，不加班。據某位日本跟R同住一個套間的Q這樣評價他：

> 下午六點一過，R就馬上回家。總是換上漂亮的衣服出門，一開始我不知道他去哪兒。不久後，他告訴我是跟香港的女孩一起去唱卡拉OK或跳迪斯可去了。他經常要到深夜三四點鐘才回來，有時候甚至通宵玩樂、疲憊不堪，使得第二天無法上班。

R與同事們不相往來，不僅是深夜玩樂，還因為他在工作之餘不跟同事們交往。休息日的時候，他不喜歡跟同事而是跟朋友在一起。他加入了香港日本人俱樂部的排球隊，每週參加兩次訓練。他還是龍舟隊的隊員。跟剛才談到的M一樣，他在公司裡也不屬於任何派系。

可以看出，反抗型員工R拒絕為公司犧牲個人時間。不僅如此，他甚至還在上班時間做一些與公司利益無關的「副業」。比如說，他一到下午就溜出辦公室，去附近的銀行。他喜歡外匯投資，曾經給筆者看過他在工作時忙裡偷閒做的美元和日圓的走勢圖。他經常在銀行待到5點左右才悄悄地回到辦公室。有時由於前夜玩得辛苦，連辦公室也不回就逕自回家睡覺去了。

他在香港做時裝模特的事情，也反映了他的反抗姿態。按照公司的守則，員工在私人時間也是禁止兼職的。而R無視這一規定，背著公司悄悄地拍了幾回電視廣告。一次，一位看到廣告的香港員工因為不知道日本員工禁止兼職的規定，跟另一位日本員工提到此事。於是在公司裡傳得人盡皆知。但R堅持說廣告裡是別人，自己從來沒有做過模特什麼的。其實，他對受到公司的處罰這事毫無懼意。他盤算著，如果公司處

罰他，就辭掉工作，在香港另謀高就。當時，他已經與香港女孩結婚，無需工作簽證就可以在香港工作了。至於找工作，只要願意，當一個全職模特也並非難事，因此他全然不當回事。對此，公司也當電視廣告裡的是別人，沒對 R 做任何處罰。

對於這一連串事件，有個日本員工認為，Fumei 香港可能遭到 Fumei 日本的拒絕，無法將 R 送回日本。據他猜測，給毫無用處的人支付工資，會使人力成本升高——Fumei 日本是不願意做這種毫無意義的事的。

十、反抗型員工向積極型員工的轉變

T 與 R 同年入職。T 入職後的第一年是在配送中心工作，工作內容是派人到各個店鋪運送貨物與管理倉庫。T 對筆者說，為了彌補自己微薄的工資，他悄悄地從倉庫把高價名牌貨、電視機和冰箱等電器拿回家。他得意地說，自己房間裡的傢俱和吃的高價食品都是從公司偷回來的。除此之外，他去各店鋪打招呼時，還拿給同時入職的朋友們一些高價的食品作為禮物。T 對自己的所作所為如此解釋的：

公司沒拿我這種人當回事，不過是把我當做工具使用罷了。工資也就給這麼一點兒，其他的待遇也很可憐。就算現在死在這裡，公司的上司們也不會可憐我，他們很快就去找人來填補空缺。我才沒有什麼熱愛公司的感覺呢。

除了這種偷盜行為之外，T 甚至還對上司動起了拳腳。他對筆者這樣解釋：

我第一次教訓上司是在某個上司解雇了一位臨時工的時候，理由是該臨時工在耶誕節期間請病假。我對這個上司蠻不講理的態度真的是火冒三丈。我第二次教訓的對象是一個自以為有能力，其實卻很無能的直屬上司。他總是叫我做東做西，但如果只是這點倒也就算了，他這個人還特別陰險。最後我忍無可忍，扇了他耳光。第三次是小川會長的一個親戚。這個人什麼事都幹不了，卻仗著他是小川會長的親戚，態度非常傲慢。有意思的是，我打了這些上司，公司也沒讓我走人。我提交了辭職書，但是上頭的人不同意，結果 1991 年被調到香港來了。

T的這種性格，到了香港後並沒有多大的改變。據T說，他打了會計財務課的經理助理，因為他向栗原打自己的小報告。

對公司一直採取反抗姿態的T卻因某件事為契機，搖身一變成為積極型員工。就是他與一位泰國女人結婚。自此以後，他不再「教訓」其他日本員工，對社長也開始畢恭畢敬起來。比如，有一次，社長表揚了一位日本員工，因為他提交了一份關於公司內部出納管理的改革方案。T知道此事後，也費盡心思寫了一份改善倉庫管理的提案給了社長。他開始考慮與山本的關係，並積極地參加山本派下班後的聚會，於是他成了山本派的成員。

T的例子具體證明了下述事實，即：員工對公司是否採取反抗態度，取決於他對公司的依賴度。也就是說，日本員工對公司的依賴越深，那麼就越不會採取反抗態度。實際上，筆者在已婚男性日本員工中未發現有反抗型員工。T的例子表明，即使是反抗型的員工，隨著他對公司依賴度的增大，也是會收斂自己的反抗態度的。

十一、日本女性員工

關於日本人的性別階層宏觀性研究大都是如此描寫日本女性勞動者的：日本女性只從事一些臨時性的工作，在公司內部也只有協助性的作用。許多女性從學校畢業後投入職場，一到結婚或生子時就辭職，到孩子上中學時又以兼職員工的身分再次就業（Brinton 1989:550, 1993:29; Pharr 1990:63; Roberts 1994:23–25）。女性在公司裡都是做些雜務。其中最典型的例子就是OL（即office lady的縮寫，辦公室女職員）。所謂OL就是指在辦公室裡協助男員工的女員工。OL為男員工削削鉛筆、接接電話或複印資料，而其中最能具體說明她們作為協助性角色的是為男員工們倒茶這一項工作。借用Smith的話，OL必須要（除了其他工作）為大家沏茶、對周圍的人保持客氣且不失親切的態度（Smith 1987:17）。

這種對日本女性員工的普遍印象，在許多詳細描述日本女性的民族誌中得到具體的證實。其中Rohlen（1974）的 *For Harmony and Strength: Japanese White-Collar Organization in Anthropological Perspective*（《為

了追求和諧和強度》）和 McLendon（1983）的 *The Office: Way Station or Blind Alley ?*（《辦公室：中途站還是死胡同？》）皆是優秀之作。比如說，在 McLendon 的研究中化名為 Yama 商事的某商社的女性新員工被培訓道：上午 10 點與下午 3 點要給同課的男員工倒茶；有客人來訪時，隨時端上咖啡；還有，注意保持課內的整齊和整潔（McLendon 1983:168）。在忘年會和歡送會時，Yama 商事的女員工的座位由其女性前輩們事先安排好，以便照顧到每個男員工（同上引）。

與 Yama 商事的女員工一樣，在 Mclendon 的研究中化名為 Ueda 銀行的某銀行，大家都暗自認為女員工一結婚就會辭職。如果過了 25 歲還不結婚，或者希望結婚後繼續留在公司的話，就必須與公司內的壓力頑強鬥爭。但是，不論是 Yama 商事還是 Ueda 銀行，絕大多數女性都視結婚為最終目標。據 Ueda 銀行的某位女員工說，「女性去公司工作，還不是為了創造與年輕男性接觸的機會」（Rohlen 1974:236）。Yama 商事的女員工也說，公司就是「尋找結婚人選的地方」（Mclendon 1983:159）。日本的公司都有偏向錄用受過「適度」教育、容貌較佳的女員工傾向。

這些研究中所描繪的日本女性員工形象，儘管不能說錯誤，但是非常陳舊、且過於簡單化。這些研究中完全看不到作為個體的日本女性員工面貌。無論是 Rohlen 研究的 Ueda 銀行的女員工，還是 McLendon 研究的 Yama 商事的女員工，都直接體現了日本女性員工所擔負的文化性角色。但是，這樣無法接近問題的本質。作為個體的日本女性處於各種各樣的狀況和利益關係中，而這些狀況和利益關係是不包含在文化性角色之中的。

而且，此類研究沒有顧及到女性員工所處的產業與會社規模大小，只是將日本女性員工視為無差別的均一體，這便忽略了促使每個日本女性員工行為模式的動機、努力和創造等特定背景。筆者在此想強調一點，既然要研究日本女性員工，就要充分考慮被研究的公司特徵以及其所在行業的特徵。

其實，也有一些人類學調查，是以從事某種特定職業的日本女性為研究物件的。比如說，Roberts（1994）考察了在某大型內衣工廠裡從事流水作業的女性員工。又例如，Kondo 對東京某個家族式經營的中型企

業內女性臨時員工進行考察，及 Alison 對在夜間俱樂部工作的女招待進行了考察。但是，他們都沒有充分注意到被研究的公司在產業社會中的位置。因此，接下來，筆者想要從 Fumei 作為一個地區性超市的地位、人才戰略、國際化這一發展趨勢等相互作用之中，對 Fumei 公司的日本女性員工所處的位置進行考察，然後再論述這些女員工在公司所採取的個人戰略。其戰略很大程度上基於對個人利益的考量，這點遠勝於其他條件。

如前所述，Fumei 公司在日本國內是一家地區性超市，在全國範圍的知名度不高，也沒有進入零售業前十名。因此在吸引優秀人才方面，與其他大超市和六大百貨公司相比，該公司處於不利地位。在 Fumei 公司蛻變為一家現代化超市企業的最初 10 年裡，由於公司規模尚小，人才問題還未顯現。但是，在它進入海外市場後，情況就不一樣了。為了吸引人才，就需要一個「人無我有」的賣點，於是公司開始強調宣傳這「去海外工作的機會」。

1970 年代末開始，在日本開始出現了一股「去海外工作」的熱潮。在這個時期，「國際化」逐漸取代「現代化」，並在政治性談話中頻頻出現（Goodman 1993:221）。這種時代背景下，人們並不認為被調到海外的子公司是降級。相反，隨著日本企業大舉進入海外市場，去海外工作甚至被認為是晉升的必要前提（Ben-Ari 1994:1）。越來越多的日本女性願意去一些在雇用方面男女平等思想普遍被接受的地區工作，而香港是其中最受歡迎的地方之一。而她們一般的方式是先到香港大學或香港中文大學學習廣東話，等有了一定程度的語言能力後，再在香港找工作（一般情形是，被當地的日本企業錄用）。當然，這種從當地被公司錄用的日本女性待遇並不佳。1998 年，在香港被當地錄用的日本女性員工的平均工資約為 15,000 港元，且房租、稅和醫療費用都由自己支付。在香港，住房費用非常高，幾乎要占去她們月薪的 1/3，因此生活情況十分嚴峻。

對於希望去海外就業的高學歷女性來說，進入那些一畢業就有希望派到海外的公司是一個非常穩妥的選擇。如第四章提到的，在海外工作的員工待遇非常優厚，能夠享受舒適的生活。因此就連那些日本一流大學的畢業生，都對「赴海外工作」這一充滿誘惑的詞句動心，開始關注起原本只是一家地區性超市的 Fumei 公司。

Fumei 公司的這種招聘策略產生出人意料的好效果。比如，1990年新入職的4,000名員工中，有七成是沖著「海外工作」而來的。也就是說，對 Fumei 公司的員工來說，不分男女，「赴海外工作」已成了他們最重要的人生目標之一。

（一）Fumei 對女員工的海外派遣

　　1990年，Fumei 公司首次派遣女員工赴海外工作。這次被派遣到海外各子公司的女員工共有10人。其中，W 和 Y 被派到 Fumei 香港，S、Z 及 J 被派到 Fumei 國際。

　　據這5名女員工說，來香港之初她們非常高興，感覺自己實現了「赴海外工作」這一重要的人生目標。但是她們也沒能擺脫一般日本女員工的命運。在香港工作一段時間後，她們就意識到，自己不過是被公司利用，來幫助提升公司的形象罷了。Fumei 公司為了消除「地區性超市」這種寒磣的印象，極力想在自己身上披上一件「國際化」的錦衣，將自己打扮成一個國際化的先進企業，使之具有自由及現代的外在形象。其具體的操作方法就是將女員工派往海外的子公司。據 W 說，她剛來到香港的時候，公司讓她接受了好幾家報紙及雜誌的採訪。這也是公司戰略的一部分。

　　而實際上，Fumei 公司並沒有打算讓女性員工從事專業性工作，而是讓她們5人跟日本國內的女員工一樣，做著「女性的工作」。S 和 Z 作為 OL（辦公室女職員）在 Fumei 國際工作，而 W 和 Y 的工作就是將日本人接待顧客的方法以及日本式的包裝方法教授給香港員工。Fumei 香港完全沒有考慮向她們2人委以重要工作，還預想她們結婚之後便會辭職。

　　而且給予海外派遣員工優厚待遇的 Fumei 公司，為了削減海外經營的成本，會讓部分員工回國，只從事協助性工作的女員工很容易列入首選名單，在這樣的環境下，5名女員工為了要在公司繼續工作下去，就必須採取比男員工更加周密的戰略，來跟公司周旋。

（二）積極型員工

　　Z 是一個積極進取的員工，對於一個女員工來說，這意味著最大限度

地遵守其作為女性員工的文化角色。Z 比 Y、S 及 W 要年長 5 歲。她是作為 Fumei 國際的專務董事秘書被調到香港來的。但是由於這個專務董事的猝死,她也無處安插,成了一個普通員工的秘書。對比之下,S 一直擔任 Fumei 國際某高管的秘書。讓 Z 的地位降到了 S 之下。

在個人生活上,S 也比 Z 要過得優裕一些。S 來港之後不久就找到了男友,而 Z 沒有男友,她與 S 同住一棟宿舍,每日靠看日本的錄影帶來打發時間。Z 見這個晚輩在公司內位於自己之上,且在公司外又過得比自己逍遙,十分不服,漸漸對 S 生出反感。同時,她開始採取積極的態度來對待上司和公司。

具有積極性的女員工,其特點就是忠實地遵守「日本女性員工」這一文化角色所包含的種種行為模式。比如說,Z 在從事「女性的工作」,努力協助其男性上司履行職務的時候,有時甚至過了頭。她為她的男性上司沏茶、複印檔,甚至還為他提供肩部按摩。

這種積極進取性包含著幾種取悅男性上司的方法。比如說,Z 是公司和其男上司的堅定支持者,她從未反對過上司的意見,即使是無法贊同的事情,她也不反駁。她對上司的需求極其敏感,甚至上司還沒提出,她已經觀察到。她經常用一種與「甜姐兒」相符的、略帶鼻音的聲音說話。當上司對她說話時,她必定仔細傾聽。有時被取笑,也不生氣,總是一副笑臉迎人。甚至,對上司的性騷擾行為,也採取默許的態度。而當她跟一位在香港遇見的日本男性確定婚事後,馬上辭職離開公司,完成了她的「文化角色」。

(三)消極型員工

能夠像 Z 一樣舉止的女員工只是極少數。因為那樣個人必須付出很大的犧牲,而這點一般難以做到。大部分女性員工具有一種消極傾向,她們不想出什麼差錯使好不容易來港工作的機會白白喪失。首先,來看一下 Y。她不期望在公司內部晉升,也不期望利用公司的資源,學會什麼有利於未來的技能。她只是喜歡香港的生活,希望能在香港待得越久越好。

首先,Y 每月都有 15,000 港元的住房補貼,可以負擔非常舒適的公寓。香港的房租跟東京相比,甚至要更高些。即使是在沙田這種郊外地

區，兩室一廳一廚的公寓租金也超過 10,000 港元。其次，她尚未結婚，沒有撫養家人的負擔。月薪雖然才約 20,000 港元，但已夠她過上相當優裕的生活。她喜歡香港的夜店，頻繁出入於香港中心地帶的迪斯可和酒吧。總之，Y 具有一種消極傾向，她的想法就是不丟掉在香港的工作，以便維持這種逍遙的生活。

而拿著同等薪水的 S，興趣是旅行。她經常去東南亞或歐洲遊玩。還喜歡探戈，定期會去參加探戈培訓，甚至不惜遠赴西班牙接受訓練。因此，S 也與 Y 一樣，屬於消極派。

對這種消極派來說，不二法則是避免做一些危及自身的事情。在說話做事前，必須先確認「安全無誤」。具體規範是前文提到的「日本女性員工的文化角色」。比如說，公司的女員工每天早上上班後，首要做的事情是：清理垃圾和煙灰缸、整理男上司的辦公桌、打字、複印以及沏茶。消極型女員工最低限度必須要做到這些事情。Y 對自己的日常態度是如此評價的：「只要做了該做的，就不會有大問題」。因此，她也不拒絕每天早上給男上司沏茶，別人讓她去複印東西也毫無怨言。

由此可以看出，消極型女性員工，他們一方面努力避免受到其文化角色強加於她們的義務所帶來的傷害，而同時又希望男上司對自己好意相待或至少保持中間態度。所以當 Y 的上司給她介紹朋友，並希望她們交往的時候，Y 雖然心裡感到不快，也不能直接拒絕，而必須想出一個不傷上司面子的托詞來。

（四）反抗型員工

W 是反抗型員工。她進入 Fumei 公司的目的是想提升自我技能。然而，隨著她對公司的情況瞭解越深，她越強烈地意識到自己在公司內部是沒有晉升機會的。據 W 說，在公司，她只是被視做暫時的勞動力，大家都認為她一旦結婚就會離職。她對公司的不信任，在到香港之後非但沒有減弱，反而更加強烈。有一次，她對筆者直言說想離開公司。筆者勸導她，無論如何至少在公司再待兩年。但她說，公司裡有一大堆不可能解決的問題，能不能生存兩年還說不準呢。經過這一番談話後，她下定決心，在兩、三年內一定要辭職。

下定決心後的 W，改變了她在公司裡的策略。好幾次提到，「必須

要盡可能地利用公司的資源，為自己創造在別的地方找到更好工作機會的條件，或者為自己開店積累知識」。在 Fumei 香港的日本員工中，W 是唯一一個去香港的商學院夜校學習管理學，並去語言學校學習廣東話的人。

更重要的是，W 還清楚，自己甚至沒有機會晉升為店長或中級管理人員。於是，她在公司，有時甚至超越許可範圍努力向前拼搏。過程中，她採取了幾種戰略。首先，為了避免受到與其他 OL 同等的對待，她拒絕做那些為男同事沏茶等「OL 的工作」。其次，她指出公司管理上的問題，要求公司解決、而且還主動提出自己的解決方案，使公司對她有所倚重。事實上，（由於她的提案）公司察覺到管理上已存在的問題，並採納她的解決方案。而為了有效解決這些問題，公司也需要倚重她的能力。

公司對她有所倚重後，在實現自己目標的戰鬥中，也就有了與公司交涉的籌碼。比如，1991 年末，W 根據自己之前一個半月工作過的幾家店鋪收集到的資料，對公司的出納管理進行了分析。由於她能聽和說香港語言，透過對出納員的現場訪問和觀察，發現出納管理系統裡存在嚴重的管理問題。1992 年 1 月 1 日 W 返回本部工作時，寫了一份關於出納管理系統的意見書，直接提交給社長。沒有她的實際調查，管理層將不會察覺這些問題的嚴重性，W 因此得到了社長的高度讚賞。社長命令她負責推進改善出納管理的專案，在社長的認可授權下，讓她根據該專案寫一份對高層幹部的建議匯報。

這個專案一結束，W 就開始要求從員工宿舍搬出。在許多社會，特別是日本社會中，員工宿舍被看作是公司介入員工私人生活的手段之一。在日本的企業社會裡，住進員工宿舍，就意味著 24 小時處於公司的權威和壓力之下（佐高信 1993:548）。Lo 指出，女員工宿舍的管理尤其嚴格。新來的女員工都會得到一本類似手冊的東西，其中詳細說明日常生活中必須遵守的種種瑣碎規則（Lo 1990:51–57）。Fumei 香港公司雖然沒有這種手冊，但是，員工們被暗中要求互相監視他人的日常生活。Fumei 香港的日本員工及其家人都被分配到公司提供的住所，而管理部部長負責選擇員工宿舍的地點，甚至房間的分配。W 和 Y 剛來到香港時，Fumei 香港的日本女員工只有她們倆，所以一起住在新界某郊區的小城，但關係並不和睦。雖然一起住了兩年，但除了電話費該誰付這種必要事

項外,幾乎沒有說過話。為了避免和對方說話,兩人在家的時候都不待在共用的客廳裡,而是縮進自己的房間,等對方出門後才出來。因此,經常是其他員工都知道 Y 換了髮型,只有 W 沒有發覺。

這種冷戰狀態一直持續到 1992 年 2 月。該月的一天,Y 在凌晨三點半回到宿舍,吵醒了 W,使她一夜都沒睡,而第二天缺勤。這件事使她再也不能忍受跟 Y 住在一起的生活。1992 年 3 月 2 日,她終於向某部長直接投訴此事。W 事後回憶了他們當時的對話。這段對話裡有著非常重要的內容,雖然有些長,但還是完全引用:

W:非常抱歉跟您談起這件與工作沒有直接關係的事情。我想一個人住,不要跟她一起住了。最近她兩三天沒露面,我才知道她因工作回日本去了。事前我一點兒也不知道。
部長:可是,公司是為了你們的安全而讓你們住一起的,這樣萬一有什麼事,也好照應啊。
W:我們關係很糟。我不知道她在哪裡在做什麼,這也跟我沒關係。
部長:你搬出宿舍一個人住,公司沒法知道你有沒有按時出勤。
W:但是,香港員工是知道的。
部長:香港員工什麼也不會說的。
W:「什麼也不說」指的是?
部長:香港員工不會關心你有沒有來上班的。
W:不好意思,恐怕不是這樣的。我遲到五分鐘,他們都會替我擔心呢。
部長:你的話可能是這樣,可是誰敢說,他們連其他日本員工也會關心呢。
W:這也就是說,他們溝通有問題,對吧?但是,如果是我的話,即使 Y 每天都待在宿舍裡不去上班,我也不會跟上司報告的。作為一個日本員工,我也不願意跟其他員工關係搞僵,再說跟上司彙報了也不會增加自己的業績。不是嗎?
部長:一個人住太危險了。
W:如果您太太給公司打電話,說您生病了在家休息,公司會相信嗎?
部長:會信啊。
W:可是實際上您卻出去打高爾夫的話,怎麼樣呢?這種事情不論是結婚或沒結婚都有可能發生。
部長:我是不會做這種事的!(部長十分生氣)
W:所以,要說單身員工不能一個人住,是毫無意義。如果我一天待在

家不跟公司聯繫,香港員工們會覺得奇怪為我擔心的。所以沒有什麼問題的。

部長:你和Y住一起,可以互相監視。不然的話,就是往宿舍裡帶男朋友一起同居,公司也不知道。

W:我個人的交往與公司沒有任何關係。下班之後的時間是我個人的時間,不是公司的時間。公司不能連工作之外的時間都管束我。進一步說,公司干涉我的個人生活,那才會影響我的工作。這個問題您可以在幹部會上討論,但是我要搬出宿舍。如果公司替我付房租那當然好,即使不付,我自己把所有工資用來付房租,我也要搬出去。

部長:知道了,知道了。我考慮考慮。

不久後,W接到通知,公司允許她搬出宿舍,並且替她付房租。於是,她就搬到別的地方,開始一個人生活。

從W與部長的交談可以看出,公司的管理者們認為,公司有權安排員工下班後的時間,員工宿舍是公司干涉員工個人生活的手段。還有一點,那就是W不僅僅是成功搬出了宿舍,而且成功地將「員工宿舍」這一原本是公司管束員工的工具轉變成了員工私人生活的空間。公司干涉個人生活的權力由此被否定,與此同時公司與員工的地位關係也發生了變化。但是,為了自身利益而戰的個人,又是如何給組織結構帶來變化呢?

其答案包含在W交涉過程中向對方展現的一種強烈利害關係判斷。筆者問W為何敢於頂撞部長,她實情相告:「因為我知道社長對我在出納管理專案中的作為頗有好評,我想公司已經認可了我的作用和存在價值;我不知道完成出納管理專案後,自己將會怎樣,因此我想要達成自己的目的只能抓住這次機會。所以我在公司還需要我的時候,提出了搬出宿舍的要求。如果部長不同意,我就會辭職。如果我辭職了,社長肯定會問我原因,當我如實相告的話社長就會遷怒於部長,說他逼走了能幹的員工。因此,我對部長允許我搬出宿舍有十足的把握」。W還說,如果沒有社長對出納管理專案的肯定,自己是不會為了搬出宿舍跟部長力爭執的。

而公司則認為,她是個女員工,肯定不會長期幹下去,也不會成為其他男員工的競爭對手。因此,即使女員工有些小小的違反社會規則,

男員工們也會寬容其「任性而為」的。W 知道那個部長對女員工比較溫和，她利用這種對女性員工的角色期待為自己爭取利益。

之後，通過上述戰略，W 還得到了一個有管理權的職位。1992 年，她成為員工教育科的負責人。1993 年該科升格為課，而她順理成章地成為課長。這是 Fumei 香港史上第一位女性課長。1994 年，她成功說服上司，成立店鋪運營管理課，還被任命為該課的首任課長。這樣，W 通過反抗日本女性員工的文化角色（當然並非徹底反抗），獲得了參與公司經營管理的機會。

十二、結論

本章的要點為以下 5 點。第一點，是員工們對公司採取不同戰略所表現出的文化相對性。日本員工的個人需求和利益盤算不是抽象的、非歷史性的，而是被文化所構築的。在日本的公司裡，人們非常重視等級。升到更高等級的觀念很大程度上規定了日本員工們的競爭內容。也就是說，其競爭就是為了在公司裡獲得晉升。因此，不僅日本員工的個人需求和利益盤算本身，就連它們以何種形式表現出來，都被組織的形式所規定。如第一章所提到的，在 Fumei 公司裡，海樹是終極權力的擁有者。因此，想高升的日本員工，或多或少，都必須在海樹面前好好表現自己（當然，他們採取的戰略並不一樣）。他們的晉升競爭被組織所特定化。總之，文化不同，組織形式也隨之各異，人們採取的戰略也千差萬別。這是人類學對組織研究的啟示。

第二點，28 名日本員工根據個人自身的情況，對公司的權威或海樹採取了各不相同的戰略。在 Fumei，既有 E 和 G 那樣對公司積極配合的日本員工，也有 R 和 W 那樣採取反抗態度的單身日本員工。還有像 M、Y 及 S 那樣對公司並不反抗，而是最低限度地為公司服務的員工。不管怎樣，不屈服於公司的員工總是存在的。消極型員工們雖然認同公司的賞罰制度有必要性，但不願意積極配合。至於 R 和 W，則是根本上否定了「會社人」和「擁有自然人特徵的法人」的那些觀念。在積極員工中，積極的程度也有很大的差別。於是，每個人對公司這一觀念，以及包含在其中的「出世」觀念的認識各不相同，其行為方式也大相徑庭。正因

為如此，公司的觀念儘管對日本的企業組織影響巨大，但影響力並非絕對、只依靠單純的文化決定論是無法作出解釋的。借用 Margaret Mead 的話說就是，「如果存在一個接受具有一定程度普遍性的集體性態度的他我，那麼也會存在一個可以潛在地脫離於『普遍化的他者』的自我」（Sahlins 2000:285）。

第三點，在實際分析時，不能將日本員工視為千人一面，也不能認為日本員工間的關係是一團和氣。實際上，近來關於日本企業的許多研究都討論了員工內部的集團分化對於分析日本公司的重要性。比如，Noguchi（1990）就指出了舊國營鐵路公司內，處於不同地位的員工如何對「企業家庭主義」進行不同定義。如本章所示，栗原試圖利用諮詢公司來給山本挑毛病，而山本利用自己經營的非正式人際關係網成功地躲過栗原的攻擊。本章還敘述了西脅為了保護自己而讓部下充當替罪羊，以及他被其他高管以及自己的部下孤立等種種事例。

第四點，Fumei 香港的日本員工的各種傾向以及他們面對公司所採取的具體戰略與他們在公司中所處的位置，極端地說，與他們對公司的依存度有著很大的關係。在已婚者中沒有人對公司採取反抗的態度。反過來說，反抗型員工幾乎均為單身員工。另外，T 的例子告訴我們，隨著結婚加重經濟負擔，有的員工會從反抗型員工轉變為積極型員工。換言之，Fumei 根據員工的忠誠度來調節他們的地位、職業價值和經濟回報，在某種程度上隨心所欲地控制了那些在經濟與社會方面或多或少依賴於公司（及海樹）的員工。這種時候，每個「自我」的反應並非完全沒有一定的模式可循。它是被社會所構造、被經營控制力所制約的一種反應。雖然近年來，有越來越多的人認為工薪階層（salary man）社會和「會社人」模型已在崩潰，但是，這種模型的影響力依然強勁，甚至可以說由於經濟不景氣反而被強化。

另外，Fumei 公司在零售業界的地位也對其日本員工的行為影響頗大。如前所述，Fumei 公司是一家地區性超市。它待遇低，社會聲望也不高。因此，對女員工來說，與自己的男同事們結婚並不是什麼有吸引力的選擇。因此，像 W 那樣追求自身職業發展的未婚女性，並不認為公司是個找對象的地方，而是提升自己職業技能的地方。男性員工也不是都想在公司裡高升。其中，有些人來香港之後發現，開始自己的事業也

是一個充分可行的選擇。比如 R 就違反公司規定，去兼職做了時裝模特。而且，後面的章節會提到，還有日本員工在公司內秘密開展自己的事業。從這些例子可以看出，公司這一範疇中並不是沒有差異存在。所處行業不同、規模不同，公司的特徵也不盡相同，而其員工所採取的行動也有所差別。

　　最後一點，人是富有創造性的主體。如 W 的例子，一部分日本員工在個人層面上採取的反抗行為，有時會改變公司的結構。她對部長提出搬出宿舍的申請時，充分利用了公司內的權力結構以及人們對性別角色的期待，並獲得成功。而她的行為就結果而言擁有了改變結構的影響力。成功搬出宿舍意味著公司介入員工個人生活的權力被部分否定，員工們的自由生活得到承認。

第七章　日本員工和香港員工的關係

一、前言

在第五章中，筆者指出香港員工並沒有直接為改善他們與日本員工之間的結構性不平等而集體努力，也沒有想要去努力揭露民族性指標所具有的任意性。本章將要敘述積極型香港員工在個人層面上，為了自身發展所採取的兩種戰略。一種是與日本員工構築良好的個人關係；另一種則是展示能夠媲美日本員工的工作表現。下面就通過具體描述這兩種戰略，來掌握香港員工與日本員工之間的關係。

在此同時，筆者還想敘述一下日本員工和香港員工之間的朋友關係。可想而知，兩者之間的關係無法單純地用管理者和被管理者來描述。

二、香港員工競爭的焦點：與日本員工的關係

如第四章所述，香港員工知道，自己要想晉升只有依靠日本員工。公司的權力與頭銜無關，而是都掌握在日本員工手中。根據筆者調查，41名香港員工（樣本的77.4%）都認為「日本人課長比同等級的香港課長更有權力」。而且，40名香港員工（樣本的75.5%）認為「日本員工可以不遵守公司的規則」屬實，32名（樣本的60.4%）認為「日本人說的話就是規則」。換言之，香港員工都意識到，自己能否晉升，或是能得到多大的許可權，完全取決與日本員工的關係好壞。他們還認為，自己能否做好工作，也必須要看日本員工是否支援。因此，與日本員工建立和維持良好的關係成了香港員工謀求發展的重要手段。香港員工也親眼見到，與日本人

的關係好壞是如何決定晉升和許可權的大小。因此，香港員工競爭的焦點就集中在與日本員工的關係上。

在此要強調的是，建立和維持與日本員工的良好關係，並不單單是手段，甚至已經成為目的。通過與日本員工的關係獲得成功的香港員工和一般的員工之間，產生了巨大的差距。跟日本員工一起吃飯、瞭解日本員工的個人生活與經歷，使其作為自己與日本員工之間親密關係的象徵，都成為香港員工們熱衷的興趣與行動目標。因此，香港員工為了建立跟日本員工的關係而殫精竭慮。

（一）重要的財富——日語

與日本員工建立關係的第一步，就是能夠與對方交流。如第六章所述，大部分日本員工都不會說英語和粵語。同時，能夠用英語溝通的香港員工也寥寥可數。從紅磡店的數據來看，231名女售貨員（初級員工）中，高中畢業的不過78人（33.7%）。另外，這231人中有88人（38.1%）是在中國大陸受的教育。與此相對照，高級員工基本上都有高中學歷，但很少有人受過高等教育。因此，大部分的高級員工，雖然有一定程度的英語水準，但無法用英語表達複雜的內容。

在這種狀況下，對香港員工來說，有助於與日本員工直接溝通的日語能力就成了最大的財富。據筆者的調查，46名不懂日語的香港高級員工中，有29人計畫開始學習日語。問其理由，26人回答說因為希望能夠與日本員工溝通並建立關係。

實際上，日本員工都將會說日語的香港員工視為有能力的員工，加以重用，這也使得香港員工們學習日語的熱情高漲。

（二）庇護－附庸（Patron-Client）關係

但是，希望晉升的香港員工，僅會日語是不夠的，還要能夠為日本員工提供某些服務。因為日本員工在各方面都要依賴香港員工。首先，日本員工要高效地管理公司，就需要香港員工的支援。比如，在日本員工身旁工作的科主任，要向各個櫃檯傳達日本經理指示的當日目標，解決售貨員反映的各種問題，還要訓練新員工。擁有香港員工的支援，日本員工就能良好地完成工作，得到上司的認可。第二，日本員工與香港

政府、法院和香港企業交涉的過程中非常依賴香港員工。第三，工作之外的事情日本員工也需要香港員工的幫助。例如，某個高級經理是香港人，他的日語十分流利，在進入 Fumei 香港公司之前曾當過五年導遊。據他說，日本員工會拜託他各種雜事，從訂做房間裡要更換的玻璃，到申請國際電話等等。甚至還有個日本員工，因為他住在九龍半島西部的某個大型住宅區，也跟著搬去那裡住。

跟這個高級經理一樣，香港員工們為日本員工提供各種服務，就能換來日本員工對自己工作的高度評價，進而得到相應的回報。當然，最大的回報莫過於早日得到晉升。以這個高級經理為例，他 1987 年進入 Fumei 公司擔任助理執行官（第 21 級），5 年後便升到了現在的位置（第 10 級），晉身於 5 個最高級別的香港員工行列中。這種升遷速度，被 Fumei 香港的香港員工稱作「升遷神話」。

（三）翻譯

語言的障礙使得 Fumei 香港的翻譯這一職位有了特殊的意義。1992 年，公司一共雇用了 9 名翻譯，其中 4 個店鋪各 1 名，4 位部長和社長各 1 名。這 9 名翻譯能直接與日本員工溝通，因此有什麼事情，日本員工都會吩咐他們。一個店長助理說：

> 我們這些日本員工經常給翻譯們吩咐工作，因為這樣好吩咐些。確切地說，從我們日本員工來看，用日語問他們問題，吩咐他們工作，輕鬆多了。

由於這樣的原因，日本員工通過給予信任以及晉升來維持與翻譯的關係。例如，某日本員工在擔任店鋪店長時，就將自己的翻譯提拔為總務課課長。按照公司的規定，翻譯的等級處於第 18 級不變。如果翻譯想晉升，就必須放棄翻譯這個職位，從第 21 級重新開始。但是，這個日本員工說服了總部的人事總務課課長，讓他的翻譯從第 19 級開始。

日本員工不僅為自己的翻譯提供晉升的機會，有時還跟他們成為朋友。他們經常與自己的翻譯一起吃飯，而翻譯們也願意這樣做。因為，跟日本員工一起吃飯，是炫耀自己跟日本員工關係良好的最直接方式，同時也是自己比其他香港員工地位更高的象徵。因此，翻譯們在公司裡獲得了高於自己職位的地位。

尤其重要的是，與日本員工保持著良好關係的翻譯在香港員工中也頗有影響力。因為其他香港員工也認為，自己如果與翻譯作對，日本員工肯定會站在翻譯那邊。在筆者進行的調查中，有 50.9% 的調查對象認為「翻譯有很大權力」；其中 79.3% 的人認為「翻譯的權力來自日本人。」

翻譯擁有如此強大影響力的另一個原因就是，香港員工要與日本員工溝通必須依靠翻譯。在紅磡店男裝科工作的一位香港員工（負責培訓工作）如此說：

> 我討厭那些翻譯，但是我得跟她們和睦相處，否則，當我想跟日本員工說話時，她們可能不合作，即便合作也可能不把我想說的話準確地翻譯過去。那就很麻煩。

從這個員工的話可知，香港的高級員工對翻譯們抱有反感。由於這種反感，翻譯們在香港員工中處於孤立狀態。比如，有一次，筆者打算參加 Fumei 香港某店的開店迎新儀式，當時已有 4 位香港高級員工排在入口通道的一邊。其中一人叫筆者也加入他們，而沒有理會同行的翻譯。翻譯也不想加入其中，而是站在通道的另一邊。但筆者不想捲入他們之間的矛盾，於是謊稱總部有電話來找，謝絕了他們的邀請。

香港高級員工對翻譯抱有反感的最大原因是，翻譯們經常向日本員工「篤背脊」（告密）。筆者在 Fumei 香港某店做田野調查時，有一天，該店的翻譯撞見幾位香港科主任在上班時間到店內的餐廳喝茶。其後，店長馬上趕到，在眾人面前訓斥她們。她們挨了訓，面紅耳赤，不情願地回去工作。當天晚上，筆者跟她們一起吃飯，她們非常惱怒地說：

> 一定是那個翻譯打的小報告。我雖然不懂日語，但肯定是那個翻譯告的密。不然，絕對不會被店長發現的。我恨死那個翻譯了。她總是給日本人拍馬屁！

從這個事件可以看出，翻譯們協助日本員工工作，有意識地選擇了有違於香港高級員工利益的立場。這樣，她們便與日本員工建立一種特殊的關係（有時是朋友關係），以此獲得晉升的機會，最後成為香港高級員工的上司。

香港員工對翻譯抱有反感的另一個原因，是因為對日本員工來說，

一些雜事可以方便地請翻譯們代勞，所以日本員工往往會讓翻譯們去做一些翻譯之外的工作。筆者調查發現，74% 的調查對象認為，翻譯的管轄範圍遠大於其職務。比如說，某店的店長就經常讓他的翻譯去巡視各銷售樓層。本來，日本人是想更方便些，才讓翻譯去做此事的。但對本該負責此事的香港高級員工來說，翻譯的所作所為已經威脅了自己的領地。而且，翻譯巡視各銷售樓層，作為實際責任者的香港員工若有所疏忽，就有可能被日本人發現。因此，即便翻譯並無此意，香港高級員工還是對翻譯抱有反感。

這種反感和排斥使得翻譯和日本員工更加接近，更加對日本員工「示好」。對此，日本員工投桃報李，通過提供更多的晉升機會並賦予其更多許可權來維繫其友情。這樣便產生了兩個重要的現像，一個是圍繞日本員工形成了核心集團，另一個則是翻譯與日本員工的隨身秘書間的競爭關係。

（四）核心集團

翻譯是那些希望升遷的香港員工與日本員工溝通的重要媒介。如前所述，翻譯被香港員工視為眼中釘，但也有一些希望升遷的香港員工，有意地與翻譯建立良好關係，通過他們來接近其日本人上司。比如，某店的人事課長就積極地與該店的翻譯保持良好關係。她經常與翻譯一起吃飯或唱卡拉 OK。另外，該課長的朋友、同時也是該店日本店長的隨身秘書，也與翻譯關係親密。通過翻譯，她們與店長建立了親密的私人關係。除此之外，另有一名日本女員工也加入該集團，於是以店長為中心的一個核心集團就形成了。

這 4 名女員工非常配合店長的工作，她們協助店長積極參與店鋪的管理。比如，店長的秘書替他處理了大量的文字工作，包括公司內外的通信和聯絡、撰寫報告及銷售額的計算等。其他 3 人也各司其職：人事課長負責店內的人事工作，日本女員工負責店內的會計和出納管理，翻譯則負責各銷售樓層的巡視。由於她們的努力，當時該店的銷售業績實現了飛速的增長。但是這種情況，卻使有些人感到不快。比如，有個香港高級員工就頗為不滿說，「店長什麼都靠那 4 名女員工，完全無視我們的存在。」

這4名女員工還按照日本會社的慣例，在私人層面上給予店長很多的幫助。例如，他的秘書就替他整理桌子及沖咖啡，翻譯替他熨衣服，而日本女員工經常為他和他的家人預訂機票，人事課長也替他安排過人來幫忙修理傢俱。

　　為了回報她們，店長則給她們提供獎金和晉升的機會。比如說，他設法讓人事課長調到了總部的雜貨與服裝商品部擔任總採購員。她長期當任人事課長，卻首次跨領域擔任採購員。如第四章所述，這種人事調動即使在職務輪換較為頻繁的 Fumei 公司，也屬於罕見的情況。

　　此外，這個店長還跟她們建立了非常親密的朋友關係。他經常和4人一起吃飯，一起去唱卡拉 OK。由於他總是用英語跟她們說話，不懂日語的人事課長和秘書也能與他直接交流，再加上翻譯和日本女員工，他們5人可以一起交談。但當他與香港員工說話時，卻總是通過翻譯。有個香港高級員工不滿地說，「店長故意通過翻譯跟我們講話，是想跟我們保持距離。」而且，他也很少跟香港員工一起吃飯。他頗有幾分憤慨地說，「我想跟他搞好關係，但他卻不給我機會」。

（五）秘書與翻譯

　　姑且不論上文提到的核心集團中翻譯和秘書的友好關係，在 Fumei 香港，翻譯與秘書基本上都是競爭關係。因為兩者都處於易於跟日本人建立良好關係的位置上。至於哪一方取勝，不能一概而論，不過他們互相抱有反感這一點，確是無庸置疑的。[7] 這裡拿飯局上的情景來說，就筆者所見，兩方一起吃飯的情形十分少見。

　　兩方互相抱有的反感，會轉換成一種互相挑刺的遊戲。例如，總部某日本課長的翻譯就經常檢查該課長秘書所寫的內部信件，挑出其中英語文法和輸入的錯誤。而秘書也針鋒相對，請別的翻譯來檢查這個翻譯的日文。不論哪一方，只要一發現對方的一丁點兒錯誤，就立即彙報課長，並在香港員工中散播不利對方的傳聞。一天，該翻譯在總部對正在開會的員工們渲染說，他們剛才拿到的那份檔因為一個「嚴重的錯誤」被撤銷了。其實，她所說的「嚴重的錯誤」不過就是一個不值一提的文法錯誤而已。

---

[7] 上文中的秘書和翻譯相處融洽，是一個例外。這是因為該秘書不同常人，對晉升不感興趣。另外，秘書主動接受翻譯的領導也是一個重要原因。

表達自己對對方反感的另一個方式是，盡可能地給對方打擊，以保持自己的優勢。例如，上文的課長秘書去上夜校，開始悄悄地修習日語。獲知此事的翻譯開始擔心，想方設法去調查該秘書上哪所學校，以及報名上課的水準。最後，當她得知秘書上的是日語初級班時，才放下心頭大石。

三、自我表現

　　晉升的另一個方法是「自我表現」。[8] 香港員工明白，日本員工不懂廣東話，所以只靠印象來觀察和評價香港員工。某個「優秀」的香港員工肯定地說，「最重要的不是香港員工怎麼看待你，而是日本員工怎麼看待你」。香港員工依靠這種戰略，向日本員工展現自己「恰當」的工作狀態與工作態度。

　　這種戰略能否成功，取決於他們能否掌握怎樣做才是「恰當」的工作狀態和工作態度。如前所述，為了使他們對 Fumei 香港控制權的壟斷得到正當化，日本員工一直強調他們與香港員工的區別。因此，香港員工所採取的戰略，無非是像日本人一樣工作，至少在表面上去除自己的「香港人特徵」。換言之，恰當的工作狀態和態度就是像日本人那樣去工作。上文提到的那位創下「升遷神話」的高級經理就列舉了在公司裡「自我表現」的幾點訣竅。

　　首先，作為香港員工，即使是不屬於自己職責範圍的工作，也要去做。比如，擔任科主任的人可以打掃一下賣場，尤其是有日本人在場的時候。第二，香港員工一定不要自作主張。第三，香港員工不可違抗日本員工，必須按照其指令執行。有一次，他對一個經常與日本員工爭論的香港員工說：

> 我跟你的老闆關係很好，他經常在我面前罵你。你我都是中國人，所以我勸你最好不要跟他爭論了。要照他說的去做。老闆叫你站，你就得站，老闆讓你走，你就得走。他們這些日本人，都是一些很小肚雞腸的傢伙，絕對不會忘了你做的事，也不會饒了你的。

8　Walder（1986）描寫了中國大陸的某國有企業中的工人，是如何通過反覆的「自我表現」來面對企業的經營者的。雖然「自我表現」的　容不同，但是 Fumei 香港的當地員工也向日本員工進行了破費心思的表現。

第四，下班之後的應酬也要盡可能地參加。最後，最好能夠說日語。據某位「優秀」的香港高級員工說，香港員工最好不要在日本人下班之前回家。

上述幾點正好與第一章中所論述的「會社人」模型中的幾個重要要素不謀而合。這些積極型的香港員工能夠順利晉升，是因為他們積極的向日本員工模型靠攏。從實際經驗層面來說，是因為他們變得「像日本員工一樣」。

日本員工對香港員工的晉升並不排斥。公司的管理層甚至還鼓勵一部分香港員工的晉升。通過給香港員工晉升的機會，管理層可以得到一些現實或觀念上的效果。通過給予晉升機會，香港員工們會被強化這樣一種信念：只要自己有能力，又勤奮，一定可以在公司的等級體系中上升到更高的位階。這樣，他們的精力將消耗在公司內的職位爬升上，而無暇顧及不平等的問題。據某日本人課長的秘書說，在1991年4月全體高級員工會議之前，公司某高管就將該課長叫來並告訴他，公司上層會議已經決定提升兩名香港高級員工（從第11級到第10級）。在其後的高級員工會議上，社長宣布將從4名最高級別的香港高級員工（包括上述兩名新提升的香港員工）中，挑選一名擔任公司的董事。其實，公司是希望通過刺激香港高級員工之間的競爭意識，使公司獲得更多利潤。

四、日本員工和香港員工的友情

從上文中提到的店長與他的核心集團的例子可知，日本員工和香港員工結成朋友關係的情況並不少見。例如，有位名叫Jade的員工之前是某日本課長A的秘書。A被調到其他店鋪後，Jade跟A的繼任課長處不來，結果辭掉工作。但是，在A尋找新秘書期間，Jade每週六義務地幫他工作。Jade非常尊敬她的這位前上司，與他的友誼深厚。雖然她自願無償為A工作，但A感到過意不去，最後是以每小時50港元的工資用臨時員工的形式雇用她。Jade對此事是這樣說的：

> 我跟A是很要好的朋友。我辭職的時候，他在香港一流的日本料理店為我開了歡送會。我想那個歡送會，至少花了4,000港元，這證明A非常看重我。所以我就是不拿工資也願意幫他做事。不為錢，只為了友誼。

這裡再舉一個例子。某日本人高層 B 的秘書叫 Pat。在日本留學 3 年後，進入 Fumei 香港。1992 年正月，她奶奶住院了，她不得不在工作時間內經常去醫院。對此，B 不但大開綠燈，還經常詢問她奶奶的病情，並鼓勵她。後來 B 因出差要離開香港，他還介紹 Pat 與自己的朋友認識。希望她如果碰到什麼麻煩事，可以隨時找他這位朋友幫忙。B 回到香港得知 Pat 的奶奶去世的消息，馬上打電話安慰她。這個過程與種種的安排都讓 Pat 感到 B 是一個非常有人情味的人。從此，她不僅工作上的事情會找 B 商量，就連個人的事情也都跟 B 商量。對她來說，B 不僅是一位可敬的上司，也是夥伴。她如此形容 B：

> B 總是關心我。所以我想讓他總能喝上最可口的咖啡。他要是喜歡我沖的咖啡，我會很高興。雖然 Fumei 香港公司的薪水不高，但我願意為 B 工作，所以不會辭職。

　　某日本部長 C 與其秘書 Mandy 的關係也頗耐人尋味。Mandy 在赴日學了兩年日語要結束留學生活前，有位朋友告訴她 Fumei 香港某店正在招聘翻譯。比起香港的老市區來說，她本來就更喜歡郊區城市，於是就毫不猶豫地應聘進入 Fumei 香港。1990 年她被錄用，成為該店店長的翻譯。據她稱，她與店長建立了良好的關係，但是店長秘書 Andrew 卻可能因此與店長關係變得不好。兩年後，她被調到總部，成為 C 的下屬，兩人很快就相處融洽。一年後，Mandy 不顧 C 的一再挽留而辭職，換到了另一家日本企業工作。但是，離開 Fumei 香港公司後，兩人的友情仍然持續到 1997 年 Fumei 香港倒閉時，Mandy 為 C 感到很著急。因為她想，C 有 3 個孩子，今後的生計恐怕會成為問題。直到得知 C 被調到已被某大型超市收購的 Fumei 日本公司，可以維持當時的收入，她才放下心來。Fumei 香港公司倒閉後，C 的妻子和 3 個孩子要回國，Mandy 還特意來替他們義務搬家。當然，她那時已經不是 Fumei 的員工了。C 與香港員工的友情不僅限於 Mandy。他離開香港的那天，約有 10 個原 Fumei 香港的員工來機場送行。當他進入登機口的時候，有幾個人（包括 Mandy）都留下了眼淚。

　　對 Mandy 來說，與日本員工的友誼也不僅限於 C。還有幾位日本員工也是她的好朋友。幾年前，結了婚的 Mandy 決定去日本新婚旅行。當時，很多原 Fumei 香港的日本員工也齊聚東京來向她道賀。

五、香港文化對日本員工意識的影響

很顯然，一部分日本員工也受到與香港員工相處的影響。特別是香港員工的「成功」觀念給了日本員工很大的啟發。幾乎所有日本員工在來香港工作前，從未想過要擁有自己的公司。關於這點，有位日本員工說道：

> 在日本，創辦公司是一件很難的事情。日本政府要求創業者擁有巨額資金並提交許多材料。提交材料後，審查也要花上很長時間。而在香港，開公司十分簡單。只要在香港政府登記，交上3,000港元，一個晚上就可以把事情搞定。

日本員工從香港員工那裡學會了如何一邊在Fumei公司工作一邊兼職經營自己的公司。例如1990年，某日本員工D就與香港的朋友一起創立公司，開始銷售精密機械。這個公司的業績非常不錯，每月盈利達到5萬港元。兩年後，D又開設了一家經營日本食材的公司。筆者跟D一起吃飯時，他說不久後要和一個日本朋友合作開一家高級服裝專賣店。筆者當時半開玩笑的說，「日本的公司職員不是都對公司奉獻自己的一切嗎？」對此，他回答道：

> 在Fumei日本工作的時候，我也認為自己只有對公司盡忠這一條路，因為我沒有其他選擇啊，我又不能辭職找到比這裡條件更好的公司，而且，我老婆是全職家庭主婦，全家人都靠著我的工資過日子呢。但是，來香港後我從香港員工那裡學到，可以一邊在Fumei工作一邊經營自己的公司。因此，不管Fumei怎麼待我，都沒有關係。只要自己的公司運做獲利，我隨時都打算辭職。

這樣想的不止D一人，還有幾位日本員工也有類似想法。例如，某年輕日本員工就瞞著公司，投資他妻子家族經營的一家農場。他還跟一個日本朋友一起投資了另一家農場。他們打算這筆投資如果成功，就辭職。他對筆者這樣說：

> 理論上來說，我們不會一直在香港工作下去，有機會一定會回到日本的總部，因為我們是屬於Fumei日本的員工。但來香港之後，我漸漸明白，自己也許回不去了。Fumei只是一家地區性超市，沒有完善的人事體系。

再加上泡沫經濟的破滅，總公司視我們為累贅，總公司也不願勞動成本上升。即便公司對我說可以回去，也沒有好的位置。所以，我們要在這裡一邊工作，一邊為自己的將來做打算。也許大多數日本員工都有開辦自己公司的潛在能力。我在香港學廣東話的時候，認識了許多海外華僑，跟他們很熟。他們告訴我，在香港可以很容易地擁有自己的公司。雖然他們不在香港了，但我目前還常常跟他們聯繫。這些人脈，對我現在的生意來說是非常重要的資源。

同時，據該員工透露，他的一個日本同事也與其妻子的親戚還有他的朋友一起做一些生意。有一次，筆者問他：「你背著公司做自己的生意，會對公司感到內疚嗎？」他如此回答：

不會內疚的。我是用自己的積蓄來投資，用自己的時間做生意，也沒有對公司做什麼壞事。你們香港人不也這樣做嗎？我跟公司的某個高層不一樣，沒有給公司帶來任何損害。這個高層，自己經營一家韓國料理店，總是在自己店裡招待 Fumei 公司的客人，以此來賺錢。若是員工搞副業該罰，那麼最先罰的就該是這個高層。

綜上所述，日本員工通過與香港員工的接觸，受到了香港文化很大影響。

六、結論

本章討論了 Fumei 香港日本員工和香港員工的關係。香港員工們甘於「能力低下的香港員工」這一角色期待，並沒有積極努力去打破與日本員工之間的結構性不平等或揭露民族性指標的任意性。相反地，香港員工通過與日本員工建立庇護－附庸關係來謀求個人職務層面的晉升。於是，與日本人建立良好關係這個作為手段的行為逐漸變成目的。這時，香港員工的日語能力和他們可為日本員工提供的種種服務就有了重要的意義，其結果是翻譯和秘書得到了格外的重用。這種情況很大程度上影響了翻譯和秘書之間的關係，以及他們與香港高級員工的關係。

另外，在與日本員工的關係中，香港員工採取的戰略是向日本上司表現出自己能夠像日本員工一樣工作。當然，香港員工這種自我表現存在很大差異。如下一章所述，在香港員工中也有積極型的員工和消極型的員工。這種差異取決於與日本員工關係的好壞。

香港員工所採取的戰略是否成功先姑且不論，諷刺的是，這種行為對日本員工所擁有的優勢地位再生產作出了巨大的貢獻。因為香港員工的舉動，使得「民族性」（Ethnicity）看起來像是公司結構的關鍵。這裡所謂的「民族性」具有辯證的性質。在第五章中，筆者分析了日本員工和香港員工這兩個客體、日本員工和香港員工的分類、以及在 Fumei 香港內前者對後者的優勢地位是如何產生等等問題。這樣的客體、分類和關係通過一系列的公司活動逐漸被習慣化，然後再被「民族性」自然化。換言之，「民族性」就是用來正當化這一切的觀念形態。它掩蓋了公司內既有權力結構的任意性，並阻斷其他可能性的發生。也就是說，民族性的生成，應該被視為「某個人群（限於某個時代）對實際社會狀況的回應（Comaroff and Stern 1995:5），而不像某些觀點中宣稱的那樣，是一種「原初」（Primordial）的東西。就 Fumei 香港公司的例子來說，「日本人特質」（Japaneseness）這一集體意識，與其被視「作為一種自然存在的意識」（同上引:6），不如說是日本員工對這些情況的反應——即他們被安排到與香港員工不同的工作領域，並同時得到不同於香港員工的權利、機會和利益。

如前所述，日本人的「民族性」一旦形成，香港員工也無意採取集體行動來打破他們與日本員工之間結構性不平等，或揭露民族性指標的任意性，而只透過與日本員工建立良好關係並進行自我表現。這種戰略便營造出一種氛圍，似乎民族性成了公司內日常生活的普遍社會原理。結果，民族性不僅在觀念上使得日本員工與香港員工之間的不平等名正言順，還成為了一個解釋公司內部成員的行為之獨立變項（independent variable）、或者說「原初」基礎的作用。因此，如 Comaroff 夫婦所指出的，民族性及其產生的社會條件是一種辯證關係，任何一方都不能離開對方而存在（Comaroff and Comaroff 1992:60）。

民族性的這種性質對於日本會社與日本式經營的研究具有兩個重要意義。首先，「日本人特質」的內容取決於他們與集體中「他者」的差別。也就是說，「日本人特質」的內容是「在特定歷史背景中產生出來的」（Comaroff 1995:249）。在 Fumei 香港，日本員工的民族性認同實際內容與香港員工對其的印象截然不同，比如說：有責任感、勤奮、有競爭力、值得信賴、關照下屬及忠誠於公司等等。這些內容，如果在別的社會背

景下可能會不同。因此，我們無法用「集體主義」這樣一個靜態、抽象及通俗的概念來定義「日本人特質」。如果理解了「日本人特質」的可變性，應該會對集體主義這樣忽視社會背景的、靜態的、俗套的概念產生疑問。本書可以說是對迄今為止一味強調日本人「獨特性」（重視意見的一致與和諧）的日本經營研究的批判之作。

　　第二，如前所述，民族性的邏輯使日本人對公司的權力壟斷自然化，這一點能夠很好地解釋為什麼日本企業在海外難以實現本土化（localization）。「正社員」這一概念是依據日本人的民族性定義的，因此非日本人的員工既不被當作「正社員」，也無法享受與日本人相同的地位和報酬。

　　本章還論述了日本員工與香港員工之間的友情。從上文提到的日本人課長 A 與 Jade 的例子、日本人高管 B 與 Pat 的例子，還有日本人部長與 Mandy 的例子可以看出，香港員工有意圖地與日本員工接近，向日本員工自我表現；並同時與他們建立朋友關係。換言之，日本員工與香港員工的關係並非千人一面，因此無法完全用「支配與抵抗」這樣簡單的二分法來描述。而且，日本員工與香港員工的關係也不能完全從實用主義的角度來解釋。

　　還有幾個日本員工通過與香港員工的交往，意識到開創自己事業的可能性。如前所述，有幾個日本員工在 Fumei 工作的同時，在外經營著自己的生意。這些員工，等到自己的生意穩定下來，對公司的依賴度降低後，就會對公司的控制採取反抗態度，拒絕公司強加於他們的「會社人」這一生活方式。於是，公司已經不能「擁有」他們。不僅如此，甚至有人辭掉工作，開辦起自己的公司來。比如，前面提到那個 Fumei 某店的日本店長就於 1993 年從 Fumei 香港辭職，創立了自己的傢俱店。總之，他們受到香港創業文化的薰陶，在經濟上和社會上都對公司降低依賴。於是，這種依賴度的降低，使公司的經營和管理弱化，最終公司和日本員工的關係也發生變化。

第八章　香港員工之間的關係

一、前言

第七章就秘書和翻譯之間的關係以及翻譯和香港上層員工之間的關係進行討論，本章將對占香港員工絕大多數的售貨員間的人際關係進行分析。

1991年時，Fumei 香港擁有2,000多名香港員工，其中大部分是售貨員，因此下面將圍繞售貨員之間的關係展開分析。為了瞭解香港員工的大致特徵，筆者採用員工們應聘時向紅磡店提交的應聘表格資訊。與日本員工不同，大多數香港員工都是女性。1991年在紅磡店工作的300名香港員工中，有237名在銷售樓層工作，而這237人中有231名是女性（占97.5%）。下面主要討論女員工之間的關係。

Fumei 香港公司的香港女員工表現出下述幾個特徵。首先，一半的人已婚（51.5%）。如表17所示，Fumei 公司的香港女員工的年齡結構在21～30歲達到高峰後下跌，在36～40歲時再度上升。這種年齡結構與當時香港女性就業人口的整體年齡結構幾乎一致（Chan and Ng 1994:144-145）。36～40歲和41～45歲年齡段的女性中，有48人（80%）是有孩子的已婚女性。她們的孩子大部分（共93人，其中67人）都是11～20歲的初高中學生，不需要母親整天照看。產生36～40歲這第二個高峰的主要原因是因照顧孩子而一度辭職的女性等到孩子達到一定年齡後，再度返回就業市場。

第二，如表18所示，在紅磡店工作的香港女員工，一半以上出生於中國大陸，之後才移民到香港。具體來說，這些移民（共126人）中，有

44名（占35%）是近10年內才移民香港的，大多數人不能說流利的廣東話。另外，有126名（占總數的55%）香港女員工住在店鋪附近。

最後，大部分女性在進入Fumei公司之前，沒有類似行業的工作經驗。只有82人（35.5%）在其他的零售店櫃檯或收銀臺工作過，其餘149人沒有在零售業工作的經驗，104人（44.6%）之前在製造業工作，其中半數做的是縫紉工。

Fumei公司的女員工可分為三類：首先第一類是那些孩子長大了而重返勞動市場的人。第二類則是隨著80年代香港製造業向中國大陸轉移而失業的人。第三類則是在Fumei公司裡具有豐富經驗的售貨員。大家出自不同目的來Fumei工作，對公司和日本員工的認識也各不相同。

表17　香港女性員工的年齡（1991年）

年齡段	人數	比例
16～20	28	12%
21～25	56	24%
26～30	51	22%
31～35	19	8%
36～40	32	13.8%
41～45	28	12%
46～50	11	4.8%
51～55	6	2.6%

表18　香港女性員工的出生地和居住地（1991年）

出生地	人數	比例
香港	105	45%
中國大陸	126	55%
合計	231	100%

居住地區	人數	比例
可步行上班的區域	126	55%
無法步行上班的區域	105	45%
合計	231	100%

二、積極型員工與消極型員工

同樣地，我們可將香港員工分為積極型和消極型兩種類型。積極型員工和消極型員工的差異，從她們對日本員工的態度可以清楚看出。而這種態度也反映出她們對公司的依賴程度。

上述第三類——經驗豐富的售貨員就是積極型員工，她們希望在公司的等級體系中不斷晉升，在經濟上對公司的依賴度也較高。比起其他員工，她們更加積極地創造與日本員工接觸的機會。

相反，屬於第一類和第二類的女員工則是消極型員工。她們無意在 Fumei 公司內尋求發展。中年女性們不過是利用孩子上學的閒置時間出來工作，用工資補貼家用。不論是這些中年女性還是被迫失業的女性，都沒有受過什麼教育，不會說英語，也沒有銷售的經驗。她們清楚地明白自己晉升無望，只是把公司當做賺取生活費的地方，並不想與日本員工建立良好關係以圖晉升，所以不會想方設法去接近日本員工。對於這種類型的員工來說，跟日本上司接觸是件麻煩事，除非必要的，她們會儘量避免與日本上司接觸。

接下來，筆者將根據紅磡店童裝科的資料（表 19）來討論怎樣區別與劃分上述的三類員工。

三、第一類：重返職場的主婦們

第一類消極型員工主要是回歸職場的主婦們。紅磡店童裝科中，Alice、Sofia 和 Viky 3 人可歸入此類。她們都已婚，年齡均超過 35 歲，教育水準不高。因為孩子開始上中學而重返職場。比如 Viky，她分別有 18 歲和 13 歲的兒子，兩人都在上中學。

女性們隨著孩子的成長而重新開始全職工作，原因之一是她們想賺錢補貼家用。比如 Sofia 就是如此。她的第一個孩子 5 歲時，第二個孩子要出生，於是她辭去工作；等到第一個孩子中學畢業，第二個孩子升入中學，就開始在 Fumei 上班。筆者問她為什麼重新開始全職工作時，她說：

我的兩個兒子都到了能自理的年齡，不需要我整天照看他們。我不知道用這些閒下來時間去做什麼，也想為孩子們賺點教育費。我想讓他們上大學，那樣比較好找工作。做一份全職工作，既可以有效利用自己的時間，又能夠多賺些錢，對我來說正合適。

在 Fumei 香港公司，還有一些主婦來上班，只是單純地為了打發時間。比如 Alice，她在兩個孩子中學畢業後開始工作。她的丈夫經營一家皮革製品公司，從經濟上來說她無需工作。跟一般售貨員一樣，她對晉升和權力毫無興趣。關於這點，Jenny 說：

表 19　童裝科售貨員個人資料（1991 年）

姓名	所在櫃檯	年齡	婚姻狀況	受教育年數	子女人數	前職	辭去前職的原因
Iris	嬰兒用品	41	已婚	8	2	收銀員	停職
Viky	男童用品	37	已婚	6	2	縫紉工	無事可做
Sofia	衣	42	已婚	8	2	無	原因不明
Chong	男童用品	24	單身	9	--	電器組裝工人	無事可做
Cindy*	女童用品	30	單身	6	--	縫紉工	無事可做
Chung*	女童用品	28	單身	9	--	縫紉工	無事可做
Christy	女童用品	30	單身	6	--	縫紉工	無事可做
Amy*	男童用品	18	單身	8	--	縫紉工	無事可做
Emily*	女童用品	20	單身	9	--	電器組裝工人	收入太低
Mei	女童用品	25	已婚	9	--	縫紉工	無事可做
Rika*	男童用品	20	單身	9	--	縫紉工	無事可做
Yang*	女童用品	22	單身	9	--	工廠監工	工廠遷走
Anna	女童用品	33	單身	11	--	售貨員	店鋪關門
Sherry	女童用品	22	單身	11	--	售貨員	原因不明
Jenny	嬰兒用品	29	已婚	11	1	售貨員	原因不明
Winny	衣	40	單身	11	--	售貨員	宗教原因
Ma	男童用品	25	單身	11	--	售貨員	失去前一份工作
Wai	嬰兒用品	34	單身	10	--	售貨員	原因不明
Chan	嬰兒用品	19	單身	8	--	收銀員	原因不明

註：*為在中國內地出生，在中國內地接受教育的人。

在 Fumei，有許多人選擇當售貨員是因為沒有壓力。比如我的下屬 Alice，她丈夫有錢，根本沒必要工作，而且她自己也沒有職業發展的欲望。她只是為了打發時間而工作的，不會對伴隨更大責任和壓力的晉升有興趣。而且，她完全不懂英語，我記得有一次讓她填一份英語的訂貨表，她大為緊張，手都抖起來。1992 年 4 月我被調到女童用品櫃檯工作，Alice 本該升任童裝科主任，但她拒絕了。甚至說，如果讓她當櫃檯主任就辭職。

當然，售貨員們也不會努力與日本員工建立良好關係，因為她們既不會英語也不會日語，所以儘量不跟日本員工接觸。Sofia 說她自己沒有跟日本員工說過話，也不知道他們的名字。

她們也不積極與櫃檯主任建立良好關係。櫃檯主任是否教他們銷售技巧，是否把自己當做集體的成員，對她們來說通通無所謂。她們只單純地認為 Fumei 是掙錢補貼家用或是打發時間的地方。在某種意義上，她們可以說頗為精明。既不願意接受更難的工作任務，也討厭下班後的加班。她們將家庭放在首位，一到下班時間就準時回家。雖然孩子已經長大，照顧孩子的時間大為縮短，但還是有一些必須完成的家務。因此，與單身女性相比，她們更喜歡方便上下班的工作場所，而且更重視每週能夠正常休息的家庭時間。

但她們也不能完全忽略櫃檯主任的存在。因為櫃檯主任有權決定工作的分配和輪班，所以對身為上司的櫃檯主任採取順從態度。為了不引起無謂的矛盾，她們不會跟櫃檯主任唱反調，因為她們希望櫃檯主任儘量不給自己分派難的工作，減少上晚班的次數，以及讓自己在想休息的日子休息。

四、第二類：來自製造業的員工

第二類是以前在製造業工作的員工。如表19所示，童裝科的19人中，有 10 人以前在製造行業工作。這 10 名員工中，有 8 人以前在製衣工廠做縫紉工，另外 2 人在電器組裝工廠工作。

第二類員工是 Smart 夫妻所說的「製造業從資本主義香港轉移到社會主義中國這一顯著的國際分工變化」產物（Smart and Smart 1992:47）。

如第二章所述,到1970年代末期為止,香港經濟一直以出口為主。按照England的說法,「出口是香港活力的源泉,真正關係到香港的存亡」（England 1989:23）。當時,香港是世界上最大的製衣、玩具、收音機和鐘錶的出口地（同上引）。但近十多年來,全球規模的市場經濟變化給香港的製造業帶來了很大影響。

如第二章所述,不論非法還是合法,移民作為便宜的勞動力一直是製造業的原動力。在以前的香港,這種勞動力移民似乎取之不盡。但1980年後,隨著香港政府廢除「抵壘政策」,移民數量銳減（Lam and Liu 1993:2）。與此同時,香港經歷了雙重的「去工業化」,這期間香港經濟所提供的機會更加多樣（Smart and Smart 1992:52）。在1970年代,金融和商業部門急劇增長。1980年前,其產值已經達到GDP的20%～25%。而貿易部門（流通、零售貿易、進出口業務、賓館和飲食業）在1980年前期急速增長,達到了GDP的20%～23%（Turner et al. 1991:134）。香港經濟的多元化趨勢使得就業人口比例發生巨大的變化。根據Turner於1976年和1985年展開的調查,從事製造業的勞動者比例從1976年的49%下降到1985年的35%,而金融部門則從1976年的6%上升到1985年的14%（同上引:245）。

經過這種發展,香港的製造業同時受到勞動力短缺和高工資的雙重壓力。失業率在1980年代保持在低於4%的水準（除了1983年）,特別是1987年以後,一直處於1%～2%之間。而且,香港製造業的工資要遠遠高於中國大陸、泰國、馬來西亞及印尼。1989年的恒生月度經濟指標顯示,香港的非專業性職位的月工資為412美元,而中國深圳是75美元,泰國是90美元,馬來西亞是110美元,印尼則是60美元（Maruya 1992:135-136）。

除此之外,香港的製造業還面臨著來自韓國、泰國、臺灣和菲律賓等新興工業國的挑戰（Smart and Smart 1992:52-53）。香港的製造業者開始將目光移向深圳,那裡有非常廉價的勞動力和工業用地租金（相當於香港的12.5%）（Maruya 1992:136）。這些條件使得在深圳生產的費用降低到在香港的一半（Smart and Smart 1992:53）。Maruya（1992:136）還指出,在深圳以北的珠江三角洲地區,這個費用可以更低,約為深圳的一半甚至1/4。

因此，許多香港的製造業將其勞動密集型的生產基地轉移到內地，同時，內地工廠生產所需要的原材料、機械設備、零件、製造手冊及商品目錄等，則通過香港從海外進口。然後，生產出來的成品被運回香港，並在香港進行出口裝箱（Maruya 1992:136-137; Smart and Smart 1992:50-51）。這種生產基地的轉移，成為了香港製造業者向中國內地，特別是廣東省投資的主流。到 1991 年 6 月為止，約 2 萬家製造業公司將其生產據點轉移到廣東省，由此創造出超過 2,000 萬人的就業機會（Maruya 1992:137）。像這樣被香港人雇用的內地勞動者，如今已經生產出了香港工業產值的 80%～90%（Smart and Smart 1992:49）。與此同時，如第二章所述，香港的製造業公司更加促使其在香港的據點變身為在中國內地生產基地的服務中心。

香港製造業向中國內地的大規模轉移以及變化，給香港的就業帶來了巨大的影響。從 1988 年第一季後，製造業的就業人口不斷減少，且下降率不斷攀升。1987 年至 1994 年的幾年間，就業人口中有 36.3 萬人脫離製造業，使得製造業的就業人口占全體就業人口的比例從 34.2% 下降至 18.8%。

屬於第二類的銷售樓層員工，正是從急劇變化的製造業所淘汰出來的。如表 19 所示，有 8 名員工回答說自己是因為工廠裡無事可做而來到這裡。香港的製衣工廠大都採用計件工資，收入根據工作量而定。無事可做的影響層面不僅限於這些女員工所在的公司，而是整個製衣行業的問題。也有一些工廠有事可做，但大多時候，都無法向縫紉工支付足夠的工資。Christy 說：

> 老闆暗中規定每日工資的上限。一旦縫紉工技術熟練，要超過上限的時候，他們就降低每道工序的單位工資，以此來控制日工資。以前，我們還可以跟廠長談判，以辭職來施加壓力，廠長也只好妥協。但現在，我們要是辭職，老闆隨時可以把工廠遷往內地，資方態度變得強硬。於是，我們覺得，還不如早點辭掉製衣廠的工作。

另外還有一個叫做 Yang 的售貨員，她以前是工廠的監工，工廠遷往內地後，她失去了工作。那麼，為什麼以前製造業雇用的勞動力會流入零售業呢？

首先，零售業本身日趨壯大是一種普遍的趨勢，特別是隨著日本零售業在香港的投資增加，創造了大量的就業機會。這使得製造業的剩餘勞動力大規模地向零售業流動。第二，其他日資百貨公司的招聘對象只限於高中以上學歷的人，而帶有很強地區性超市色彩的 Fumei 在招聘時沒有提出類似的要求。如表 19 所示，從製造業流入的員工中，沒有一個人完成 5 年的中等教育，其中還有 3 人沒有上過中學（受教育年限不超過 6 年）。第三，與實行計件工資的製造業相比，實行月薪制的零售業更為穩定。第四，在香港，售貨員的社會地位要高於縫紉工。根據 Chiu（1994:132）對香港各種職業的社會地位所進行的調查，在 112 種職業中，售貨員處於第 86 位，而縫紉工則是 102 位。Fumei 香港公司的售貨員解釋來零售業工作的理由時，幾乎都提及了社會地位。另外，比起從事體力勞動的縫紉工，售貨員的工作要更為輕鬆。

與前面提到重返工作的主婦一樣，這些從製造業流入的員工們都明白自己晉升無望，所以無意跟日本員工建立良好關係。她們沒有做過銷售員的經驗，教育程度和英語水準都很低。她們來 Fumei 公司工作，是為了贍養父母，或者賺錢旅遊。Christy 這樣說：

> 為了一家人的生活，我小學一畢業就開始工作。開始的 7 年裡我在玩具組裝工廠幹活，後來去製衣工廠做縫紉工。換了幾個工廠後，我和其他的縫紉工姐妹們，一起來到 Fumei 公司做售貨員。我不會日語也不會英語，又沒有做過售貨員，所以沒指望在 Fumei 公司晉升。我在 Fumei 公司工作，只是為了賺生活費，沒有跟日本員工說過一句話。我工資的一半都花在家人的生活費上。當然我也在為自己工作。我喜歡旅遊，最近常把錢花在旅遊上。中國內地的景點我幾乎都去了。中國內地以外的地方我還沒去，我下次想去日本。

而從中國內地移民來的員工，她們無法自如使用廣東話，晉升的可能性幾乎為零。Rika 說：

> 我 1984 年和父母一起來到香港。在內地上完中學三年級，由於英語沒有達到香港中學需要的水準，我又從中學一年級重新開始讀起。可還是跟不上使用英語的科目，一年後退學。之後也沒有工作，在家無所事事。1989 年我和媽媽一起做起縫紉工，但是，同事大部分都是中年主婦，我無法適應這種環境，就辭去縫紉工的工作進了 Fumei 公司。我不僅不會

英語，連廣東話都夾雜著奇怪的音調，因此被許多人取笑，但我並不在意。我只是來 Fumei 公司賺錢的，對 Fumei 公司沒什麼奢望。至於日本員工，更與我無關，我不知道他們叫什麼，也沒跟他們說過話。因為，我只是來這裡賺錢，不是來跟日本人說話的。

但是，與重返工作的主婦不同，從製造業流入的員工會跟櫃檯主任積極接觸，努力與他們建立起家人般的親密關係。比如說，她們根據櫃檯主任的性別，把他們叫做「大哥」或者「大姐」。Bloch（1971:823）指出，這種「家庭內親屬的稱呼與其說是『標籤』，不如說是對人評價的表現，是一種道德期待」。在這種意義上，「大哥」、「大姐」也可視為「一種道德概念」。哥哥與姐姐要照顧弟妹，在人際關係和職業發展方面提供意見和建議。而弟弟和妹妹要對哥哥與姐姐忠心，為他們效勞以做為回報。

如此，從製造業轉來的員工期待櫃檯主任能夠履行「大哥」「大姐」這稱呼中所包含的道德責任。如前所述，在日本式的組織體系中，與櫃檯主任的接觸是下屬掌握技能的唯一手段。特別是從製造業轉來的員工對銷售商品全無經驗，這種經驗傳承尤其重要。即便不打算在公司的等級體系中晉升，也要掌握銷售的基本技巧才能繼續在公司生存下去。此外，如果能夠從櫃檯主任身上學到更多東西，在跳槽時，也會有更多的選擇機會。

另外，從製造業轉來的員工還需要向櫃檯主任學習銷售的社交知識。原來她們在製衣生產線上工作時，月薪是根據完成的件數來計算，以量計價。每個人一定程度上可以根據自己的經驗判斷，按照自己的節奏來工作。如果覺得這個月的量完成了，可以休息一天或半天；如果身體不舒服，可以早點下班或跟同事去看電影。只要不是繁忙季節，廠長不會說什麼。

而更重要的是，製衣工廠的各個工序可以分開進行。整個生產制程被拆成幾個部分，每個部分被分配到個人，廠裡給每個人支付工資。每個縫紉工只需要完成自己的部分，而廠長負責管理整個流程。與同事的合作不緊密也不太重要。使得縫紉工們不會努力與他人維持圓滑的人際關係，對自己不喜歡的人，不太掩飾自己的憤怒和敵意。Cindy 說：

在製衣廠工作的時候，我根本就不怕對老闆和同事表現出不滿。我有我的意見，生氣會當眾跟他吵架。我的工作和收入也不會因為吵架而受到影響，只要我生氣心情不好就立刻出去看電影。

但是，這些從製造業轉來的女工，一旦進入銷售樓層工作，就必須互相合作，不能隨意將自己的情緒表現出來。另外，由於這裡採用計時工資，不忙的時候也不能回去，必須學會收斂自己的感情和睦相處。Cindy說：

以前，我跟其他縫紉工吵架，就不跟她說話。而現在跟另一個櫃檯的人吵架後，還得說話。在製衣廠裡工作時，我跟廠長也吵過架。現在，即使不是我的錯，大姐責備我，我也絕不回口。要是我當眾頂撞她，讓她在其他下屬面前丟了面子，肯定會討厭我的。讓她討厭我可不得了。不僅工作會有麻煩，沒准最後會從公司捲鋪蓋走人。我剛分到童裝科時，當眾頂撞了大姐。有一天她明知道我不會說英語，還讓我去招呼一個外國顧客，就是她對我的報復。

經驗豐富的大姐把銷售場合的社交技巧傳授給這些縫紉工出身的售貨員。據Cindy說：

Anna教會我如何跟櫃檯主任與其他同事相處，我現在已經掌握了其中的訣竅。首先，當被櫃檯主任怪罪的時候，要沉著不出聲。這樣櫃檯主任就會覺得自己受到尊敬，而會賣力地教我銷售技巧和商品知識。

來自製造業的售貨員透過表明自己的「阿女（女兒）」地位，使身為其上司的櫃檯主任履行了其作為「大姐」或「大哥」的道德責任。例如，女童用品櫃檯的Sherry、Yang、Emily和Amy，在櫃檯主任Anna跟其他人吵架時，她們總是站在Anna這邊，以示忠誠。Anna與她的上司——童裝科主任Angel不和。於是，這四人就很少服從Angel的命令，而Anna的話她們卻無一不從，就是義務加班和調休也盡量配合安排。她們還給Anna送禮物。比如，Sherry早上經常請Anna喝冰茶，Emily也不時請Anna吃午飯，而Yang則在Anna遲到的時候替她打卡。1991年耶誕節，Sherry，Emily和Amy送了Anna價值800港元的禮物。筆者問過她們為什麼對Anna這麼好。Amy回答說：

Anna 對我真的很好。她甚至比我自己的媽媽還關心我。她教我銷售工作所必需的知識。當我有什麼私人問題時，Anna 一定會到我身邊來安慰我，給我出主意。她真的是比我媽還要重要的人。

這樣，來自製造業的售貨員為了從櫃檯主任那裡得到一種近似親屬的愛，而互相爭鬥。她們非常在意櫃檯主任是否「惜」（一種存在於親戚或親子之間的感情）自己。例如，1991年10月，Ma 辭職後，受 Angel 之托，Sherry 的大姐 Anna 去給男童用品櫃檯的 Cindy 幫忙時，Sherry 和 Cindy 吵了起來。因為吵架的內容反映了來自製造業的售貨員互相競爭的原因，故將對話引述如下：

Cindy：Anna 非常關心我。她總是幫我，教給了我很多東西。
Sherry：開什麼玩笑！Anna 怎麼會關心你呢！要是真的話，我就辭職。
Cindy：是嗎，那你就辭吧。

與這種情況對照的是，重返工作的主婦們不曾積極地參與這種「大姐的愛」競爭，因此也很少見到她們把櫃檯主任喚叫做「大哥」或是「大姐」。

五、第三類：積極型員工

Anna、Ma、Winny 和 Jenny 屬於積極追求晉升的類型，她們有幾個共同的特徵：首先，跟那些不積極型的售貨員相比，她們受教育的程度較高。如表19所示，她們都在香港完成了中等教育（5年制）。她們的英語水準足夠跟日本員工進行日常交談。第二，她們作為售貨員的經驗非常豐富。如 Anna 之前就在她母親的兒童服裝店當過12年店長，由於租金太高店鋪被迫關門，她才進入 Fumei 公司工作。

Jenny 也有類似的經歷，她的父親在一家五星級賓館的購物長廊裡經營皮革製品專賣店，她中學畢業後便一直在那裡工作。該店初期因為遊客和香港顧客定期的光顧而獲利，後來由於租金太貴不划算而被迫關門。之後，她又受雇於另一家皮革製品店，6個月後發現懷孕，於是辭掉工作。孩子出生後不久，她就進入 Fumei 工作。是追求晉升的女員工中唯一的已婚者。由於她母親替她照顧小孩及處理家務，她得以在 Fumei 公司全職工作，為晉升做好準備。

而 Winny 在父親開的鐘錶店工作了 6 年。之後，她在一家法國的時裝專賣店當了三年店長。她辭職是因為該店開始經營佛教相關的商品，對她這個虔誠的基督徒來說無法容忍。她於 1989 年進入 Fumei 工作。

如上所述，追求晉升的積極型女員工們由於經驗豐富，很快就對 Fumei 的工作得心應手。比如 Jenny，她進入公司後不久其上司就被調到其他店鋪，因此她在幼兒用品櫃檯的研修期僅兩個月就結束了。Jenny 說：

> 我剛開始在幼兒用品櫃檯工作，上面就要求我在兩個月內接替櫃檯主任的工作。而且櫃檯主任 Rita 也沒有教我任何工作技巧。我不知道她為什麼這麼做，也許是因為討厭我吧。不管怎樣，我當時想，只有靠自己努力了，Rita 工作的時候我就站在她身旁模仿她。我本來就已經掌握零售的基本知識，所以兩個月內我就把 Rita 的工作完全學會了。

積極型員工共有的最後一個特徵是，她們有著在公司等級體系中上升的強烈欲望。關於這點，Jenny 說：

> 我強烈希望晉升。Rita 離開櫃檯後，包括我在內這個櫃檯只有兩人。我不得不每週五天從早到晚一刻不停地工作，這種狀態持續了三個月，直到來了兩個新員工。但是，我的努力得到了認可，入職 6 個月就當上了幼兒用品櫃檯的主任。雖然只漲了兩三百港元，工資變化不大，但是這次晉升讓我很高興。我打算留在這裡一直幹下去。我要升到公司的最高層為止。哪怕是一次小小的晉升，也是朝著最高層的重要一步。我在為這個目標努力著。

不難想像，像她這樣的積極型員工會努力跟她們的日本上司搞好關係。同時，對下屬使用「阿女」這樣的稱呼，注意跟她們保持好關係。比如，1991 年，Anna 作為「媽媽」為「阿女」們掏出 2,000 港元準備聖誕禮物──帶她們去澳門玩。Anna 還為她的「阿女」們的未來做打算，她經常給 Emily 和 Amy 分配一些有利於將來工作的事情。她就像「阿女」們的監護人，為了她們而居中跟日本員工協商。1991 年春，Anna 推薦 Emily 做櫃檯主任，但是 Angel 拒絕了 Anna 而推薦 Yang。Anna 一怒之下用英語給她的日本上司寫了一封信推薦 Emily。

當然，筆者無意否定，這種積極型員工對下屬的愛護關照的背後是有其利益動機的。如 Bloch（1971:82-83）指出的，親屬稱呼的使用，在

一定的社會狀況下可以視為一種戰略。Anna為阿女們所做的一切，促使阿女們履行其作為女兒的道德責任。因為，她在自己與其他積極型員工的晉升競爭中，以及與日本員工建立友好關係時，十分需要下屬們的支援。

Anna很討厭其頂頭上司Angel，並且號召阿女們不要配合Angel的工作，用以孤立她。於是阿女們也對Angel所說的話充耳不聞，只聽從Anna的話。這裡需要注意的一點是，Anna的行為並非是單純對Angel的個人攻擊。Anna對Angel採取攻擊態度的最大目的是以此來向日本人表明Angel缺乏領導力，並強調，自己才是統領這個櫃檯的合適人選。這種做法對Angel的晉升產生了負面影響。3年來Angel均無法晉升，最終於1992年離開了公司。

除此之外，在與日本員工搞好關係這點上，Anna也需要阿女們的配合。跟日本員工搞好關係最穩妥的辦法是通過創造工作以外的見面機會，來增進與他們的私人關係。也就說，為了跨過日本員工和香港員工之間的「民族性」障礙，積極型員工會充分利用了生日晚會以及日本員工的歡送會等機會。通常，日本員工很難拒絕這一類由香港員工舉辦的聚會，尤其是銷售樓層的所有員工都參與的聚會，日本員工更難推辭。

在Fumei，店鋪貨物盤點時，是與日本員工接觸的良機。按規定，貨物盤點每3個月進行一次，所有的員工都必須上早班，來店裡清點商品的數目。由於所有員工都同時上班，屬於同一課的科主任就會趁此機會組織燒烤宴會或自助晚餐會，而日本員工通常也會接到邀請。他們可以推辭不來，但是一般情況不會這樣做。因為如果推辭的話，會影響到香港員工的凝聚力和工作熱情。

如果香港員工在這種時候能夠得到下屬們的積極支援，就更容易邀請日本員工參與。積極型的香港員工要跨越「民族性」的障礙，需要下屬們的配合；他們將這些聚會視為給日本員工留下深刻印象的良機。例如，Anna與男裝科的櫃檯主任Hosanna幾乎安排了紅磡店服裝課所有工作以外的活動。筆者在該店鋪做田野調查期間，她們多次邀請筆者參加聚會。1992年6月，她們在一家中國餐館裡為一位新加入服裝課的日本員工舉行生日晚會。該店除了店長外的所有日本員工都參加了。Hosanna和Anna邀請了男裝科幾乎所有的香港員工參加。她們作為組織者從中獲

益匪淺。Anna 入職後兩年半就升任男裝科主任，而 Hosanna 則 5 年後升任助理採購員。

六、結論

在本章中，筆者論述了 Fumei 香港的香港員工是如何分化為 3 大類型的，以及這種分化跟教育水準、年齡、婚姻狀況、以前的職業經歷及家庭週期之間的關聯，還有這 3 類員工如何在公司裡自我定位。無需贅述，不論是積極型員工的利益關係還是消極型員工的適應性戰略，都取決於這無可否認的事實：即日本員工掌握著 Fumei 公司的經營權。

筆者還指出，香港的積極型員工和消極型員工採取了互不相同的應對戰略。身為家庭主婦、以家庭為重的的消極型員工無意與櫃檯主任建立親密的人際關係。而從製造業轉入的員工則傾向於與上司保持一種「類親屬關係」。與日本員工之間的「首領－手下」關係一樣，這種「類親屬關係」是一種「全方位」的人際關係。作為大哥和大姐，其義務不僅包括向阿女們傳授基本的銷售知識，以及銷售方面的社交技巧，還包括幫助他們晉升，代表她們跟日本員工交涉，甚至還與她們一起「家庭旅遊」。而作為阿女，其義務是，對大哥和大姐們忠心不二，為其提供各種私人性的服務。換言之，這種「類親屬關係」不能單純被看作是一種為個人利益打算的表現。

這種類親屬關係給雙方帶來了有利的結果。以 Anna 為例，當她試圖與日本員工建立關係的時候，就得到了下屬們全力的支援，因為下屬們是她的「阿女」。當 Anna 與另一個櫃檯主任處於敵對關係時，阿女們也站在她這邊。這種情況是出於他們之間的類親屬關係，而不是利益關係。

這種「首領－手下」和「大哥／大姐－阿女」的平行關係，讓人想起「比較」而不是「對比」的研究方法。桑山敬己指出，「比較」與「對比」是這兩種不同的研究方法。他認為，在「對比」中，自我被理解為「相對於他者」之物，而「比較」的方法則是要討論兩者的相異和相似（Kuwayama 2000:23）。「對比」的方法，將他者理解為一種「相對於調查者本身的自我」存在，這使得「他者」往往被描述得跟「自我」截

然不同。桑山敬己以 Kondo（1990）為題材，分析了 Kondo 的「對比」方法是如何重新構築了一種與美國人截然不同的日本人形象（同上引），並指出這種重新構築只不過是為東方主義推波助瀾。桑山敬己認為，「薩義德警告說，東方主義者傾向於將世界截然分為『我們』和『她們』，這種傾向使東方變得更加東方，西方變得更加西方；在這裡，他的警告也有意義（同上引）。上面論述的「首領－手下」關係和「大哥／大姐－阿女」關係之間的相似性，就是「日本人與其他民族」這種二分法的反證。因為，這種日本文化的「獨有性」在中國人社會中也存在。另外，如 Fumei 香港公司的香港員工「自我表現」的例子所顯示，「場面話－真心話」這一被認為是日本文化「獨有」的特徵也絕非「獨有」。為了自我表現，他們使用各種戰略，試圖證明自己能夠「恰當」地行動，即像日本員工那樣行動。也就是他們在實踐著「場面話－真心話」這一原則。因此，當他們試圖「自我表現」的時候，姑且不論動機，他們是遵循「正式的」形式來自我表現。

　　本章中，筆者指出，西方研究者所「發現」的日本式經營「獨有性」（如「首領－手下」關係和「場面話－真心話」關係這樣的成對概念）實際上並非日本特有。同時，筆者還分析了日本人和香港人之間的差別。如第四章所述，日本員工與香港員工有著不同的成功觀。對日本員工來說，「出世」意味著在公司的等級體系中獲得更高地位；而對香港員工來說，成功與個人事業的發展有著很大的關係。此外，日本員工和香港員工對公司內等級體系也有著不同的認識。對於香港員工來說，等級體系是極具功能性的。每個級別都有著相應的資訊獲取及決策制定的功能。升至更高的等級意味著獲取更多的權威和執行不同工作內容。而對日本員工來說，晉升確實意味著在公司等級體系中位置的上升，但是這未必意味著決策權的擴大，也未必意味著工作內容的改變。另外，兩者對上司也有不同的看法。對香港員工來說，如果他們上司的工作內容和決策權都與自己一樣，那麼就沒有理由將他視為上司。而對日本員工來說，上司就是比自己等級高的人。本書（雖然不是一本詳細比較中日企業文化的著作）再次強調，在研究日本企業時，「比較」的研究方法比「對比」更加有效。

　　經由上述內容，筆者深切感到進行具有多樣性國際比較研究的必要

性。筆者對日本的企業文化有深厚的興趣。對筆者來說，將日本與中國人社會，即包括香港、臺灣和中國大陸在內的中國人社會進行比較，會有很大的意義。日本社會和中國人社會共同受到儒教傳統的深刻影響，彼此間存在很大的相似性（跟歐美社會比較時，這種相似性更加明顯）。在注意到這種相似性的同時，將兩者的相異性進行比較，將會給日本研究帶來新的問題意識和研究焦點，甚至還會產生對日本社會新的理解方式。例如，陳其南（1986b）通過研究家庭結構，從人類學的角度解釋了日本和中國的家族企業相異性。他的研究發現，傳統的中國人強調家族制度的系譜性因素，而傳統日本人則更重視家族制度的經營性因素。因此，傳統日本人為了維持家庭這一「經濟性實體」，有時甚至不惜犧牲了血緣的連續性，選擇接受養子。這種重視家庭的存續和繁榮甚過血緣連續性的傾向，在公司經營中也可見。日本的公司經常有這種情況，如果老闆的親生子女中缺乏能幹之輩，經營者將不惜取消兒子的繼承資格，而接受有能力的養子來繼承公司。與此相對照的則是中國企業經常為了經營者家族的利益而作出犧牲。即使老闆的親生子女是個無能之輩或者敗家子，也幾乎見不到有人將自己的家業託付給他人（同上引:10–28）。正如中國古代的諺語所說，「富不過三代」（陳其南 1986a:95），此實為中國家族企業的寫照。

　　從陳的分析中可以得到很多啟發。迄今為止，許多針對外國日資企業的研究都是在西方的社會文化背景中進行的（Brecher and Pucik 1980; Campbell and Burton 1994; Negandhi and Baliga 1980; Pascale 1987; Takeuchi 1981; Tsurumi 1978; White and Trevor 1983; Yamada 1981; Zippo 1982），實際上在其他背景中對日本企業進行分析也具有極大的意義。

第九章　一個開放文本（Open Text）的結論

本章之前都是筆者在本書中想論述的內容。而本章將進行「與他者的對話」（Kuwayama 2000:24）。

一、致王向華教授的新書（瀨川昌久）

正如作者在本書序論「個人史」部分所提到，我遇見本書作者王向華教授是在 19 年前，作者當時是香港中文大學人類學系三年級的學生，而我正在香港進行第一次的田野調查。香港中文大學建在山坡上，而語言中心和人類學系分別位於山腳和山頂。在我到訪的第一年裡，粵語不好，每天就往返於這山頂和山腳之間。第一年的下半年，幾乎每個週末都和人類學系的其他學生一起對新界的農村和離島上的漁村進行調查。這種調查被我們以夾雜著粵語和英語的方式稱為「去 Field」。通過一起調查，我個人得以同時體驗到香港新界的農村、漁村社會和香港的大學生這兩種生活型態迥異的香港。

與日本相比，在只有少數人能跨進大學窄門的香港，中文大學的學生可謂貨真價實的精英，學生們個個都勤奮好學、出類拔萃，大部分都是那種具有都會氣息且時髦的青年人居多。王向華是我最先結識的朋友之一，比起其他學生，他給人的印象尤其深刻。當然，首先是因為他生來就頭腦聰明。不僅如此，他還有一種其他香港學生身上所沒有的那種「蠻勁」，以及一種很容易就對事物深深著迷的獨特純真。自此，我跟他前後交往了長達 20 年，包括一些私人的情況彼此都知根知底。但是對於他的性格是

如何養成這一點，我還是讀了他的「個人史」才終於完全理解。

王向華希望他這部著作成為「開放文本」，作為評論撰稿者之一的我感到十分榮幸，同時也感到任務重大，因為我的主要研究領域是包括香港在內的中國社會，對日本人社會沒有進行過認真的考察。作者這次要求我撰稿，也許是因為首先我本身是一個「日本人」，希望我從一個「本國人」的角度對他的理論構築進行核對總和批評。如果如此，那麼我可能是個有些「不太合格」的本國人。最大的問題在於我在日本社會中的生活體驗十分狹窄，不僅沒有在一般企業工作的經歷，也沒有為了找工作進行企業拜訪的過程。因此，日本的會社組織或者說企業對我來說完全是「異文化」。

對像我這樣無知的日本人來說，王向華的英文前作讓人頗受震驚。那部著作對日本會社內部嚴格的上下級關係、激烈的晉升競爭、人脈和派系、（日本員工）對香港員工的歧視和缺乏理解作了清晰而理性的剖析。在感覺上，它跟我所「知道的」日本社會大為不同，因此在邏輯上反而具有一種強大的力量，使我無法不相信：日本社會也許正是如此。當然，作者並未推論該日本超市的例子就是日本社會的縮影；也不認為，根據這個案例的分析就可以直接得出關於日本會社組織的普遍結論。但是，這本著作中可以找到之前的人類學學者和社會學學者所著的日本人論「教科書」中出現的那種典型的日本人際關係，十分具體和濃縮的形象。另外，對於在香港生活過、對香港哪怕是有些許感情的人來說，著作中所描繪的日本員工和香港員工之間充滿偏見和惡意的緊張關係是讓人震驚的「現實」。

本書的作者王向華在書中進行的「自我批評」針對一點，即前作中，自己對日本員工之間、以及日本員工與香港員工之間的關係所作的分析過於功利主義。讀完前作，我在感覺層面上覺得「不儘然」的地方，大概就是這一點。儘管如此，我認為它絲毫無損前作的價值。

我認為前作是一部很優秀的「民族誌」。也許作者的解釋角度有些太過於向個人功利性戰略靠攏的成分，整個敘事也在不知不覺地向「抵抗的美學」靠近，由此感到必須「自我批評」。對於作者這種強烈的自我批評精神，我由衷感到佩服。但是，我認為，前作的那些傾向，是近年來人類學著作的一種表現手法，或曰一種文體，而不是致命的缺陷或

者錯誤。因為我覺得，作為民族誌本身就詳細分析、描寫的部分，具有足夠的品質，足以成為一種前所未有的視角挖掘日本社會的某個側面。那是對日本社會無情、充滿諷刺的分析。由於是用英語寫成，背後又有作者對分析物件的客觀距離和批判性眼光，讓人不得不坦然接受。

當作者告訴我前作的修訂版將以日文出版時，我非常期待。而且，據說修訂版將對內容進行大幅度修改。我最感興趣的是，作者如果要將前作的內容用日語、以日本人為物件改寫的話，到底會怎樣翻譯，對視角會進行怎樣的轉換。我指的並不是由於使用日語這一媒介需要比前作更加保護調查物件的隱私，而是指作者為了讓日本讀者能夠理解，對整個框架會進行怎樣的修改。

從結果來看，我的期待似乎落空了。從作者希望本書成為「開放文本」這一點上可以看出，本書意圖通過將（對日本社會批判視角的）分析步驟和結果，返回來交給在日本社會生活的「本國人」，讓我們以「本國人」的視角來檢驗這種分析的有效性。但是以日語寫成的本書依然高度地、甚至過度地貫徹著人類學的論證；能夠加入這種「開放文本」圈子的日本人，大概只限於極少數熟悉人類學脈絡的特殊人士。本書的形式只會使文本流通局限於知識權威的有限圈子內。毋庸諱言，作為「評論撰稿者」獲邀加入這一高貴的圈子，我深感惶恐和光榮，但我不得不說，作者本來的意願可能無法藉此得到滿足。

在前作中，作者在解釋個人的行為動機時，採用了功能主義、功利主義的分析方法，即將人際關係視為一種自身權力和社會利益最大化的戰略手段。在本書中，作者對此進行了細緻的「自我批評」。作者引用 Sahlins 的警句，強調形成個人行為動機的，只是一種「文化性」的建構物，而不可能是權力欲或社會性的利害關係等抽象原理。因此，作者重新解釋日本員工的行為動機，不過是在日本文化的背景中才有效的某種價值意識。同樣，香港員工的行動也必須遵循香港文化背景中被定義的某種規範。

誠然，Sahlins 針對功能主義的解釋在存在論上的問題點所做的論斷，我也十分贊同。但是，作為一部研究日本社會的著作，本書推出日語版的意義何在？如果本書的結論只是再次確證 Sahlins 的論斷，大概有不少日本讀者會覺得，這個結論太過「明白」。至少，對日本讀者來說，

如果作者能用徹底的「他者」眼光、「他者」語言對日本人的人際關係進行深刻細緻的剖析，那麼這將具有更大的衝擊力。不對！日本社會本來不是如此，日本文化固有的背景中自有一套賦予不同意義的解讀方式！──進行這些批評，本來是日本人自己的工作；而現在被作者搶先，也許會讓閱讀本書的日本讀者有一些驚訝。

不過，如果作者打算對前作進行徹底的修訂，用日本文化固有的邏輯來深入敘述每個人的行為動機的話，那麼，就必須進行更進一步的分析──找出每個出場人物本身的邏輯思考過程。作者所進行的案例分析，都是立足於自身的參與細緻的觀察，但是這種分析主要著力於對個人行為的觀察，而沒有將重點放在行為實施者自身所運用的文化概念本身。比如說，作者多次提及「首領－手下」關係等日本社會研究中頻繁出現的分析用語，但是他對此進行論述的篇幅尚不足以進一步探討出場人物賦予這種關係有效性的「意義」範疇。只有對文化結構性的行動規範和價值意識進行了主位（emic）的描述，作者對自己前作的批評才能得以完成。

不僅在作者對日本員工之間人際關係的描述和分析中，在對香港員工之間的社會關係描述和分析中也有類似的問題。作者對香港員工之間的社會關係進行描述和分析時，提煉出了「大哥／大姐－阿女」關係。我認為，這個概念，不僅僅適用於企業這一場所和香港社會，用來分析中國人城市居民的社會關係，也具有高度普遍性。作者通過對香港員工的觀察提煉出了這一概念，得出這一概念的途徑十分具體且具有實證性。但是，將這種「大哥／大姐－阿女」關係視為「文化構築物」來討論時，作者的論述感覺上仍停留在一個抽象的層面。對香港人來說，作為現實存在的種種社會關係之中，肯定具有豐富的、鮮明的「意義」範疇，肯定有一系列香港語言中微妙的詞彙，被行為實施者用來表達自身感情並為自己的行為尋求理由。作者要是將這些東西再費些口舌、不惜筆墨地描述和翻譯出來就好了。

而這種對行為實施者的「意義」範疇進行深入分析以及對香港社會人際關係的分析，與近年來在中國社會中對「中國人式的」行為規範的主位分析──如 Yang 採用「關係」（guanxi）（Yang 1994），Yan 採用「人情」（renqing）「感情」（ganqing）（Yan 1996）等概念進行的分

析──是否有可能以某種方式串聯起來？這問題早晚要捱出來。顯然，作者的目的不在於發現日本社會、或者香港人及中國人社會的「普遍性」文化特徵；既然作者一再提及個人行為規範的「文化構築性」，那麼我認為，作者有責任對這一問題作出直接或間接的回覆。

以上就是我基於認識論對本書提出的問題。下面，我想提出另一個問題，這個問題源於研究物件──日資超市 Fumei 公司的性質。Fumei 這一奇怪的名字是以假名表記的。其實作為作者研究物件的這個日資超市，自 1980 年代到其 1997 年破產，這期間在香港無人不知，極盡興隆。只要是對日本流通業界多少有些瞭解的讀者，如果無法立即想到這個 Fumei 模型所指的是什麼，那麼也只能責備他缺乏眼力了。

我想指出的是，本書的研究物件是一家曾經盛極一時，又如同彗星一般消失的企業。那麼，作者在分析目的、流程以及結果中，多大程度上反映出這種「特殊性」？作者的親身觀察在 Fumei 公司倒閉之前早已結束，其分析範圍未能包含 Fumei 公司倒閉前的過程。作者分析主要著眼於組織內部的權力關係、社會關係、以及文化的、民族的習語使用方法等具有較高普遍性的問題上。在這點上，作者的調查對象未必非得經歷高速發展並迅速隕落的 Fumei 這一特定的公司。

讀者們可能進一步會思考：作者開展調查的 Fumei 公司，其內部的經營慣例和人際關係的特殊性多大程度上可以與 Fumei 公司本身的興衰、尤其是最後以倒閉而收場的演變軌跡聯繫在一起？或者，可以將 Fumei 公司的演變視作戰後日本經濟的軌跡。戰後日本經濟經過高速增長後，日本企業大舉開拓海外市場，其「優秀的經營方式」一時之間備受稱讚，進入「失去的 10 年（也許 20 年？）」後卻一蹶不振。如果將 Fumei 公司的盛衰視為戰後日本經濟的象徵，那麼，作者所分析的 Fumei 公司內部種種矛盾和「功能缺失」（dyfunction），特別對應到不同文化的員工和社會環境中所凸顯出來的各種負面特徵，是否就是日本經濟「沒落」的主要原因呢？

對於這些「通俗」的疑問，作者一概無意解答。作者的興趣在更加「高深」的層面上──用分析與理論來闡明：一個日本企業作為社會文化的固有場所，內部的權力關係是如何發揮作用──而不再給日本式的經營方式「挑毛病」或揭示其「失敗的秘密」上。而且，前作到本書的「自

我批評」，作者表明支配個人行為的是文化的價值規範；至於這一價值規範本身是否有效這一外部性評價，作者以「從存在論角度不加評論」而巧妙地迴避了。

但是，對於像我這種喜歡報紙社會版新聞的「通俗」讀者們來說，心中也許還會縈繞另一個疑問，即 Fumei 公司的經營，或者總體來說「日本式經營」，到底是有效率還是缺乏效率？儘管日本企業、香港企業或臺灣企業、美國企業各有其經營慣例和內部員工文化的行動規範，因此在文化上是「獨特的」存在；但是，企業本身作為世界經濟範圍內互相競爭的一般性營利集團，這個意義上卻是一種全球性的存在。因此，從「功利主義」或者「普遍主義」的角度對這一問題進行考察是允許的。也就是說，與企業內部的人對企業內部統治和管理方面的人際關係賦予了怎樣的文化意義這一點無關，作為經營實體的企業是否充分得以運轉，或者在某處還隱藏著致命的「功能缺失」？當然，對這一問題的回答可能已經超出人類學學者的職責範圍。

但是，據我所知，Fumei 公司破產的原因在於其海外過度擴張店鋪據點，以及無節制的房地產投資，目前無人提出失敗原因與作者所指出的內部統治、管理體制的特點有直接關聯。通過參與觀察，人類學學者本可以細緻考察其經營和統治是否「有效率」，而他是否應該對此保持一種超然的態度，只停留在理論問題的探討上？——這是我想提出的一個問題。

無論如何，像本書這樣品質頗高的研究，從人類學來看日本人社會研究領域，這一點值得高度肯定；同時讓我個人感到無比驕傲的是這研究成果的作者是我的好友。這樣的研究出自一個香港人的智慧，絕非偶然。因為，只有能同時突破歐美研究者的「日本學」窠臼並與日本人自己的日本研究旋回保持距離，自在混合社會學和人類學的最新理論智慧，方能產生出這樣的研究。在這個意義上，我衷心祝賀本書的完稿和日文版的出版。

二、Fumei 公司——作為一種「社會現象」的可能性：一位日本的香港研究者的「無理要求」（河口充勇）

（一）王向華的「焦慮」

本書的序論集中反映出王向華——一個非西方人類學者的「焦慮」。王會有這種「焦慮」，來自於他對自己處女作不滿意，而這作品本是他自己非凡努力的結晶。王無法滿意的原因是他在前作裡做了一些妥協，而這種妥協讓他悔恨不已。王會做出妥協，首先是源於他作為「世界學術體系」邊緣者這一身分所帶有的悲哀性格。王在序論中坦言，為了得到作為「中心」的西方承認（這是身處「邊緣」的香港學者能安身立命的必要條件），而選擇了西方學術界喜好的主題（「支配與抵抗」）。雖然情非得已，他還是選擇了隨波逐流。但是，王的矛頭不僅指向了這種非個人層面的原因，也指向了自身的個性（出生在一個貧苦共產主義勞動者家庭而有的自卑感）。在序論中，王勇敢地向讀者展示出自己一直不敢示人的「恥辱」面，並進行了徹底的自我批評。這種勇氣值得讚賞，而他詳盡的個人史本身就有著充分的資料性價值。

將自己的作品拿來批評這種做法獨具新意，但是這樣做，真能使作者的「焦慮」得到解除嗎？我覺得，這只是一種「應急措施」，不能從根本上解決問題。

王在序論中自我批評道，自己之前為了迎合西方讀者和評論家，將香港的人際關係描寫得過於重視利益。而將本來複雜多樣的東西描繪得過度簡單（使其實質無意義地前後一致），然後再次強調，香港的人際關係既含有利益性的成分也有非利益性的成分（不求回報的朋友關係）。這當然是正面論述。但是，這真的是一種能讓自己滿意的大修正嗎？我不認為單單透過補充性地闡述非利益性的人際關係，就能消解作者的「焦慮」。相反地，作者越寫，其焦慮就越加強烈。這就是我所說的「應急措施」的意思。

筆者看來，王真正的「焦慮」緣由似乎並不在於為了迎合西方的受眾而將自己的研究物件描繪得過度功利性。在承認王的人類學研究對日

本研究做出很大貢獻的同時，我想指出，作者將分析重點置於作為「會社」的 Fumei 公司本身，才是本書中王「焦慮」的根本原因。換言之，圍繞「會社」這一本書的中心概念而建立起來的理論框架，使得該研究本來具有的擴張力鈍化了。

當然，正如作者在序論中所述，他的學問之路起始於大學時代對日本文化和經營的興趣；如果沒有他在學問開始階段的個人興趣，就不會有迄今為止的傑出成果。因此，如果說他的「焦慮」來自於他對日本的深入思考，就是本末倒置。但是，在承認這一點的基礎上，我認為，王的問題在於：他選擇了 Fumei 公司這一隱含極大可能性的研究素材，卻有意地將它塞入一個「小型」結構（即以「會社」概念為中心的理論框架）來討論。誠然，這個框架很方便，而且很穩妥。只要處理得好，也能得出成果（至少就「量」的方面來說）。但是，這種「戰術」從根本上來看不適合王——他的性格原本就是「不願屈從權威」的；用中文來說，就是「寧為雞首，莫為牛後」（這也是作者當時身處於「新界村落研究」據點的香港中文大學人類學科，卻沒有從事這方面研究的原因）。雖然不適合自己，卻勉強採取了這種「戰術」，實質上是自我矛盾。因此不難想像王的「焦慮」變得越來越強烈起來。

（二）給作者的「無理要求」

事先申明，筆者從事的是香港研究，對日本研究完全是門外漢（雖然身為日本人）。因此，筆者的言論，說到底只是一個日本的香港研究者的意見（就這種意義上，對日本研究者看來，筆者的意見可能完全是一派胡言）。

筆者對本書尤其感到遺憾的是，本書幾乎沒有將田野研究的所在地「香港」的「魅力」展現出來。誠然，本書（日語版）與英語版不同，除了新設了一章論述香港社會史（第二章）外，還大幅度地修訂了論述 Fumei 公司進入香港的過程（第三章），都如實地反映出作者對香港的深入思考更甚於以往。儘管如此，在本書中香港仍然是一個背景。換言之，作者的研究範圍，不過是日本的一個延伸或者另一不相鄰領域，而非香港本身。從作者在序論中談到的調查地點選擇經過來看，在他的研究中，不論是香港還是 Fumei 公司，都只能說是一種「方便」的選擇而已。

他選擇香港是因為這是他的家鄉,萬事方便;選擇 Fumei 公司是因為,只有該公司配合他的調查。當然,因為他的研究源自他對日本的興趣,所以這些選擇非常的順理成章。

儘管如此,筆者明知道作者的關注點不在此處,還是想提出一點「無理要求」。這是因為我們可以推測,王透過香港這個濾鏡,所見所聞、所感受到的東西,也許會比起作者在本書中所描繪的要更加壯闊一些(這從本書的第二、三章可窺一斑)。其中也許含有豐富的、對研究現代香港社會來說意義重大的資訊。

總而言之,王的研究將立足點置於「日本」,強調「來自日本的」Fumei 公司;而筆者研究的立足點在香港,在筆者看來,似乎還應該更加強調一下「產生於香港的」Fumei 公司。

(三) Fumei 公司與香港

那麼,香港的「魅力」何在?首先這種魅力產生於此、培育於此的獨特都市文化所產生的強大影響。1980 年代以來,隨著香港經濟的全球化以及香港人大規模移居海外,將它的獨特都市文化不斷向外傳播。當時,隨著香港移民的大規模流入,香港的都市文化開始風靡北美和澳大利亞的華人社會。與此同時,在中國內地、特別是相鄰的廣東省,由於香港企業的進入以及香港媒體、時尚影響力的擴大,出現了被稱作「香港化」的社會變化。香港的都市文化已經超越其本身狹小的地理空間,成為一種具有巨大影響力的文化。雖然它未曾成為一種國家性的文化(以前是一種「類城市國家」的文化),且 1997 年後,名義上它不過是中國的一個地方文化而已,但實際上它一直是當今世界少有的(與日本文化同樣,甚至更甚)、擁有巨大影響力的獨特都市文化。

在香港都市文化的形成過程中,Fumei 公司起到了非常重要的作用。從本書第三章可知,Fumei 公司的到來使得一般市民的生活方式和消費方式發生了巨大的變化。因此,Fumei 公司已不再只是一個外資企業,而是成為一種普遍的「社會現象」。用王的話說,他就是新一代(過渡期的一代)、新階層(中產階層)、新生活方式及新消費方式的象徵。在此需要注意的是,實際上催生作為「社會現象」的 Fumei 公司,既不是 Fumei 這一會社本身(也不是文化意義上的「會社」概念),更不是

其領軍人物小川會長本人，而是香港社會。Fumei 公司 1980 年代在香港大獲成功，實際上是根植於香港社會都市化的基礎（這點可從王對 1980 年代初的沙田新市鎮考察中看出）。因此，即便沒有 Fumei 這一「會社」，也肯定會有 Fumei 這一「社會現象」（以別的名字出現）。假設 1984 年進入香港的不是 Fumei 而是大榮（雖然歷史不允許「假設」），那就會出現名為「大榮」的「社會現象」（其實質一樣）。在這個意義上，對香港社會來說，與 Fumei 這一「公司」的相遇是偶然的，而 Fumei 這一「社會現象」的發生則是順理成章的，是必然的。不過，Fumei「公司」的失敗，其責任不在於香港社會，而在於作為公司的 Fumei 本身，尤其在於其決策者小川會長個人（他對進入中國市場的魯莽決斷）。結果，「Fumei 會社」瞬間煙消雲散，而作為社會現象的 Fumei 卻站穩了腳步（以 Jusco 或 Park's Shop 等名字繼續存在）。不止站穩腳步，它還向外不斷擴張。例如，近年來，Jusco 不僅在香港，而且在中國大陸，快速地擴大其市場份額。與當年的 Fumei 公司相反，Jusco 在中國內地也取得了很大的成功。但是，Jusco 之所以能有今日的成績，正是因為有了之前的 Fumei（嚴格來說，不是作為會社的 Fumei，而是作為社會現象的 Fumei），可以說 Jusco 的成功不過是作為「社會現象」的 Fumei 延伸結果罷了。為慎重起見，我想指出，Fumei 在中國大陸的失敗，是其作為會社 Fumei 的失敗（對時機的判斷失誤），而不是作為「社會現象」的 Fumei 的失敗。如此一來，似乎可以說，作為「會社」的 Fumei 是非常特殊的（大概在這點上，作者受到了許多日本研究者的批評），而作為「社會現象」的 Fumei 是非常「普遍」的（當然，並非永恆不變）。

從不同的角度來思考，也許可以說，Fumei 不只是香港都市文化的一個側面，更是香港的縮影。作為「會社」的 Fumei 已經成為過去，作為「類城市國家」的香港亦是如此。但是，作為「社會現象」的 Fumei，至今仍然存在於香港內外，作為「社會現象」的香港亦是如此。香港於 1997 年 7 月 1 日回歸中國，其社會文化的獨特性並未因此而喪失。相反，作為「社會現象」的香港在中國大陸（尤其在沿海各城市的高密度發展區域）越來越多見。作為「社會現象」，香港已經遠遠超越其本身狹小的物理空間而不斷擴張。在這種大規模的擴張中，作為社會現象的 Fumei（或其他名稱）起了非常重要的作用。因此，在思考今後中國沿海城市

急劇的社會變化同時，作為社會現象的「香港」、尤其是作為社會現象的 Fumei 可以說是一張「未來預測圖」。

最後，如果允許我給筆者再提出一個「無理要求」，我希望作者下一步將作為社會現象的 Fumei 模型化（不是套用「小型」框架，而是用作者自己的語言）。也許，這個任務（通過作為社會現象的 Fumei 來觀察新的香港，新的中國大陸）的規模將遠遠大於作者之前的工作（通過作為「會社」的 Fumei 來觀察舊的日本）；作者的「焦慮」將由此得到更大程度的消解。這些就是我對王向華的期待——不是作為日本研究者，而是作為香港研究者的王向華。

三、評論（芹澤知広）

（一）日本與香港的「相遇」

在王向華博士——這裡請允許我親切地稱呼他王向華——的日文新書付梓之際，我想以日本的人類學者身分談談我的觀點。

我第一次見到王向華是在 1992 年 11 月。當時，他正在香港 Fumei 公司進行田野調查，而我正就讀博士課程一年級。我拜訪了陳其南教授，向他說明來年到香港中文大學人類學系留學的計畫。陳教授在研究室給王向華打電話向他介紹我，於是我們很快就見了面。

11 月的香港天空一碧如洗，正是讓人最神清氣爽的時候。我從聳立於山頂的香港中文大學的新亞學院走到山腳下的九廣鐵路，坐車到九龍站，然後步行到王向華工作的紅磡店。我們在 Fumei 的咖啡館裡見面，聊了一陣子，他就開始教我香港城市研究的一些初步知識。從此之後，我們往來不斷，成了好朋友。不僅止在文化人類學上，而在許多方面都互相切磋。

1995 年我結束留學，王向華邀請我進行日本研究。這對我來說是一次記憶深刻的體驗。我在日本的調查進展順利，對「日本中的香港」這一課題有著濃厚的興趣。但一直以來，我無法將香港研究和日本研究有計劃地聯繫起來並做出成果，所以頗為苦悶。而王向華通過轉換角度，將「香港中的日本」視為香港研究而非日本研究，在日本、香港和英國積極地開展著研究。這些研究的成果被運用到這本新著的序論「個人史」及第二章「香港經濟社會史」的論述中。

對研究香港社會的我來說，王向華的「個人史」部分饒有趣味，對於思考「在香港學習人類學」的文化意義，也是非常難得的佐證。但是，作者沒有將這個「個人史」與後續各章的論述緊密串聯起來，這點頗為遺憾。另外，「個人史」的記敘分量也不多。作者敘述自己的家庭、中國、商品、人類學以及自己與日本的「相遇」，僅將其視作反省自己前作的材料。

與此相反，近年來人類學領域關於個人體驗的著作，在寫作形式上反而聚焦於「人類學者」與其「田野主題」的獨特「相遇」。例如，日裔人類學者Kondo（1990）和華裔人類學者Yang（1994）在其民族誌的開頭，就花了較大篇幅來敘述他們與其「田野」的「相遇」。當然，我並不贊同近年來以個人種族背景為賣點的美國人類學寫作風潮，想必也不是作者喜歡的方式。但是，我想，既然本書與作者的前作不同，聚焦於王向華自身在香港的人生及自己與日本的「相遇」，給予個人史更加中心的位置也不失為一種可行的寫作方式。

（二）中國人看日本，日本人看中國

從「超市」到「百貨公司」——從日本到香港的擴張過程中，Fumei公司的類型發生了變化。作為一個特別的日港文化交流史事件，這個變化耐人尋味。而且，不論是「超市」還是「百貨公司」，都是支撐現代消費型態的一種城市構造，這本身就十分有意思。特別是現代香港人的城市生活中不可或缺的活動是星期天的「行公司」（逛百貨公司）。

說起香港的百貨公司，我首先會想起旺角等地的「國貨公司」。這也許是因為我剛到香港時住在旺角，或者是我經常以很便宜的價格從那兒買到中國製造的生活用品。一個星期天，朋友和他的家人帶我去了一趟銅鑼灣。當我進入香港第一家日資百貨公司後，感到頗為掃興。當時還沒有「JUMBO SOGO」，香港整體日資百貨公司的商品水準尚不能與日本並駕齊驅。當然，現在的情況已經截然不同，但是當時筆者進入的大丸只有兩層樓高，與自身乘搭電梯穿梭各樓層的「百貨公司式」的經驗相距甚遠。而這種象徵著百貨公司的電梯卻可以在大型的國貨公司中找到。

國貨公司的重要性，不只是1990年代我個人的體驗，它還可以往前

追溯到 20 世紀初，中國和海外華人社會在發起抵制日貨運動的同時，則是支持購買國貨。在戰後的香港，「國貨公司」與支持新中國的民族主義產生聯繫。這不僅反映出香港市民的政治意識，也與人們的實際購物行動相關。銅鑼灣的日資百貨公司對短期居住香港的日資企業日本員工及其家人的重要性，更甚於當地香港人。同樣可以想像得到，對於從內地遷居香港的新移民以及要從南洋回國的華僑來說，國貨公司也十分重要。比如，在中國大陸積極開放經濟的 1980 年代以前，1959 年由愛國印尼華僑創立的「裕華國貨公司」就設有專門的部門為華僑服務。這個「華僑部」擁有精通各國語言的工作人員，協助在香港沒有親屬的華僑回中國購物（裕華國貨百貨有限公司 1977）。

從這些情況來看，不難產生這樣的疑問：與中國大陸有關係的香港人在日本公司工作的意義何在？王向華自己也畢業於左翼的學校，進入香港中文大學。透過交換留學制度赴亞細亞大學留學一年後，進入一家日本銀行的香港分行工作。對他而言，這些經歷意味著什麼？對於支持新中國、對享樂的消費社會持批判態度的王向華令尊來說，他又是如何看待自己的兒子在大學研究日本，並進入日本企業工作的呢？

Fumei 公司的售貨員中，大部分是從大陸移居香港不久的「新移民」。她們又是如何看待自己進入一家日本企業工作呢？儘管自己所銷售的商品是在中國大陸生產，卻是日本式的商品或者日本商品，這是否有著特殊的意味呢？對於她們來說，與其他售貨員結成夥伴，不只在工作上，更延伸至她們在香港的全新生活上，而這些對她們是否重要呢？百貨公司不只銷售商品，它還是日本人與中國人交流的一個場所。如果談到這一點，筆者就很想知道「圍繞百貨公司的社會生活」在香港中的定位。

筆者對百貨公司在香港百貨公司史中的定位產生興趣，與日資百貨公司的經營者對百貨公司的意義認定也有關。Fumei 進入香港市場到底是一個特殊案例，還是日資百貨公司進入海外市場的一個代表性案例？本書中對 Fumei 公司進入香港的解說中，將小川海樹個人搖擺不定的決策視為一個重要因素。誠然，Fumei 之前進入巴西市場鎩羽而歸。在進入 1980 年代的香港市場時，當時制定的計畫應該與之前「依靠萬有教的日本信徒」理念毫無關係。香港的「返還」（在日本，一直用這個詞語

來表示主權的移交）確定後至 1997 年這段期間，在日本，人們對香港和亞洲經濟的增長充滿期待。在這種背景下，Fumei 進入了香港，大概小川海樹與他同齡的日本男性企業家一樣，對香港和中國大陸抱有一種超越經濟利益的特殊感情吧。筆者猜想，在心血來潮的想法出現到付諸實踐之前，他在日本和香港一定有許多支持他及鼓勵他的日本人。

如果不對 Fumei 進入香港的案例進行更深入的發掘，那麼 Fumei 的案例只會成為一個特殊事件，即小川海樹這一特殊的日本企業家過度進入香港和大陸市場。Fumei 進入香港和中國大陸市場失敗後，在日本流行的一個說法是「日本人沒有真正理解中國人」。持有這種說法的人除了有對中國非常熟悉的日本人，還有用日語著書的中國人。這些對日本人發表中國人論的「中國人」大多是一些與中國大陸或臺灣有著緊密聯繫的人，而不是香港人。他們有著在日本談論中國人的正統資格。從我之前對身邊人的觀察來看，這些「中國專家們」對 Fumei 案例的解釋實際上強化了一種印象——即包括小川海樹在內的日本老年男性們對中國的刻板印象。比如說，中國擁有遼闊的國土、悠久的歷史，是永遠不可能被日本這樣的島國人民所理解；接著分出中國人和日本人兩個類別，強調其差異。

對筆者和王向華這樣的日本和香港年輕一代來說，有必要打破這種老一代對中國所持有的單純印象，仔細檢驗日本和香港之間的交流史，在本書的第三章第四節和第六節中，作者將 Fumei 公司放在英國資本的百貨公司和日資百貨公司進入香港市場的大環境中研究，筆者希望作者今後能夠推進這種研究。

（三）日本人和香港人的交流以及文化變遷

本書中作者強調的新觀點，非常有意思。就是，Fumei 的日本員工和香港員工之間的交流和這種交流帶來的文化變遷。比如，在第七章第五節裡有一個故事，講述了一個日本員工在香港的生活中發現了可以自己創辦公司的實際可能性。不知道這個故事到底在多大程度上促進了員工們對「會社」的重新認識，但是，與踏入「田野」的人類學者一樣，他們也是在異文化中被強迫反思自己的文化。當然，這些 Fumei 公司的員工在多大程度上可被當作一般的「會社人」，這一點需要另行研究。

筆者想，1990年代的香港、Fumei這個地區性超市、他們自身的能力，也許還有他們與王向華這個個體的相遇等要素都起了很大的作用。

筆者自己在留學中，也多次遇到需要面對自己「日本人」、「日本文化」身分的情況。這種體驗使得我屢屢深刻反省自己無意識中所懷有的「日本的常識」。由於我是拿著日本政府獎學金留學的，某種程度上不得不自我意識到「日本」。作為來調查的人類學者慣常做法，筆者儘量不與香港的日本人進行社會交流。幸運的是，筆者遇到了王向華等許多熱情的香港人，他們之中，不少人對我這個「日本人」很有興趣。關於這一點，當時王向華對我說過，「芹澤，你現在留學的香港不是10年前的香港，而是現在的香港。」1990年代的最初幾年裡，香港出現了一股「日本熱」。也許，不論日本人還是香港人，都視對方為引領亞洲未來經濟繁榮的民族，都對對方抱有興趣。也許在香港人遠赴北京去找工作、日本的公司因為不景氣而裁員的今天看來，不難想像在當時的香港，稍微有些抱負的日本人，一般都敢於拋棄他們在國內不錯的社經地位，在海外自己創業。

Fumei公司的男員工中也有人與香港女性戀愛結婚，或在香港打工當一名「日本」模特兒。也有人與泰國女性結婚，結果變得更加依附於公司。這種國際婚姻對日本男性的人生道路和生活方式會產生何種影響？筆者對此頗感興趣。本書中對日本男員工跟泰國女性結婚的分析著眼於他的結婚、養家與對公司的依賴程度變化這兩者的關聯。在以前日本的國際婚姻中，日本男性跟外國女性的婚姻，在數量上要多於外國男性與日本女性的結婚；日本的男員工不論是與日本女性還是與外國女性結婚，國際婚姻恐怕不會對自己與公司的關係帶來多大影響。但是，那個在香港與香港女性結婚的日本男員工，也許將在國際婚姻中受到香港文化的某些影響吧。如果那個與泰國女性結婚的日本人，是跟香港女性結婚，那麼他會對公司產生同樣的依賴嗎？

Fumei的單身男性員工中，也有人因為在香港找不到對象，強烈請調回國。他們何以判斷在香港找不到對象？或者反過來說，他們為什麼會認為，在日本比在香港更容易找到對象？就像包括香港在內的東亞地區華僑，或是在日本的日本人，他們以前都是用個人簡歷格式的「相親簡歷」和照片來相親結婚。如果這樣做，不管是在海外還是在日本，事

情並沒有多大不同。而且，作為日本公司的慣例，上司的介紹和同事們組織的「集體相親會」等方式，在海外也並非不能實行。對於那些希望回國的男員工來說，香港難道是只能工作、而不能享受工作之餘作為日本人生活的地方嗎？

關於 Fumei 公司的單身男員工是如何安排閒暇時間，作者根據自己在員工宿舍生活時的觀察在第六章第八節做了敘述；這些敘述非常寶貴。就筆者所知，目前尚沒有關於在香港的日本人社會民族誌性質研究，因為沒有學術論文告訴我們，下班後的日本人去香港的哪裡、做什麼。因此，本書雖然是公司研究，是針對 Fumei 公司這一工作場所的民族誌，但也可視為香港的日本人社會民族誌方面的重要研究先驅。

正如不是每個日本人都將公司擺在第一位，日本人在香港下班後的時間肯定也有各種各樣的安排。這是人之常情。就像馬林諾夫斯基在特羅布裡恩群島的時候，一方面滿腦子想著要對當地人的調查，一方面讀著英文小說、回憶起歐洲的某個女性。對於年輕的日本男性來說，工作固然重要，但興趣和戀愛也同樣重要。因此，筆者強烈希望作者對香港的日本人社會進行全面的調查研究。比如，日本的新宗教萬有教雖然超越公司這一組織的利益，但它是否有影響香港員工和日本員工的能力？或者透過改變其閒暇的安排是否能進一步促進他們的交流？宗教作為一種意識形態促使公司全方位介入個人生活的同時，是否也發揮作用成為 Fumei 員工在探索公司之外的人生道路時的一種替代制度？筆者非常想知道答案。

（四）Fumei 的消失

Fumei 倒閉的那天晚上，王向華致電到日本給筆者。他感到非常失落和難受。作為人類學學者，自己調查過的對象消失，那種感覺就像自己調查過的人（或民族）從世界上消失一樣。筆者得知 Fumei 倒閉的消息，也有一種難以言表的特別感概：哦，那個 Fumei 從香港消失了。

在香港調查期間，筆者意識到在眼前的建築物接連消失這一現象的文化意義。城市裡的各種設施，不僅包含其中的人和商品，建築物本身這一物理性存在也不容忽視。這些建築中凝聚著城市居民的集體記憶，人們將各種各樣的記憶保存於此。筆者回國後，很快就參加了王向華和

瀨川昌久組織的「香港研究對人類學的貢獻」這一日本民族學會的分科會，並發表了一篇關於公共房屋與香港人的自我認同的論文（芹澤知1997）。後來，筆者曾經借宿的公共房屋在經歷了半世紀的風雨後，終於從歷史的舞臺消失。總有一天，筆者曾經調查過的地方建築也將換上新顏。

但是，Fumei 的消失與這種令人懷念的住宅樓的消失可能不盡相同。因為 Fumei 是一個日本企業，在 1990 年代的香港是一個非常特別的場所。Fumei 這一日資「百貨公司」給 1980 年代以來香港新興城區帶來了一種截然不同的消費方式，這在本書第三章有詳細介紹。Fumei 之前的日資百貨公司設於觀光區，主要針對遊客出售高級商品。而 Fumei 不一樣，它深入到中下層市民的日常生活中。之後的香港就遍地都是日本商品。如第三章第六節所述，對於很多香港人來說，Fumei 是他們頭一次品嘗到壽司的地方，買到凱蒂貓商品的地方，是一個難忘的「本地百貨公司」。

Fumei 倒閉後，筆者在香港移民較多的北美城市，見到許多建築物仍然冠以 Fumei 之名。一些繼續租用原來 Fumei 鋪面的臺資超市，為了滿足香港移民的需求，仍然準備了很多日本食品。人們對 Fumei 的記憶至今未淡忘。在香港，雖然大丸百貨公司消失了，而「大丸」這一地名卻依然被使用；Fumei 的情形也一樣。有一天，產生這些地名的建築物也將消失。不過，原 Fumei 的紅磡店，建築物至今依然如昔。

作者在本書中，不僅記錄了 Fumei 的歷史和記憶，也追蹤了其員工之後的去向。在敘述日本人與香港人友情的第七章第四節中，那個香港秘書去機場送她前上司的故事，讓人記憶深刻。另外，本書還有幾個關於 Fumei 倒閉的故事。但是，對於離開 Fumei 的員工、Fumei 倒閉後回國的員工、丟了工作的香港員工之後的故事，作者寫得不夠詳細。本書的主旨之一是思考日本的公司究竟代表什麼，不過這點與最近「Fumei」的倒閉事件似乎無法很好地整合起來。就筆者個人的——只是個人的——感覺得到的印象，日本的會社是不能夠倒閉的。

第二部分的導讀中指出，對日本的會社體系來說最重要的是「相對於第三者，會社處於絕對優勢地位」這一普遍原則。的確，在日本，終身雇用、年功序列以及企業內工會等，相比於會社的絕對優勢來說並不

那麼重要。這些制度的存在是為了保證公司的存續與發展。對經營者和員工來說，會社的絕對優勢地位與被文化構築的個人利益關係也非常一致。有會社，才有自己。因此，為了維持會社的存在，既可以改變制度，也可以對員工們灌輸敬業精神，要求他們「為了將來而忍耐」。

從會社所在的社會來看，會社的存續，要優先於被稱為「日本株式會社」的日本這一國家組織。與 Fumei 不同，大銀行不惜花費鉅資「重建」的大榮、以及「結構改革」受到挫折依然如舊的日本政府——從這兩者的情況來看，更知此言不謬。

實際上，這種「日本式」的思維能夠得以延續，是源自於一種「共同幻想」——即日本和會社將永存。現實也是如此。戰後的大部分時間裡，日本的大企業得到日本政府安定的保護而長期繁榮。但是，香港的 Fumei 倒閉了。這將給 Fumei 的日本員帶來怎樣的思維變化？也許他們會這樣想：為什麼我們的公司會倒閉呢？是因為 Fumei 是一個特別的會社，還是因為香港和中國是個特別的地方？是因為 Fumei 只是一家小型的地區性超市，還是因為今後的日本，失去政府安定的保護，倒閉將成為家常便飯？

Fumei 的倒閉——不只影響王向華和筆者所擁有的美好記憶，以及香港這個不同於日本的地方歷史，它更是一個促使日本研究者和日本人重新思考日本社會的重要契機。當初筆者接到王向華電話的時候感到一種隱隱約約的不安，這種不安現在愈加強烈起來。

（五）日本社會的模型及與東亞社會的比較

本書的第五章第八節對日本的傳統社會作了直接探討，是本書中略顯特別的一章。該章的意圖是，通過說明日本的「家」和「會社」的結構連續性，以回到無法轉換成利益關係的文化領域論點上。關於「家」的研究方面，作者提及了長谷川善計的研究。長谷川所採用的案例主要是 17 世紀長野縣的例子，這少不免給人突兀的印象。作者若能夠很好地說明歷史連續性的問題，將會更有說服力。比如，「家」在村落內的成員權問題，就是一個一般被稱為「家株」的慣例問題。江戶時期的「株仲間」與今天日本的「株式會社」的「株」，如果在歷史上有連續性的話，會是十分有趣的驗證。如果 Fumei 的小川家族會社經營與 Fumei 所在的

日本東海地區的傳統家庭制度有關的話，也會是十分有趣的聯結。關於日本村落社會，迄今為止日本民俗學學者、社會學學者和人類學學者進行了大量的研究，而這些研究並不能用日本的親屬體系這一普遍理論所統括。也有不少研究分析了「家」和村落的關係以及各地的地方差異等問題。

本書的結尾指出在東亞的視野內進行「比較」的重要性。這是個重要的觀點。的確，「首領－手下」關係以及「場面話－真心話」等詞語本身是日本社會的固有概念，但是它們所指的現象卻並非日本社會所獨有，在其他社會裡也可以見到類似的現象。本書通過記錄 Fumei 的日本員工和香港員工的具體行為，成功地跟西方對比而產生非具體的「會社人」或者「經濟動物」這些單純的日本人模型進行了批判，而同時又對日本人社會和中國人社會的比較研究做出了展望。

日本的「首領－手下」關係並不能用利益主義的模型來完全解釋。關於這一點，王向華在本書的開頭也有說明，這個觀點來源於筆者與他的對話。因此，在這篇評論的最後，筆者想就這點再進行補充。

與王向華交談時，筆者說，從筆者作為一個日本人的實際生活感受來看，筆者對實用主義的解釋不能完全贊同。之後，筆者發現了一個很好的例子來傳達這種感受。那就是漫畫家弘兼憲史的《課長島耕作》（續篇為《部長島耕作》）書中的一個小故事。這本書描寫了一個具有代表性的公司職員生活。

漫畫的主人公島耕作不屬於任何派系，他遇到了唯一敬重的人，也就是他的上司中澤。當中澤升任社長時，他當上了部長。後來中澤去世，同一派系的繼任社長也下臺了，島耕作從總公司被調到同系列的子公司。雖然島耕作和中澤都是不屬於任何派系的獨行俠，卻被視為派系而在公司裡沉浮。這是為什麼呢？漫畫中，中澤自己作了解釋。

中澤同意擔任社長後，希望島耕作成為自己的左右手。按照當時的邏輯，無論誰想晉升（要在公司裡謀取更高位置），都必須有人提攜。筆者覺得這是一種十分日本式的思維。也就是說，只要會社存在一天，就一定必須有人晉升，上面的人就必須提攜下面的人；而不是說，自己要想晉升、或者想將自己的一幫兄弟往上提而結成派系。在外人看來，將中澤提到社長位置的人就屬於中澤的派系，而被中澤提拔的島耕作自

然也是同一派。但是他們並非自覺地結成派系的。當他們為會社盡職盡責，職位自然就上升了，這個過程中所形成的上下級就被局外人稱作「派系」，僅此而已。在他們的心底，有的只是對會社的忠誠。

在漫畫中，中澤死後，島耕作飲酒流淚，在夢中見到了中澤。中澤托給他的遺言是，不管多麼辛苦，也不能辭職。

先有會社這個整體，然後才有個人的位置。這種對人的觀念也許與「階序人」相似。法國人類學者路易・杜蒙曾考察印度社會，將其與西歐的「平等人」模型對比，得出「階序人」模型。路易・杜蒙指出，「階序人」才是人類普遍的模型。如果從這點考慮，那麼日本的「會社人」也並非十分特別。說不定中國的「首領－手下關係」也跟日本一樣，是將人放在某個整體中來定位的。那麼，如何將日本社會研究中得出的「會社型人」模型，應用於香港和大陸、乃至整個東亞社會的比較中呢？就這點，今後筆者仍想跟王向華好好探討，仔細思考。

四、作者的答覆

James Clifford 和 George E. Marcus（Clifford E. and Marcus 1986）對作為筆者的人類學學者的立場進行了批判。本書就是一部試圖超越這一批判，繼 Chun（2000）和 Leach（1984）之後，對自己的前作進行自我批評的作品。具體來說，本書要闡明筆者在前作中如何受到下述因素的影響而犯下 3 大錯誤——包括，筆者成長的社會環境即家庭、社會階級背景、學生生活、性格、田野調查的經歷，以及香港的學術環境在桑山敬己所說的人類學世界體系（Kuwayama 2000:14）中所處的邊緣位置。所謂 3 大錯誤就是，（一）對駐港日本員工之間的「首領－手下」關係及 Fumei 香港公司香港員工之間的「大哥／大姐－阿女」關係作功利主義解釋；（二）試圖將人的行為描繪歸類以符合某一邏輯；（三）強調 Fumei 的駐港日本員工不好的一面。筆者犯下這些錯誤表明：「人類學所生產出來的知識並不純粹，它並非世界的文化性和社會性的單純反映」（Kahn 2001:654），人類學學者自身的個人資質也發揮重要的作用。本書其他部分對前作中的資料進行了實質上的修訂。

瀨川教授的評論非常正確，前作中筆者對日本駐港員工與香港員工

之問的關係進行了功利主義的解釋，本書成了對這一解釋的薩林斯式批判（Sahlinsian Critique）。儘管這一批評本身並沒有錯，卻由於筆者尚未能超脫西方的人類學學者觀點，使本書無法引起「普通日本讀者」的注意力。

這個失敗充分顯示了本書仍然沒有從人類學的世界體系中跳脫出來。在人類學的世界體系中，美國、法國和英國等人類學的中心有著決定「何為出色的民族誌」的權力。作為處於邊緣地區立足於香港的人類學學者，筆者為了讓自己的研究得到「中心」的認同，熱衷於引用「中心」的理論著書立說。若不如此，身處邊緣的筆者，可能面臨連飯碗都保不住的危機。本書之所以無法吸引普通日本讀者的注意力，其原因就出於這個現實的考量。究其根本，問題不在於人類學學者的個人背景，而在於人類學的實際體系。只要構成這個體系的權利關係沒有改變，像本書一樣的、為人類學學者自身的個人性格所制約的思考成果就可能有失偏頗。研究成果必須在人類學的中心得到認知——只要這關鍵因素存在，單憑「非西方的『土著』人類學學者」的身分，未必能夠超出西方的人類學學者成果。

人類學中心的學術霸權在認識論上有著巨大的缺陷，那就是不慎重地對待每個調查物件個體。對處於霸權地位的人類學學者來說，重要的是受調查物件（資訊提供者）所提供的資訊，或者說，重要的不是他或她是如何經歷社會現實的，而是人類學學者的解釋能否對中心的理論結構有所貢獻。這種貢獻對人類學學者的成績是否得到中心的認可致為關鍵。如瀨川教授所指出，相對於「首領－手下」關係、「大哥／大姐－阿女」關係，日本駐港員工與香港員工的行為所含有更複雜的經歷和意義在本書中沒有深入探討的原因，就在於此。

基於同樣的原因，瀨川教授所提出的「通俗」疑問也與人類學無緣。對人類學者來說，這樣的疑問並不在人類學傳統的研究範圍之內。解答這些疑問所做的努力，無助於人類學者獲得中心的認可。因此，瀨川教授說，「對這個問題的解答，也許已經超出人類學學者的研究範圍。」將這些問題留給了經營學學者。

那麼，從中心逃離的道路何在？坦率地說，筆者自己也不知道，但是本書中所採用的「開放文本」，無疑是逃離的第一步。

河口教授的評論指出了重要的一點，那就是應該將1980年代香港的Fumei公司作為一個社會現象來研究。他指出，Fumei公司的大受歡迎，讓香港人開啟新的生活方式，也意味著一個新的香港出現。使得1980年代Fumei公司進入香港這一事件具有重要意義、而讓它在香港大受歡迎的，就是這個新的香港。如同河口教授所指出，在本書和前作中，作者並沒有成功地深入剖析作為社會現象的Fumei、並理解其背後新香港社會的性質，因為作者過於認為Fumei應該作為一個日本的「會社」來理解，而香港則提供Fumei開展經營活動的背景條件。對此，河口教授對筆者提議是，不僅將Fumei作為一個日本「會社」，還要將其視為香港的社會現象進行研究。

河口教授的卓見不僅對筆者，也對香港社會感興趣的學者頗為重要。迄今為止，許多學者往往將香港視為東西文化交匯的亮點卻沒有對香港的內部文化邏輯進行認真的研究。他們認為，香港對外部影響非常敏感，她的歷史就是英國殖民主義與中國在內的外部勢力之間的角力運動的過程。也就是說，香港人的歷史作用一直被否定。但是，至少從Boas之後，人類學者們普遍認為，外來文化的種種因素雖然一開始被人看不慣，但一旦被當地社會採納後，就會在本地文化邏輯架構下發生或大或小的變化，由此衍生不同的意義和重要性。換句話說，文化的形成過程中，當地文化的邏輯是不可忽視的。事實上，Fumei的案例就是一個很好的例子，可以用來研究Fumei的消費形態如何與香港社會相互作用，從而在香港產生新的消費文化。這是無法直接從Fumei在香港的投資事件直接推演出來的結果。正如Sahlins（2000:301）所說，「特定事件的歷史意義、也就說其作為『事件』的定義和效果要依賴於文化的語境」。新的消費文化一旦形成，Fumei就成為其象徵。在這個例子中，Fumei成就了一個社會現象。這正是河口教授所指出的，Fumei不僅僅是一個日資企業，也是根植在香港社會產生的社會現象。從這個意義上，Fumei應該也可以成為一個觀察和理解香港社會的理想視窗。因此，河口教授的提議將為深入理解香港社會提供新的視角。

但是，反過來說也成立。Fumei在香港的經營模式不能反映出香港社會的脈絡。這是筆者與河口教授的觀點有很大分歧的地方。Fumei在香港的經營雖然受到香港的社會文化語境影響發生了一些變化，但這並

不意味著後者決定前者。因為，Fumei 在香港的企業戰略不可能完全歸結於香港社會。客觀地說，促使 Fumei 在沙田開設店鋪，將日用品賣給普通香港人的決定權並不在香港社會。改變香港社會消費文化的，是 Fumei 公司的某些特殊性質；當這些特質遇上香港社會，隨之也產生變化。Fumei 不是日本企業走向世界過程中的一個普通無名企業，它是小川家族的生意，是一個地區性超市，還是一個「類宗教集團」。如本書前面所述，這些特殊性與香港社會相互作用，從而產生了香港 Fumei 這一獨特的事物。進一步說，催生了一個新的香港人生活方式。

筆者在最近的著作（Wong 2002）中指出，商業環境不能看作為獨立於文化性解釋的客觀存在。Sahlins 認為，作為象徵體系（symbolic system）的文化賦予環境中「客觀的」差別以意義，由此，符合象徵體系的一部分差別對處於該文化的人產生意義。通過這樣的文化評估（cultural evaluation）過程，身處該文化中的人為環境便被構築起來（Sahlins 1995:155）。也就說，文化評估的過程也是一個文化選擇（cultural selection）過程，在這一過程中，一些東西被忽視、被認為不當，而一些「客觀的」性質被選擇，得到正面評價（Sahlins 1976a:166-170）。人類世界的環境必須是「部分性的」。這是因為，人的注意力必須遵循相關的文化標準，根據過往經驗指向環境的某一部分性質。而文化標準不是唯一的（Sahlins 1995:155）。這就是海樹積極回應新鴻基提出的請求，在沙田開設店鋪的原因。如本書第一章所述，超市的目的是為普通消費者提供廉價的日用品，一般在住宅區附近開設。這個模式對於地區性超市 Fumei 來說，有助於它尋找一個「合適的」商業機會，也是 Fumei 在香港選擇開店地點的戰略方針。海樹更加重視超市這一有別於百貨公司的商業模式，即臨近住宅區的開店地點，鎖定普通消費者為主要顧客群，以及交通便利程度。因此，與許多日資百貨公司聚集的商業中心地帶不同的沙田，便形成一個海樹認為有潛力的市場。如第二、三章所述，沙田是一個交通便利、中低收入階層密集居住的新興城區。有趣的是，在當時，連 Jusco 這樣的全國性超市都不認為新興城區是理想的零售業選擇。Jusco 在私營住宅區太古城開了首家店鋪，在尖沙咀開了第二家。Jusco 是從 1991 年才開始模仿 Fumei 在新興城區荃灣開設首家店鋪，全面展開新興城區市場。Fumei 是一家地區性超市這一事實，

對於理解其在香港的經營戰略是非常重要的。在 Fumei 內部的權力結構中，海樹是居於企業核心，並充滿超凡魅力的領導者，因此他能夠不顧 Fumei 董事會和他兄弟的反對，在 1980 年代前期香港的歸還問題還前途未卜時，就進入香港開展經營。在某種意義上，如果沒有這樣的權力結構，1984 年在港開設店鋪這一由海樹做出的獨特決定是無法付諸行動的。正是 Fumei 的獨特之處，使得 Fumei 在香港的經營與其他共同產生香港新興消費文化的日資零售企業截然不同。Fumei 的行為不能完全歸結於香港社會。

芹澤教授提出的視角非常有趣。他認為，Fumei 是日本與香港文化交匯的地方。在這個框架下，芹澤教授提出了幾個對筆者來說非常難得的後續研究方向。例如：日本對香港人意味著什麼；香港對日本人意味著什麼；日本人和香港人的交流，香港的日本人社會研究，以及日本社會的模型與東亞社會模型的比較等等。這些提議不僅將成為筆者今後研究的方向，更是日本的人類學學者對香港社會研究方面的興趣所在。這些研究方向，也許不同於西方和香港的人類學學者的焦點和問題點；其研究結果無疑將呈現出一種不同於西方和香港學者所描繪的香港社會圖景。雖然與西方和香港的人類學學者所描繪出一直占據統治地位的香港印象相抗衡，但最終將促進對香港社會的理解。在這個意義上，筆者認為芹澤教授的提議非常重要。

後記

本書是筆者多年研究的結晶。它的完成，著實讓筆者長舒了一口氣。在最後校對時，筆者重新讀了一遍序論。讀完最大的發現與感動是，自己迄今為止真的得到很多人的幫助與無限的恩惠。

尤其是本書的出版，受到許多人的幫助與建議。2001年1月至8月期間，筆者獲邀在國立民族學博物館做客座研究員。正是該館的中牧弘允教授為筆者提供如此好的研究環境。在這裡，筆者想先對中牧教授致謝。

筆者還想向筆者的朋友們，同時也是本書的共同撰稿人——瀨川昌久教授、芹澤知廣教授及河口充勇教授——表示衷心的感謝。另外，還要向筆者目前所任職的香港大學日本研究學系的 Kirsten Refsing 教授獻上深深感謝。

此外，筆者衷心致謝 Fumei 香港公司的日本員工與香港員工，你們所提供的寶貴經歷是本書的基礎。年輕時代與你們一起經歷的苦樂回憶以及我們的友情都是筆者此生無可替代的財富。最後，筆者還想感謝風響社的石井雅教授，是他使得本書得以順利出版。

當然，出版並不意味著本研究主題的結束。在第九章中，筆者與瀨川教授等（日本）本土人類學學者所進行的關於「構築主體間性現實」的討論還將繼續下去。

2004年5月
王向華於香港

參考書目

何佩然
    2000   地方經濟力量的興起與衰落——香港新界沙田商會的個案研究。發表於「中國商人、商會及商業網絡」第三屆中國商業史國際研討會,香港大學亞洲研究中心及中文大學歷史系聯合主辦,香港,7月6–8日。

冼日明
    1987   百貨公司識別「經常顧客」的實証指引。信報財經月刊 126:125–129。

張華樑、游漢明
    1988   百貨業顧客對媒體及貨品的偏好。信報財經月刊 134:121–124。

陳文鴻
    1998   新中產階級的分析方法。刊於階級分析與香港,呂大樂、黃偉邦編,頁 20–26。香港:青文書屋。

陳其南
    1986a   富過三代的秘方:婿養子與日本經濟。刊於文化的軌跡,陳其南主編,頁 93–97。臺北:遠見。
    1986b   傳統家族制度與企業組織:中國日本和西方社會的比較。刊於文化的軌跡,陳其南編,頁 3–35。臺北:遠見。

陸定光
    1987   模倣日資經營模式能否扭轉劣勢。信報財經月刊 126:121–124。

黃結梅
    1998   一個家族一個故事。刊於晚晚六點半,蔡寶瓊編,頁 48–78。香港:進一步多媒體有限公司。

楊建君
    1990   日本零售業者會戰香江。壹週刊 創刊號:38–39。

裕華國產百貨有限公司
    1977   裕華國產百貨有限公司總公司新廈落成特刊。香港:生活傳播。

謝國雄
   1989   黑手變頭家——台灣製造業中的階級流動。台灣社會研究季刊 2(2):11–54。

三戶公
   1992   会社ってなんだ―日本人が一生すごす「家」。東京：文真堂。

中牧弘允
   1992   むかし大名、いま会社―企業と宗教。東京：淡交社。

日経流通新聞
   1993a 調査方法。日本流通新聞，6 月 29 日。

   1993b 流通現代史。東京：日本経済新聞社。

片山又一郎
   1983   伊勢丹 100 年の商法。東京：表現社。

矢部武
   1995   大量失業時代：負けるな日本のサラリーマン―リストラ 不当解雇と闘う方法。東京：ほんの木。

佐高信
   1993   企業原論――ビジネス・エリートの意識革命。東京：社会思想社。

岡田康司
   1994   百貨店業界。東京：教育社。

芹澤知広
   1997   公共住宅・慈善団体・地域アイデンティティ――戦後香港における社会変化の一面。刊於香港社会の人類学－総括と展望，瀬川昌久主編，頁 137–161。東京：風響社。

長谷川善計
   1991   家、同族、村落の基礎理論。刊於日本社会の基層構造――家、同族、村落の研究，長谷川善計等主編，頁 5–144。京都：法律文化社。

高丘季昭、小山周三
   1991   現代の百貨店。東京：日本経済新聞社。

野村総研香港編

    1992   香港と華人経済圏──アジア経済を制する華人パワ。東京：日本能率協会マネジメントセンター。

奥村宏

    1991a   法人資本主義：「会社本位」の体系。東京：朝日新聞社。

    1991b   新版法人資本主義の構造。東京：社会思想社。

森川真規雄

    1998   「近代性」の経験。刊於民族で読む中国，可児弘明等主編，頁 335–363。東京：朝日新聞社。

塩野秀男

    1989a   買回り品。刊於商業用語事典，商業界主編，頁 73–74。東京：商業界。

    1989b   最寄り品。刊於商業用語事典，商業界主編，頁 3–4。東京：商業界。

鈴木千尋

    1993   デパートがどんどん潰れる。東京：エー IV。

横田濱夫

    1992   はみ出し銀行マンの勤番日記。東京：オーエス。

Abegglen, James C.

    1958   The Japanese Factory: Aspects of its Social Organization. Glencoe: The Free Press.

Abegglen, James C., and George Stalk Jr.

    1985   Kaisha: The Japanese Corporation. New York: Basic Books.

Aoki, Masahiko

    1984   Aspects of the Japanese Firm. *In* The Economic Analysis of the Japanese Firm. Masahiko Aoki, ed. Pp. 3–43. Amsterdam: North-Holland.

    1986   Horizontal vs. Vertical Information Structure of the Firm. American Economic Review 76(5):971–983.

    1990a   Information, Incentives, and Bargaining in the Japanese Economy. Cambridge: Cambridge University Press.

    1990b   The Participatory Generation of Information Rents and the Theory of the Firm. *In* The Firm as a Nexus of Treaties. Masahiko Aoki et al., eds. Pp. 26–52. London: Sage.

1990c Toward an Economic Model of the Japanese Firm. Journal of American Economic Literature 28(1):1–27.

1992 Decentralization-Centralization in Japanese Organization: A Duality Principle. *In* The Political Economy of Japan, Vol. 3, Cultural and Social Dynamics. Kumon Shumpei and Henry Rosovsky, eds. Pp. 142–169. Stanford: Stanford University Press.

Bachnik, Jane

1983 Recruiting Strategies for Household Succession: Rethinking Japanese Household Organization. Man, New Series, 18(1):160–182.

Ballon, Robert J.

1969a The Japanese Dimensions of Industrial Enterprise. *In* The Japanese Employee. Robert J. Ballon, ed. Pp. 3–40. Tokyo: Sophia University.

1969b Participative Employment. *In* The Japanese Employee. Robert J. Ballon, ed. Pp. 63–76. Tokyo: Sophia University.

1985 Salary Administration in Japan: "Regular" Workforce. Tokyo: Sophia University.

Ballon, Robert J., and Hideo Inohara

1976 Japan's Salary System: The Retirement Benefit. Tokyo: Sophia University.

Basu, Ellen Oxfeld

1991 Profit, Loss, and Fate: The Entrepreneurial Ethic and the Practice of Gambling in an Overseas Chinese Community. Modern China 17(2):227–259.

Befu, Harumi

1962 Corporate Emphasis and Patterns of Descent in the Japanese Family. *In* Japanese Culture: Its Development and Characteristics. Robert John Smith and Richard K Beardsley, eds. Pp. 34–41. Chicago: Aldine.

1968 Village Autonomy and Articulation with the State: The Case of Tokugawa Japan. *In* Studies in the Institutional History of Early Modern Japan. John Whitney Hall and Marius B Jansen, eds. Pp. 301–304. Princeton: Princeton University Press.

Ben-Ari, Eyal

1993 Sake and "Spare Time": Management and Imbibement in Japanese Business Firms, Occasional Papers in Japanese Studies, no. 18. Singapore: Department of Japanese Studies, National University of Singapore.

1994 Globalization, "Folk Models" of the World Order and National Identity: Japanese Business Expatriates in Singapore. Hong Kong: University of Hong Kong.

Bennett, John W., and Iwao Ishino

1963 Paternalism in the Japanese Economy: Anthropological Studies of Oyabun-Kobun Patterns. Minneapolis: University of Minnesota Press.

Biersack, Aletta
    1989   Local Knowledge, Local History: Greetz and Beyond. *In* The New Cultural History. Lynn Hunt, ed. Pp. 72–96. Berkeley: University of California Press.

Bloch, Maurice
    1971   The Moral and Tactical Meaning of Kinship Terms. Man 6(1):79–87.

Brecher, Charles, and Vladimir Pucik
    1980   Foreign Banks in the U.S. Economy: The Japanese Example. Columbia Journal of World Business 15(1):5–13.

Brinton, Mary C.
    1989   Gender Stratification in Contemporary Japan. American Sociological Review 54(4): 549–564.

    1993   Women and the Economic Miracle: Gender and Work in Postwar Japan. Berkeley: University of California Press.

Brown, Michael F.
    1996   On Resisting Resistance. American Anthropologist 98(4):729–735.

Callinicos, Alex
    1987   Making History: Agency, Structure and Change in Social Theory. Cambridge: Polity.

Campbell, Nigel, and Fred Burton, eds.
    1994   Japanese Multinationals: Strategies and Management in the Global Kaisha. London: Routledge.

Chan, Kam-wah, and Chun-hung Ng
    1994   Gender, Class and Employment Segregation. *In* Inequality and Development: Social Stratification in Chinese Societies. Siu-kai Lau et al., eds. Pp. 141–170. Hong Kong: Hong Kong Institute of Asia-Pacific Studies, the Chinese University of Hong Kong.

Chan, Wai-kwan
    1991   The Making of Hong Kong Society: Three Studies of Class Formation in Early Hong Kong. Oxford: Clarendon Press.

Chan, Ying-keung
    1981   The Development of New Towns. *In* Social life and Development in Hong Kong. Ambrose Y. C. King and Rance P. L. Lee, eds. Pp. 37–49. Hong Kong: The Chinese University Press.

Chao, Ke-lu, and William I. Gorden
    1979   Culture and Communication in the Modern Japanese Corporate Organisation. *In* International and Intercultural Communication Annual (Vol. 5). Nemi C. Jain, ed. Pp. 23–36. Falls Church: Speech Communication Association.

Charkham, Jonathan P.

    1994   Keeping Good Company: A Study of Corporate Governance in Five Countries. Oxford: Clarendon Press.

Checkland, S. G.

    1975   The Entrepreneur and the Social Order: The Japan Business History Society Conference, 6-9 January 1975. Business History 17(2):176–188.

Chen, Min

    1995   Asian Management Systems: Chinese, Japanese and Korean Styles of Business. London: Routledge.

Chiu, C. H. Catherine

    1994   Social Image of Stratification in Hong Kong. *In* Inequality and Development: Social Stratification in Chinese Societies. Siu-kai Lau et al., eds. Pp. 123–140. Hong Kong: Hong Kong Institute of Asia-Pacific Studies, the Chinese University of Hong Kong.

Chiu, Hungdah

    1987   Introduction. *In* The Future of Hong Kong: Toward 1997 and Beyond. Hungdah Chiu, et al., eds. Pp. 1–22. New York: Quorum Books.

Chiu, Stephen W. K., and Ching-kwan Lee

    1997   Withering Away of the Hong Kong Dream?: Women Workers under Industrial Restructuring, Occasional Paper, No.61. Hong Kong: Hong Kong Institute of Asia-Pacific Studies, the Chinese University of Hong Kong.

Chiu, Stephen Wing-kai, et al.

    1997   City States in the Global Economy: Industrial Restructuring in Hong Kong and Singapore. Boulder: Westview.

Chow, Nelson W. S.

    1988   Social Adaptation in New Towns: A Report of a Survey on the Quality of life of Tuen Mun Inhabitants. Hong Kong: Department of Social Work and Social Administration, University of Hong Kong.

Chun, Allen

    1985   Land is to Live: A Study of the Concept of Tsu in a Hakka Chinese Village, New Territories, Hong Kong. Ph.D thesis. Department of Kong-chong Ho and Tai-lok Lui, University of Chicago.

    2000   From Text to Context: How Anthropology Makes its Subject. Cultural Anthropology 15(4):570–595.

Clark, Rodney

    1979   The Japanese Company. New Haven: Yale University Press.

Clifford, James, and George E. Marcus
    1986   Writing Culture: The Poetics and Politics of Ethnography. Berkeley: University of California Press.

Cole, Robert E.
    1971   Japanese Blue Collar. Berkeley: University of California Press.

Comaroff, Jean, and John L. Comaroff
    1992   Ethnography and the Historical Imagination. Boulder: Westview.

Comaroff, John L.
    1995   Ethnicity, Nationalism and the Politics of Difference in an Age of Revolution. In Perspectives on Nationalism and War. John L. Comaroff and Paul C. Stern, eds. Pp. 243-277. Luxembourg: Gordon and Breach.

Comaroff, John L., and Paul C. Stern
    1995   New Perspectives on Nationalism and War. *In* Perspectives on Nationalism and War. John L. Comaroff and Paul C. Stern, eds. Pp. 1–15. Luxembourg: Gordon and Breach Publishers.

Creighton, Mildred Rosett
    1988   Sales, Service, and Sanctity: An Anthropological Analysis of Japanese Department Stores. Ph.D. thesis. Department of Anthropology, University of Washington.

Deetz, Stanley
    1992   Democracy in an Age of Corporate Colonization: Developments in Communication and the Politics of Everyday Life. New York: State University of New York Press.
    1994   The New Politics of the Workplace: Ideology and Other Unobtrusive Controls. *In* After Postmodernism: Reconstructing Ideology Critique. Herbert W. Simons and Michael Billig, eds. Pp. 172–199. London: Sage.

Dore, Ronald Philip
    1958   City Life in Japan: A Study of a Tokyo Ward. Berkeley: University of California Press.
    1973   British Factory -- Japanese Factory: The Origins of National Diversity in Industrial Relations. Berkeley: University of California Press.

Douglas, Mary
    1970   Purity and Danger: An Analysis of Concepts of Pollution and Taboo. Harmondworth: Penguin.

Durkheim, Emile
    1950   The Rules of Sociological Method. Glencoe: Free Press.

Dyrberg, Torben Bech
　　1997　　The Circular Structure of Power: Politics, Identity, Community. London: Verso.

England, Joe
　　1989　　Industrial Relations and Law in Hong Kong. Hong Kong: Oxford University Press.

Fruin, W. Mark
　　1992　　The Japanese Enterprise System: Competitive Strategies and Cooperative Structure. Oxford: Clarendon.

Gates, Hill
　　1979　　Dependency and the Part -- Time Proletariat in Taiwan. Modern China 5(3):381–407.

Geertz, Clifford
　　1973　　The Interpretation of Cultures: Selected Essays. New York: Basic Books.

Gerlach, Michael L.
　　1992　　Alliance Capitalism: The Social Organization of Japanese Business. Berkeley: University of California Press.

Goodman, Roger
　　1993　　Japan's "International Youth": The Emergence of a New Class of Schoolchildren. Oxford: Clarendon.

Harari, Ehud, and Yoram Zeira
　　1974　　Morale Problems in Non-American Multinational Corporations in the United States. Management International Review 14(6):43–53.

Harding, Sandra
　　1987　　Introduction: Is There a Feminist Method? *In* Feminism and Methodology. Sandra Harding ed. Pp. 1–14. Indianapolis: Indiana University Press.

Harrell, Stevan
　　1985　　Why Do the Chinese Work So Hard?: Reflections on an Entrepreneurial Ethic. Modern China 11(2):203–226.

Hartland-Thunberg, Penelope
　　1990　　China, Hong Kong, Taiwan and the World Trading System. London: MacMillan.

Havens, Thomas R. H.
　　1994　　Architects of Affluence: The Tsutsumi Family and the Seibu-Saison Enterprises in Twentieth-Century Japan. Cambridge: Harvard University Press.

Hazama, Hiroshi
  1978   Characteristics of Japanese-Style Management. Japanese Economic Studies 6(3–4): 110–173.

Ho, Suk-ching
  1994   Report on the Supermarket Industry in Hong Kong. Hong Kong: the Consumer Council.

Horie, Y.
  1977   The Traditional of the Ie (House) and the Industrialisation of Japan. *In* Social Order and Entrepreneurship: Proceedings of the Second Fuji Conference. Keiichiro Nakagawa, ed. Pp. 231–254. Tokyo: University of Tokyo Press.

Ishino, Iwao
  1953   The Oyabun-Kobun: A Japanese Ritual Kinship Institution. American Anthropologist 55(5):695–707.

Itoh, Hideshi
  1994   Japanese Human Resource Management from the Viewpoint of Incentive Theory. *In* The Japanese Firm: The Sources of Competitive Strength. M. Aoki and R. Dore, eds. Pp. 233–264. Oxford: Oxford University Press.

James, W. Simmons, and Kam Wing Chan
  1992   The Retail Structure of Hong Kong. Hong Kong: Centre of Urban Planning and Environmental Management, the University of Hong Kong.

Jao, Y. C.
  1987   Hong Kong's Economic Prospects after the Sino-British Agreement: A Preliminary Assessment. *In* The Future of Hong Kong: Toward 1997 and Beyond. Hungdah Chiu et al., eds. Pp. 57–94. New York: Quorum Books.

Johnson, R. T., and W. G. Ouchi
  1974   Made in America (under Japanese Management). Harvard Business Review 52(5):61–69.

Kahn, Joel S.
  2001   Anthropology and Modernity. Current Anthropology 42(5):651–680.

Kaufmann, Felix
  1970   Decision Making -- Eastern and Western Style: A Way to Synthesize the Best of Each. Business Horizons 13(6):81–86.

Kawahito, Hiroshi
  1990   Karoshi and its Background: From the "Karoshi Hotline" Program. *In* Karoshi: When the "Corporate Warrior" Dies. National Defense Counsel for Victims of Karoshi, ed. Pp. 4–13. Tokyo: Mado-Sha.

Keegan, Warren J.

   1975   Productivity: Lessons from Japan. Long Range Planning 8(2):61–71.

Kelly, William W.

   1991   Directions in the Anthropology of Contemporary Japan. Annual Review of Anthropology 20:395–431.

Kidahashi, Miwako

   1987   Dual Organisation: A Study of a Japanese-Owned Firm in the USA. Ph.D. thesis. Graduate School of Arts and Sciences, Columbia University.

Koike, Kazuo

   1987   Skill Formation Systems: A Thai-Japan Comparison. Journal of the Japanese and International Economics 1:408–440.

   1990   Intellectual Skill and the Role of Employees as Constituent Members of Large Firms in Contemporary Japan. *In* The Firm as a Nexus of Treaties. Masahiko Aoki et al., eds. Pp. 185–208. London: Sage.

   1994   Learning and Incentive Systems in Japanese Industry. *In* The Japanese Firm: Sources of Competitive Strength. Masahiko Aoki and Ronald Dore, eds. Pp. 41–65. Oxford: Oxford University Press.

Kondo, Dorinne K.

   1982   Work, Family, and Self: A Cultural Analysis of Japanese Family Enterprise. Ph.D. thesis. Department of Anthropology, Harvard University.

   1990   Crafting Selves: Power, Gender, and Discourses of Identity in a Japanese Workplace. Chicago: University of Chicago Press.

Kraar, Louis

   1975   The Japanese Are Coming with Their Own Style of Management. Fortune 91(3):116–121.

Kuwayama, Takami

   2000   "Native" Anthropologists: With Special Reference to Japanese Studies Inside and Outside Japan. Ritsumeikan Journal of Asia Pacific Studies 6:7–33.

Lam, John

   1996   Developing of Shopping Center in Hong Kong: A Sociological Study. M.A. thesis. Department of Housing, the University of Hong Kong.

Lam, Kit-chun, and Pak-wai Lui

   1993   Are Immigrants Assimilating Better now Than a Decade Ago?: The Case of Hong Kong, Occasional Paper No. 31. Hong Kong: Hong Kong Institute of Asia-Pacific Studies, the Chinese University of Hong Kong.

Larke, Roy
    1994   Japanese Retailing. London: Routledge.

Leach, Edmund R.
    1984   Glimpses of the Unmentionable in the History of British Social Anthropology. Annual Review of Anthropology 13:1–24.

Lee, James
    1999   Housing, Home Ownership and Social Change in Hong Kong. Aldershot: Ashgate.

Leung, W. T.
    1986   The New Towns Programme. *In* A Geography of Hong Kong. T. N. Chiu and C. L. So, eds. Pp. 251–278. Hong Kong: Oxford University Press.

Li, Si-ming 李思名
    1992   The Changing Spatial Distribution of HK's Population: A Preliminary Analysis of the 1991 Population Census. Paper presented at the forum HK's Demography and its Social, Economic, and Spatial Implications, the Centre of Asian Studies, the University of Hong Kong, Hong Kong, October 13.

Lo, Jeannie
    1990   Office Ladies/Factory Women: Life and Work at a Japanese Company. Armonk: M. E. Sharpe.

Lui, Tai-lok, and Thomas W. P. Wong
    1992   Reinstating Class: A Structural and Developmental Study of Hong Kong Society, Social Sciences Research Centre Occasional Paper 10. Hong Kong: The University of Hong Kong.

Maguire, Mary Ann, and Richard Tanner Pascale
    1978   Communication, Decision -- Making and Implementation among Managers in Japanese and American Managed Companies in the United States. Sociology and Social Research 63(1):1–23.

March, Robert M.
    1992   Working for a Japanese Company: Insights into the Multicultural Workplace. Tokyo: Kodansha International.

Maruya, Toyojiro
    1992   Economic Relations between Hong Kong and Guangdong Province. *In* Guangdong: "Open Door" Economic Development Strategy. Toyojiro Maruya, ed. Pp. 126–146. Tokyo: Institute of Developing Economics.

Matsuda, Takehiko and Takuji Morohoshi
    1973   Managerial Systems in Multilevel Organisations. International Studies of Management and Organisation 3(4):76–119.

Matsumoto, Koji

    1991   The Rise of the Japanese Corporate System: The Inside View of a MITI Official. London: Kegan Paul International.

McLendon, James

    1983   The Office: Way Station or Blind Alley? *In* Work and Lifecourse in Japan. David W. Plath, ed. Pp. 156–182. New York: State University of New York Press.

Moeran, Brian

    1990   Making an Exhibition of Oneself: The Anthropologist as Potter in Japan. *In* Unwrapping Japan. Eyal Ben-Ari et al., eds. Pp. 117–139. Mancester: Manchester University Press.

Morikawa, Hidemasa

    1992   Zaibatsu: The Rise and Fall of Family Enterprise Groups in Japan. Tokyo: University of Tokyo Press.

Morioka, Koji

    1990   The Life Style of Japanese Workers. *In* Karoshi: When the "Corporate Warrior" Dies. National Defense Counsels for Victims of Karoshi, ed. Pp. 64–76. Tokyo: Mado-Sha.

Mouer, Ross E., and Yoshio Sugimoto

    1986   Images of Japanese Society: A Study in the Social Construction of Reality. London: Kegan Paul.

Nakamaki, Hirochika

    1990   Religious Civilization in Modern Japan: As Revealed through a Focus on Mt. Koya. *In* Japanese Civilization in the Modern world VI, Senri Ethnological Studies 29. Tadao Umesao et al., eds. Pp. 121–136. Osaka: National Museum of Ethnology.

    1995   Memorial Monuments and Memorial Services of Japanese Companies: Focusing on Mount Koya. *In* Ceremony and Ritual in Japan: Religious Practices in an Industrialised Society. Jan van Bremen and D. P. Martinez, eds. Pp. 146–160. London: Routledge.

Nakane, Chie

    1967   Kinship and Economic Organization in Rural Japan. London: Athlone Press.

    1970   Japanese Society. Berkeley: University of California Press.

Nakano, Yumiko

    1995   The Experience of Japanese Expatriate Wives in Hong Kong: The Reproduction of a Conservative Social Patterns. M.A. thesis. Department of History, University of Hong Kong.

Negandhi, Anant R., and B. R. Baliga

    1980   Multinationals in Industrially Developed Countries: A Comparative of American, German, and Japanese Multinationals. *In* Functioning of the Mulitnational Corporations: A Global Comparative Study. Anant R. Negandhi, ed. Pp. 117–135. New York: Pergamon Press.

Noda, Kazuo, and Herbert Glazer

    1968   Traditional Japanese Management Decision-Making. Management International Review 8(2-3):124–131.

Noguchi, Paul H.

    1990   Delayed Departures, Overdue Arrivals: Industrial Familialism and the Japanese National Railways. Honolulu: University of Hawaii Press.

Pharr, Susan J.

    1990   Losing Face: Status Politics in Japan. Berkeley: University of California Press.

Phillips, Lisa A., et al.

    1992   Hong Kong Department Stores: Retailing in the 1990s. International Journal of Retail & Distribution Management 20(1):16–24.

Redding, S. Gordon

    1990   The Spirit of Chinese Capitalism. New York: de Gruyer.

Roberts, Glenda S.

    1994   Staying on the Line: Blue-Collar Women in Contemporary Japan. Honolulu: University of Hawaii Press.

Rohlen, Thomas P.

    1974   For Harmony and Strength: Japanese White-Collar Organization in Anthropological Perspective. Berkeley: University of California Press.

Sahlins, Marshall

    1976a   Culture and Practical Reason. Chicago: University of Chicago Press.

    1976b   The Use and Abuse of Biology: An Anthropological Critique of Sociobiology. Ann Arbor: The University of Michigan Press.

    1981   Historical Metaphors and Mythical Realities: Structure in the Early History of the Sandwich Islands Kingdom. Ann Arbor: The University of Michigan Press.

    1985   Islands of History. Chicago: University of Chicago Press.

    1993   Waiting for Foucault: And Other Aphorisms. Charlottesville: Prickly Pear Press.

1995 How "Natives" Think: About Captain Cook, For Example. Chicago: University of Chicago Press.

1999 Two or Three Things that I Know About Culture. Journal of Royal Anthropological Institute 5(3):399-422..

2000 Culture in Practice: Selected Essays. New York: Zone Books.

Sartre, Jean-Paul

1968[1963] Search for a Method. Hazel E. Barnes, trans. New York: Vintage.

Shimizu, Ryuei

1989 The Japanese Business Success Factors: How Top Management, Product, Money and People's Creativity Contribute to Japanese Enterprise Growth. Tokyo: Chikura Shobo.

Sida, Michael

1994 Hong Kong Towards 1997: History, Development and Transition. Hong Kong: Victoria Press.

Sim, Ah Bah

1977 Decentralized Management of Subsidiaries and their Performance -- Comparative Study of American, British and Japanese Subsidiaries in Malaysia. Management International Review 17(2):45–51.

Skeldon, Ronald

1990 Emigration and the Future of Hong Kong. Pacific Affairs 63(4):500–523.

Smart, Alan, and Josephine Smart

1992 Capitalist Production in a Socialist Society: The Transfer of Manufacturing from Hong Kong to China. In Anthropology and the Global Factory. Frances Abrahamer Rothstein and Michael L. Blim, eds. Pp. 47–61. London: Bergin & Garvey.

Smith, Robert J.

1987 Gender Inequality in Contemporary Japan. Journal of Japanese Studies 13(1):1–25.

Smith, Thomas C.

1960 Landlords' Sons in the Business Elite. Economic Development and Cultural Change 9(1):93–107.

Soejima, M.

1974 Japan: Management in a Personal Dimension. Industry Week 182(3):66–68.

Stites, Richard W.

1985 Industrial Work as an Entrepreneurial Strategy. Modern China 11(2):227–246.

Sugimoto, Yoshio and Ross E. Mouer

    1989   Constructs for Understanding Japan. London: Kegan Paul.

Sumihara, Noriya

    1992   A Case Study of Structuration in a Bicultural Work Organisation: A Study in a Japanese–Owned and Managed Corporation in the U.S.A.. Ph.D. thesis. Department of Anthropology, New York University.

Takeuchi, Hirotaka

    1981   Productivity: Learning from the Japanese. California Management Review 23(4):5–19.

Thome, Katarina, and Ian A McAuley

    1992   Crusaders of the Rising Sun: A Study of Japanese Managers in Asia. Singapore: Longman.

Tsurumi, Yoshi

    1976   The Japanese are Coming: A Multinational Interaction of Firms and Policies. Cambridge: Ballinger.

    1977   Multinational Management: Business Strategy and Government Policy. Cambridge: Ballinger.

    1978   The Best of Times and the Worst of Time: Japanese Management in America. Columbia Journal of World Business 13(2):56–61.

Turner, H. A. Patricia Fosh, and Ng Sek Hong, eds.

    1991   Between Two Societies: Hong Kong Labour in Transition. Hong Kong: Centre of Asian Studies, University of Hong Kong.

Walder, Andrew G.

    1986   Communist Neo-Traditionalism: Work and Authority in Chinese Industry. Berkeley: University of California Press.

White, Michael, and Malcolm Trevor

    1983   Under Japanese Management: The Experience of British Workers. London: Heinemann.

Whitehill, Arthur M.

    1991   Japanese Management: Tradition and Transition. London: Routledge.

Williamson, Oliver E.

    1975   Markets and Hierarchies, Analysis and Antitrust Implications: A Study in the Economics of International Organization. New York: Free Press.

Wong, Heung Wah

    1999   Japanese Bosses, Chinese Workers: Power and Control in a Hong Kong Megastore. Surrey: Curzon.

    2002   Taking Culture Seriously: An Anthropological Critique of Environmental Determinism and Strategic Choice in Organization Theory. Unpublished Paper.

Wong, K. Y.

    1982   New Towns: The Hong Kong Experience. *In* Hong Kong in the 1980s. Joseph. Y. S. Cheng, ed. Pp. 118–130. Hong Kong: Summerson (HK) Educational Research Centre.

Wong, Siu-lun

    1986   Modernisation and Chinese Culture in Hong Kong. The China Quarterly 106:306–325.

    1988   Emigrant Entrepreneurs: Shanghai Industrialists in Hong Kong. Hong Kong: Oxford University Press.

Yamada, Mitsuhiko

    1981   Japanese-Style Management in America: Merits and Difficulties. Japanese Economic Studies 10(1):1–30.

Yang, Mayfair Mei-hui

    1994   Gifts, Favors, and Banquets: The Art of Social Relationships in China. Ithaca: Cornell University Press.

Yan, Yunxiang

    1996   The Flow of Gifts: Reciprocity and Social Networks in a Chinese Village. Stanford: Stanford University Press.

Yap, Joseph

    1993   Retail Management Association. *In* 10 Anniversary Yearbook of the Hong Kong Retail Management Association. Hong Kong Retail Management Association ed. Pp. 30–31. Hong Kong: The Retail Management Association.

Yu, Tony Fu-lai

    1997   Entrepreneurship and Economic Development in Hong Kong. London: Routledge.

Zippo, M.

    1982   Working for the Japanese -- Views of American Employees. Personnel 59(2):56–58.

國家圖書館出版品預行編目（CIP）資料

友情與私利：一個在香港的日資百貨公司之民族誌／
王向華著. -- 初版. -- 新北市：華藝學術出版：華藝
數位發行, 2015.09
　　面：公分
ISBN 978-986-437-034-4（平裝）
1. 百貨業　2. 社會人類學
498.5　　　　　　　　　　　　　　　104017899

友情與私利：
一個在香港的日資百貨公司之民族誌

作　　者／王向華
譯　　者／何芳等人
責任編輯／林宛璇
執行編輯：鍾曉彤、林瑞慧

發 行 人／鄭學淵
總 編 輯／范雅竹
發　　行／陳水福
出　　版／華藝學術出版社（Airiti Press Inc.）
　　　　　地　　址：234 新北市永和區成功路一段 80 號 18 樓
　　　　　電　　話：(02)2926-6006　　傳真：(02)2923-5151
　　　　　服務信箱：press@airiti.com
發　　行／華藝數位股份有限公司
　　　　　戶名（郵局／銀行）：華藝數位股份有限公司
　　　　　郵政劃撥帳號：50027465
　　　　　銀行匯款帳號：045039022102（國泰世華銀行　中和分行）
法律顧問／立暘法律事務所　歐宇倫律師
ISBN ／ 978-986-437-034-4
DOI ／ 10.6140/AP.9789864370344
出版日期／ 2015 年 9 月初版
定　　價／新台幣 480 元

版權所有‧翻印必究　　Printed in Taiwan
（如有缺頁或破損，請寄回本社更換，謝謝）